岩土工程技术创新与实践丛书

场地形成工程关键技术研究与应用

康景文　叶观宝　荆　伟　唐海峰　著

中国建筑工业出版社

图书在版编目（CIP）数据

场地形成工程关键技术研究与应用/康景文等著. —北京：中国
建筑工业出版社，2018.12
岩土工程技术创新与实践丛书
ISBN 978-7-112-23021-1

Ⅰ.①场… Ⅱ.①康… Ⅲ.①建筑工程-工程技术 Ⅳ.①TU

中国版本图书馆 CIP 数据核字(2018)第 273897 号

本书采用现场试验、理论分析和数值计算相结合的技术手段，基于真空预压、堆载预压、排水强夯和排水冲击碾压等处理方法的处理效果进行对比分析，深入研究了真空预压、覆水堆载真空预压的加固机理、不均匀沉降机理以及加固过程对周围环境影响，最终提出了大面积软土地基预压处理沉降预测模型，产生了场地形成工程的系统方法和技术标准以及处理场地利用建议，填补了国内场地形成工程技术的空白。

本书可供建筑与市政基础设施等领域的设计、施工和检测技术人员使用，也可供科研、教学和管理人员参考。

责任编辑：王 梅 杨 允 辛海丽
责任校对：芦欣甜

岩土工程技术创新与实践丛书
场地形成工程关键技术研究与应用
康景文 叶观宝 荆 伟 唐海峰 著

*

中国建筑工业出版社出版、发行（北京海淀三里河路 9 号）
各地新华书店、建筑书店经销
北京科地亚盟排版公司制版
河北鹏润印刷有限公司印刷

*

开本：787×1092 毫米 1/16 印张：18½ 字数：435 千字
2019 年 2 月第一版 2019 年 2 月第一次印刷
定价：**68.00** 元
ISBN 978-7-112-23021-1
(33104)

《岩土工程技术创新与实践丛书》
总　　序

　　由全国勘察设计行业科技带头人、四川省学术和技术带头人、中国建筑西南勘察设计研究院有限公司康景文教授级高级工程师主编的《岩土工程技术创新及实践丛书》即将陆续面世，我们对康总在数十年坚持不懈的思考、针对热点难点问题的研究与总结的基础上，为行业与社会的发展做出的积极奉献表示衷心的感谢！

　　该《丛书》的内容十分丰富，包括了专项岩土工程勘察、岩土工程新材料应用、复合地基、深大基坑围护与特殊岩土边坡、场地形成工程、工程抗浮治理、地基基础鉴定与纠倾加固、地下空间与轨道交通工程监测等，较全面地覆盖了岩土工程行业近 20 年来为满足社会经济的不断发展创造科技服务价值的诸多重要方面，其中部分工作成果具有显著的首创性。例如，近年我国社会经济发展对超大面积人造场地的需要日益增长，以解决其所引发的岩土工程问题为目标，以多年企业与高校联合开展的系列工程应用研究为基础，对场地形成工程的关键技术研究填补了这一领域的空白，建立起相应的工程技术体系，其在场地形成工程所创建的基本理念、系统方法和关键技术的专项研究成果是对岩土工程界及至相近建设工程项目的一项重要贡献。又如，面对城市建设中高层、超高层建筑和地下空间对地基基础性能和功能不断提高的需求，针对与之密切相关的地基处理、工程抗浮和深大基坑围护等岩土工程问题，以实际工程为依托，通过企业研发团队与高校联合开展系列课题研究，获得的软岩复合地基、膨胀土和砂卵石层等不同地质条件下深大基坑围护结构设计、地下结构抗浮治理等主要技术成果，弥补了这一领域的缺陷，建立起相应的工程技术体系，推进了工程疑难问题的切实解决，其传承与创新的工作理念、处理工程问题的系统方法和关键技术成果运用，在岩土工程的技术创新发展中具有显著的示范作用。再如，随着社会可持续发展对绿色、节能、环保等标准要求在加速提高，在工程建设中积极采用新型材料替代生产耗能且污染环境的钢材已成为岩土工程师新的重要使命，针对工程抗浮构件、基坑支护结构、既有建筑加固和公路及桥梁面层结构增强等问题解决的需求，以室内模型试验成果为依据，以实际工程原型测试成果为验证支撑，对玄武岩纤维复合筋材在岩土工程中的应用进行深入探索，建立起相应的工程应用技术方法，其技术成果是岩土工程及至土木工程领域中积极践行绿色建造、环保节能战略所取得的一个创新性进展。

　　借康景文主编邀约拟序之机，回顾和展望"岩土工程"与"岩土工程技术服务"以及其在工程建设行业中的作用和价值发挥，希望业界和全社会对"岩土工程"的认知能够随着技术的创新与实践而不断地深入和发展，以共同促进整个岩土工程技术服务行业为社会、为客户继续不断创造出新的更大的价值。

岩土工程（*geotechnical engineering*）在国际上被公认为土木工程的一个重要基础性的分支。在工程设计中，地基与基础在理念上被视为结构（工程）的一部分，然而与以钢筋混凝土和钢材为主的结构工程之间确有着巨大的差异。地质学家出身、知识广博的一代宗师太沙基，通过近 20 年坚持不懈的艰苦研究，到他不惑之年所创立的近代土力学，已经指导了我们近 100 年，其有效应力原理、固结理论等至今仍是岩土工程分析中不可或缺的重要基础。太沙基教授在归纳岩土工程师工作对象时说"不幸的是，土是天然形成而不是人造的，而土作为大自然的产品却总是复杂的，一旦当我们从钢材、混凝土转到土，理论的万能性就不存在了。天然土绝不会是均匀的，其性质因地而异，而我们对其性质的认知只是来自于少数的取样点（*Unfortunately，soils are made by nature and not by man，and the products of nature are always complex...As soon as we pass from steel and concrete to earth，the omnipotence of theory ceases to exist．Natural soil is never uniform．Its properties change from point to point while our knowledge of its properties are limited to those few spots at which the samples have been collected*）"。同时他还特别强调岩土工程师在实现工程设计质量目标时必须考虑和高度重视的动态变化风险："施工图只不过是许愿的梦想，工程师最应该担心的是未曾预测到的工作对象的条件变化。绝大多数的大坝破坏是由于施工的疏漏和粗心，而不是由于错误的设计（*The one thing an engineer should be afraid of is the development of conditions on the job which he has not anticipated．The construction drawings are no more than a wish dream．……the great majority of dam failures were due to negligent construction and not to faulty design*）"。因此，对主要工程结构材料（包括岩土）的材料成分、几何尺寸、空间分布和工程性状加以精准的预测和充分的人为控制的程度的差异，是岩土工程师与结构工程师在思考方式、技术标准和工作方法显著不同的主要根源。作为主要的建筑材料，水泥发明至今近 195 年，混凝土发明至今近 170 年，钢材市场化也近百年，我们基本可以通过物理或化学的方法对混凝土、钢材的元素及其成分比例的改变加以改性，满足新的设计性能（能力）的需要，并进行可靠的控制；相比之下，天然形成的岩土材料，以及当今岩土工程师必须面对和处理、随机变异性更大、由人类生活或其他活动随机产生和随机堆放的材料——如场地形成、围海造地和人工岛等工程中被动使用的"岩土"（包括各类垃圾），一是材料成分和空间分布（边界）的控制难度更大，其尺度远远大于由钢筋混凝土或钢结构组成的工程结构体；二是这些非人为预设制作、组分复杂的材料存在更大的动态变异特性，会因气候条件、含水量、地下水等条件变化和场地的应力历史的不同而不同。从这个角度，岩土工程师通常需要面对和为客户承担更大的风险，需要综合运用地质学、工程地质学、水文学、水文地质学、材料力学、土力学、结构力学以及地球物理化学等多学科、跨专业的理论知识，借助岩土工程的分析方法和所积累的地域工程实践经验，为建设开发项目提供正确、恰当的解决方案，并选用适用的检测、监测方法加以验证，以规避在多种动态变化的不确定性因素下的工程风险损失。这是岩土工程师们为客户创造的最首要和最基本的价值，并且随着建成环境的日益复杂和社会对可持续发展要求的不断强化，岩土工程师还要特别注意规避对建成环境产生次生灾害和对自然环境质量造成破坏的风险。岩土工程师这种解决问题的方法和过程，显然不同于结构工程中主要依靠的力学（数学）计算和逻辑推理，是一种具有专业性十分独特的"心智过程"，太沙基将其描述为"艺术"或"技艺"（"*Soil mechanics arrived at the borderline between science and art. I use the term "art" to indicate mental processes leading to satisfactory results without the assistance of step-for-step logical reasoning.*"）。

岩土工程技术服务（*geotechnical engineering services* 或 *geotechnical engineering consultancy activities* 或 *geotechnical engineers*）在国际也早已被确定为标准行业划分（SIC：*Standard Industry Classification*）中的一类专业技术服务，如联合国统计署的CPC86729、美国的871119/8711038、英国的M71129。以1979年的国际化调研为基础，由当年国家计委、建设部联合主导，我国于1986年开始正式"推行'岩土工程体制'"，其明确"岩土工程"应包括岩土工程勘察、岩土工程设计、岩土工程治理、岩土工程检测和岩土工程监理等与国际接轨的岩土工程技术服务内容。经过政府主管部门及行业协会30多年的不懈努力，我国市场化的岩土工程技术服务体系基本建立起来，其包括技术标准、企业资质、人员执业资格及相应的继续教育认定等），促使传统的工程勘察行业实现了服务能力和产品价值的巨大提升，"工程勘察行业"的内涵已发生了显著的变化，全行业（包括全国中央和地方的工程勘察单位、工程设计单位和科研院所）通过岩土工程技术服务体系，为社会提供了前所未有、十分广泛和更加深入的专业技术服务价值，创造了显著的经济效益、环境效益和社会效益，科技水平和解决复杂工程问题的能力获得大幅度的提升，满足了国家建设发展的时代需要。从这个角度，可以说伴随我国改革开放推行的"岩土工程体制"，是传统勘察设计行业在实现"供给侧结构性改革"的最大驱动力。

《岩土工程技术创新及实践丛书》所介绍的工作成果，是按照岩土工程的工作方法，基于前瞻性的分析和关键问题及技术标准的研究所获得的体系性的工作成果，对今后的岩土工程创新与实践具有重要的指导意义和借鉴的价值。

因此，由于岩土工程的地域、材料的变异性和施工质量控制的艰巨性，希望广大同仁针对新的需要（包括环境）继续开展基于工程实践的深入研究，不断丰富和完善岩土工程的技术体系以及市场管理体系。这些成果是岩土工程工作者通过科技创新和研究服务于社会可持续发展专项新需求的一个方面，岩土工程及环境岩土工程（*geo-environmental engineering*）在很多方面应当和必将发挥越来越大的作用，在满足社会可持续发展和客户日益增长新需求的进程中使命神圣、责任重大，正如由中国工程院土木、水利与建筑工程学部与深圳市人民政府主办、23位院士出席的"2018岩土工程师论坛"的大会共识所说："岩土工程是地下空间开发利用的基石，是保障21世纪我国资源、能源、生态安全可持续发展的重要基础领域之一；在认知岩土体继承性和岩土工程复杂多变性的基础上，新时期岩土工程师应创新理论体系、技术装备和工作方法，发展智能、生态、可持续岩土工程，服务国家战略和地区发展。"

《岩土工程技术创新及实践丛书》中的工作成果既是经过实际项目建设实践验证和考验的理论及方法的创新，也是时代背景下的岩土工程与其他科学技术的交叉融合，既为项目参与者提供基础认识，又为岩土工程领域专业人员提供研究思路、研究方法，同时也为工程建设实践提供了宝贵的经验。我相信有许多人和我一样，随着《岩土工程技术创新及实践丛书》的陆续出版，将会从中不断获得有价值的信息和收益。

中国勘察设计协会
副理事长兼工程勘察与岩土分会会长
中国土木工程学会
土力学及岩土工程分会副理事长
全国工程勘察设计大师
2018 年 12 月 28 日

前　　言

1. 建设需求提供契机

"十二五"期间,我国将面临建设用地需求集中释放的压力,特别是在人多地狭的沿海地区,建设用地供需矛盾将更加突出。根据国土资源部测算,"十二五"期间,全国建设用地需求总量约为 310 万公顷,年均为 62 万公顷。为增加城市建设用地的供给,江苏省早在《江苏沿海地区发展规划(2009～2020)》中明确提出对符合条件的海域滩涂资源开发予以支持,与此同时,其他沿海地区也加快滩涂、河口三角洲等大面积未利用土地的整理和开发的步伐,开展了大规模的围填海造地工程行动,以获得更多的城市新增建设用地。据《2010 年海域使用管理公报》,2010 年国务院及省级人民政府共批准围填海造地项目 571 个,面积达到了 1.56 万公顷。

以上海为首的一些东部沿海城市是国外投资的密集地带,中外合作建造的大型建(构)筑物日益增多,规模越来越大,如世博会展览馆、大型工业园区、高层建筑群等,这些大型合作项目通常占地面积广、工程规模大,对场地条件具有不同的甚至是比较高的标准要求。然而,在这些地区广泛分布着滨海相沉积以及新近吹填的深厚软弱地基,具有天然含水率高、天然孔隙比大、压缩系数高、抗剪强度低、渗透系数小的显著特征。同时,由于软土地基在附加荷载作用下变形过程复杂,变形量大且历时长,使得寻找切实有效、造价经济的大面积甚至是超大面积的深厚软基处理方法,为工程建设的开展提供所要求的场地条件是岩土工程技术人员共同面临的技术难题,更是当前众多工程项目不得不解决的工程问题。

2. "场地形成"概念及"场地形成工程"形成

上海迪士尼乐园度假区项目位于原浦东新区和南汇区的交界处,距离浦东国际机场约 13km,距离虹桥交通枢纽约 30km;建设场地东临唐黄路,南临规划航城路,西临 A2 沪芦高速公路,北临川展路。一期工程实施区域约 3.9km²,场地形成工程范围 1.74km²。依据项目的中外双方协议,中方负责提供包括场地填筑、地基预处理、地势建造和存蓄河道等附属设施在内的满足后续工程建设需要条件的场地,而仅就其中的地基预处理工程,外方分区分级提出了明确的地基预沉降量、地基承载力和地势标高等场地移交的验收标准,其中,高等级标准区的目标沉降值大于 900mm、测试压力 120kPa 时地面沉降小于 25mm,中等级标准区的目标沉降值 500mm～700mm、测试压力 100kPa 时地面沉降小于 25mm,低等级标准区的目标沉降值不小于 300mm、测试压力 80kPa 时地面沉降小于 25mm。如此场地移交验收标准,对上海地区软土地基,技术难度之高显而易见。

2006 年伊始,中国建筑西南勘察设计院有限公司作为中方岩土顾问单位就开始参与此项工程的前期筹备和技术准备工作。当时面临多方面技术难题,一方面,场地建设中的场地岩土工程勘察及评价,国内尚没有相应的标准内容,现有岩土工程勘察类规范也仅涉及对场地现状评价内容,国外相关标准中涉及的有关内容几乎也是空白;另一方面,对地基预处理，以往国内外软基处理的工程多集中于一般建筑物地基、油罐地基等有限面积的处理，对超大面积软基处理由于其荷载作用面积广、影响深度大、施工难度高等增加了处理过程的复杂性和工后沉降不可控制性，工程经验相对不足，基本没有可供参考的技术资料；再一方面，由于中外双方在工程建设各个专业领域的技术方法、标准要求等方面都存在明显的差异，给合作的工程项目建设带来了诸多需要多次沟通、协商才能形成一致意见的问题。如何为工程建设提供超大面积、符合后续建设使用要求条件的场地是必须解决的难题。

"场地形成"概念正是在如此的工程背景和工作环境下，以中国建筑西南勘察设计院有限公司为主的中方技术人员与外方岩土工程人员在上海迪士尼度假村提供符合外方条件要求的工程场地建设过程中多次交流与探讨后提出的新概念。参考外方意见，结合中方国情，我们将其定义为"根据场地既有地质条件和环境条件及拟建工程对场地用途的要求，采用恰当的土方调配和处理方法对场地及地基进行预处理，使其在地形地势、地基强度、预沉降量等方面达到一定控制标准，以满足拟建建（构）筑物场地地基、其余场地在后续建造期间和使用期间有足够的安全度。"而且认为，"场地形成"不同于以往的"场地平整"和包括调整土地结构及归并零散地块、平整土地及改良土壤、道路和林网及沟渠等综合建设、归并农村居民点及乡镇工业用地、复垦废弃土地、划定地界并确定权属以及改善环境并维护生态平衡等主要内容的"土地整理"，其内涵远大于满足建造施工场地需要的"地坪平整"和通常意义上的"土地整理"，应定位为大面积的土地综合整治工程，即"场地形成工程"。

由于我国工程建设对场地要求通常仅限于在场地平整后的地基强度满足正常施工需求，并仅针对场地上不同拟建建（构）筑物的荷载水平和分布特征等的需要对地基进行基础影响范围内的加固处理；而"场地形成"却是对整个场地进行一次性的地基预处理及场地平整施工，使处理后场地在地形地势、地基预沉降、地基强度等方面都达到一定标准水平，满足建造常规浅基础建筑物或者道路等构筑物对地基的要求。相对而言，"场地形成"具有明显的优势作用：（1）场地形成过程中超大面积荷载作用下地基有效加固深度增加，预处理期内产生的地面沉降量更大，地基承载力和抗变形能力提高的效果更为显著；（2）场地形成避免了传统做法中地基处理施工对相邻地基、在建或既有建（构）筑物造成的不良影响；（3）场地形成过程中的地基处理集中进行施工，施工质量容易得到控制和保证，加固后场地较为均匀；（4）场地形成中的地基处理与场地平整和局部地基处理施工相比，处理效率高、处理费用更低，更便于进行集约化管理，能产生较为明显的经济效益；（5）场地形成根据建设规划，可以完成整个建设区内竖向设计的地形建造，避免后期因建（构）筑物交叉建设形成的因场地狭小而造成地势造型所需要的多次土方转运和施工质量控制困难的问题。

依据"场地形成"概念，"场地形成工程"总体上可划分为两类：一是大面积天然软弱地基的整体改造或改良，二是围填海造地工程及后续大范围的人工处理。目前，"场地形成工程"主要针对大面积天然软弱地基的整体改造或改良工程。

3. 关键技术研究

在收集大量实际工程资料的基础上，采用理论与计算分析方法，总结大范围场地的岩土工程勘察经验，通过实验处理效果对比，研究深厚软基在超大面积荷载作用下的加固机理与变形规律、地基附加应力的分布和地基固结沉降的发展过程，建立成套的超大面积地基沉降计算理论和方法，推导出基于现场实测数据的超大面积软土地基沉降预测模型。同时，结合现场实验实测数据分析和三维数值模拟，特别对超大面积深厚软基场地形成中真空预压法的加固机理、加固效果影响因素、设计计算方法等进行深入探讨，提出场地形成设计的控制标准、场地质量衡量指标与评价方法及验收标准，建立完整的"场地形成"概念体系与"场地形成工程"框架，并与同济大学、天津大学、河海大学等高校联合，先后完成了"软土地区真空预压＋覆水与堆载预压地基处理方法综合比较的试验研究""超大面积真空预压＋覆水与堆载预压处理软基变形试验比较研究""软土地区群井抽水试验地基沉降数值分析研究"、"强夯与冲击碾压试验成果对比分析""大面积软基强夯与强夯＋真空降水处理效果对比试验分析""工程建设场地形成概念与土方调配优化设计""真空预压法处理上海软基若干问题研究""工程建设场地形成与土方调配优化""填土场地桩基负侧摩阻力设计计算方法试验研究""超大面积深厚软基场地形成关键技术研究""围海造陆工程吹填场区地基土次固结性状及沉降计算方法研究""不同软基处理方法效果对比试验及理论研究"等12项专题研究，为建立完整的"场地形成工程"体系打下基础，同时也为超大面积深厚软基"场地形成工程"的设计、施工、验收提供技术指导，更为上海市工程建设规范《建设工程场地形成技术规范》的编制提供了理论依据。

4. 标准体系的建立

由于超大面积的"场地形成"与以往的工程建设在勘察、设计、施工工艺、质量控制等方面存在明显差异，"场地形成工程"的内涵也不是简单的"地基处理"加上"场地平整"，因此国内建设领域尚无相应的设计标准，可供参考的技术标准，如地基基础设计、地基处理及施工等技术规范等，其适用的范围、施工技术、验收标准等各方面均与"场地形成工程"特点存在着较大差距，因此，在总结上海迪士尼乐园一期谈判、实验、设计、施工和科研的成果以及浦东国际机场、临港新城、外高桥港区等类似工程经验基础上，逐步形成了"场地形成工程"标准体系，主要技术内容包括："场地形成"适用范围与其他有关现行标准的配套关系等；场地形成的内容、功能分区原则和工作深度界定等；场地形成的勘察内容、勘察方法、勘察工作量布置及为场地形成和地基处理提供施工设计参数等；场地形成处理方法选择、设计主要内容、设计计算方法等；场地形成的地基处理施工方法选择、处理方法施工技术要求、过程控制要点等；场地形成的不同处理方法的过程检查、质量检验、状态评价和后续状态预测；场地形成后质量状态变化的监测内容、手段方法、技术要求，以及与移交场地后续使用的技术要求等。

5. "场地形成工程"主要内容

针对大面积天然软弱地基的整体改造或改良工程，"场地形成工程"不能简单地等价于地基处理工程加场地平整工程，尤其在工程内容、土方调配、地基处理设计理念和设计计算方法、施工过程控制、验收内容及技术标准等方面进行了显著的延伸和扩展。在总结已有工程经验的基础上，"场地形成工程"主要包括工程测量；岩土工程勘察；土方调配、清表、地下障碍物清除、明洪暗洪处理、场地填筑及大面积平整、地基处理、边坡治理及场地排水等辅助工程的设计；土方调配、清表及障碍物清除、明洪暗洪处理、场地填筑、地基处理、辅助工程及大面积平整等施工；环境、地基处理、边坡和填筑体等监测；场地填筑、地基处理、边坡与排水等质量检验；承载力、密实度和目标沉降值检验方法；场地验收与移交等工程内容。

6. 认识及展望

从浦东国际机场、F1赛车场的建设尤其到上海迪士尼度假区正式提出"场地形成"的概念，这一专用名词所表达的工程内容将更加频繁地出现在中外合作的工程项目中，同时也逐步运用于大型工程的建设中。"场地形成工程"的形成虽经历了2006年开始至2014年上海迪士尼度假区一期完成的八个年头，并基本构建完成了体系框架和技术标准，但就其技术层面而言尚存在诸多问题，如场地形成设计控制标准如何根据拟建场地的使用用途，并兼顾场地内不同分区拟建建（构）筑物性质、荷载分布及其对地基的要求确定的原则与方法，有如考虑场地范围、测点种类等量大面广的特殊性如何建立一个对场地处理整体效果进行评判并作为场地验收依据的综合指标体系，再如场地质量评价如何为后续的地基基础设计提供相关参数的建议值，等等，均有待于通过工程经验的积累和深入的研究进行完善。

"场地形成"概念的提出与"场地形成工程"项目的形成，适应了地基处理技术由小范围处理逐步向大面积、超大面积深厚软基处理发展的趋势，体现了理念创新、技术创新只有通过工程实践的积累和深入研究。"场地形成"类似概念的形成和运用及体系完善，有待于继续努力，以期更有效地促进岩土工程理论的延伸和范围的拓展。

参与本书编写的人员有中国建筑西南勘察设计研究院有限公司上海分公司的胡志刚教授级高级工程师、宋保强高级工程师、周钧高级工程师、王晓高级工程师、孙成勇高级工程师、刘高高级工程师、杨晓锋高级工程师、杨国权高级工程师、许健工程师、陈继彬博士、郑立宁博士、胡熠博士、陈云高级工程师、纪智超工程师和钟静工程师等。

借此机会，向付出艰辛劳动的参编人员和提供基础材料及工作成果的全体人员致以崇高的敬意和衷心的感谢！

康景文
2018年12月于成都

目　　录

第1章 场地形成工程技术的关键问题

1.1 概述

2015 年 10 月 29 日中国共产党第十八届中央委员会第五次全体会议通过,到 2020 年全面建成小康社会,是我们党确定的"两个一百年"奋斗目标的第一个百年奋斗目标,"十三五"时期是全面建成小康社会决胜阶段。李克强总理在"十三五"规划政府工作报告中明确指出,我国将以区域发展总体战略为基础,以"三大战略"为引领,形成沿海沿江沿线经济带为主的纵横向经济轴带,培育一批辐射带动力强的城市群和增长极。30 多年的改革开放,随着中外合作建造的大型建(构)筑物日益增多,占地面积广、工程规模大、对场地条件要求高的特征日益凸显,如世博会展览馆、大型工业园区、高层建筑等的顺利修建,造就了中国经济建设飞速发展的奇迹。

目前,在全国各个地区为各类建设工程的开展提供大面积的场地条件需求是岩土工程技术人员共同面临的难题。以往国内外对于地基处理的工程经验多集中于一般建筑物地基处理、交通行业条状工程的路基处理、油罐或塔基等构筑物的地基处理,这些工程地基的处理只是在整个场地进行平整后,按上部结构或使用荷载对地基或路基的要求,对地基或路基采用不同的施工工艺进行局部处理,使局部地基的强度、沉降变形、均匀性等方面满足后续建造的建筑物或构筑物的施工及使用要求。而大面积场地地基处理由于荷载作用面积广、处理深度深、施工交叉相互影响大等特点增加了处理过程及其处理效果的复杂性和不确定性,国内外在这方面的工程经验相对不足。"场地形成(Site Formation)"工程正是在这样的背景下提出的一种新型概念。

1.2 场地形成工程

场地形成(Site Formation)定义为"根据场地现状工程地质条件以及拟建土地用途,确定处理方法对场地的地基进行处理,须使场地在标高、地基强度、沉降控制等方面达到一定水平,以满足拟建(构)筑物地基及场地内其余部分在后续建造期间有足够的安全度"。可见,"场地形成"的内涵远大于"场地平整",处理前必须提出相应的技术指标,使得场地的预处理达到在标高、地基强度、工后沉降、差异沉降等方面的控制标准,以消除或减少后续建筑地基基础无法解决的不良地基问题。

"场地形成工程"属于大面积高要求(包括大面积地基处理)的土地整理范畴,并将随着工程场地的需要变化,其内涵必将更加有所外延。

当前意义上的场地形成工程主要工作内容包括场地清表、障碍物清除、暗滨换填、不同功能区目标沉降值的地基处理、场地造型填筑和预定标高土方填筑等。场地形成工程实施流程见图1.1。

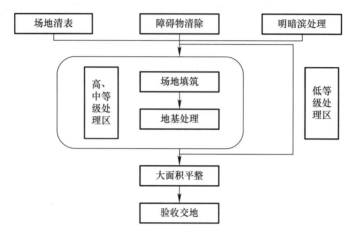

图 1.1　场地形成工程实施流程

根据目前实际遇到的工程特征，场地形成工程可分为如下几种类型：

（1）围海、开山填沟造地：指把原有的海域、湖区或河岸、山地（包括丘陵等）转变为陆地或可用场地。对于山多平地少的沿海、山区城市，虽填海、开山填沟是一个为市区发展制造可用平地的很有效方法，但若要达到工程建设的使用要求标准，必须通过场地形成的全过程才能得以实现；

（2）场地多次开发：指原始场地多年前已经过填筑一定厚度岩块和土体形成了可以利用的场地。在开发再利用时，必须对整个场地再一次进行处理，才能满足拟建工程的场区道路、建（构）筑物、管线等对地基的要求；

（3）场地整体改良：指对整个场地进行一次性的地基处理及场地整形施工，使处理后的场地在标高、地基强度、地基沉降等方面都达到一定标准水平，满足建造常规浅基础建（构）筑物或者道路等对地基的要求，并提高重型或高层建（构）筑物的深基础承载力或基坑开挖的稳定性。

场地形成概念的提出适应了地基处理技术由小范围处理逐步向大面积、超大面积不良地基处理发展的趋势。目前，我国工程建设的通常做法是在场地平整后，在场地地基强度满足正常施工要求后，再针对场地上不同建筑物或构筑物的荷载水平，对建筑物或构筑物占地范围内的地基进行局部处理。相对而言，场地形成就具有更为明显的优势：

（1）不同区域、不同方式的处理荷载作用下，施工交叉作业相互影响使有效加固深度增加，产生的地基预沉降量更大，地基承载力提高的效果更为显著；

（2）避免了传统做法中地基处理施工对相邻地基、在建或既有建（构）筑物造成不良影响；

（3）地基处理施工集中进行，施工质量容易控制和保证，加固后场地较为均匀；

（4）地基处理与场地平整等作业协同实施，有利于进行集约化管理，效率高，能够产生较为明显的经济效益。

场地形成工程技术自著作者提出后，即广泛应用于软弱地基、填筑地基等不良地基条件的场地形成工程。如上海迪士尼度假区（2008 年）、嘉定云翔大型居住社区动迁配套基地 26 号～10 号地块住宅工程（2010 年）、上海浦东国际机场货运三号货运站（2012 年）、苏宁温州物流基地（2013 年）等工程项目，取得了较为突出的成效。

1.3　场地形成工程技术发展现状

目前，场地形成工程技术研究工作主要集中在地基的处理手段、地基处理后沉降变形规律等方面，且软弱地基中的应用及研究成果相对较多。

1.3.1　软弱地基场地形成地基处理技术

1. 地基处理方法

软弱地基处理方法主要包括：排水固结法、化学加固法、碾压及夯实、换土垫层法、振密挤密法、加筋法及其他方法（灌浆、冻结）等七类。同济大学叶观宝教授认为排水固结法、强夯法和复合地基法较为适合用于大面积软土地基的加固处理，它们也是目前沿海地区，特别是东南沿海地区较为常用的软土地基处理方法。对于新近进行过吹填的软基场地，强夯法（包括强夯置换法、组合锤法）与复合地基法可有效提高地基的稳定性，且高能级强夯置换法在新近吹填软土地基处理中的应用取得了良好的效果。

针对各种地基处理技术单一运用的局限性，尤其对于大面积深厚软土地基的潜在不良影响不可忽略的地区，在对其进行处理时必须采取针对性处理方法，加快土体的固结，将工后沉降量减少到允许范围，以保证建（构）筑物建成后的正常使用。而排水固结法正是处理这类地基的首选方案，尤其是真空预压法与堆载预压法。组合型处理地基（多种地基处理方式联合运用）因可通过合理配置各种工艺实现多项地基处理的目的而逐渐在工程中得到应用。例如，水泥土搅拌桩用来提高浅部地基的承载力和稳定性，塑料排水板用来加快深部地基土的排水固结效率。

同时，场地形成过程中的环境变化容易引起加固体性能劣化，杨俊杰等通过室内试验研究了场地形成过程中水泥土的环境劣化问题，认为场地形成的水泥土的劣化影响因素有内因和外因。内因是影响加固体强度的因素，有原土性质、固化剂种类与强度等级及掺入比、水灰比、加固体自重应力状态、施工工艺等；外因是外界环境因素，有侵蚀性离子种类及浓度、温度及温度循环变化、加固体受到的有效土压力和孔隙水压力等。

2. 沉降计算方法

现行地基沉降计算方法主要有三大类，分别是以分层总和法为代表的压缩模量法，以弹性力学的沉降解为算法的弹性法，以及以现代本构理论和数值法为基础的有限元等数值方法。压缩模量法（如分层总和法）并不能反映地基剪切变形所产生的沉降，学者就此分别提出了考虑侧向变形的非线性方法、弦线模量法、等效变形模量法，采用 e-p 曲线、p-s 曲线、p-s 双对数坐标曲线用于地基分层沉降计算；而弹性力学法采用的是弹性解，不能考虑土的非线性，不适用于分层地基或不均匀地基，土体在自然沉积的过程中，受到气候环境改变的影响，土体沿深度方向性质会有明显差别，工程中为了考虑土的非均质性，通常会引入均一化土层的概念，依靠 Terzaghi 固结理论及 Boussinesq 解，预测均一化土层的沉降变形。但即使是同一土层，若加载面积较大、软弱土层较厚，土体的物理力学性质随深度变化也可能差异较大，使得经典理论的应用受到限制。

陈仲颐较早提出了压缩层厚度概念，并将这一概念应用于工程的地基变形计算。该概念并非实际中存在一个深度界限，而是依据某个控制性指标人为划分的深度，且认为在该深度以下不存在土体压缩。国内现行技术标准普遍根据附加应力与自重应力的比值进行压缩层厚度的划分，即假定地基土是正常固结，当总应力（自重应力与附加应力之和）不超过自重应力的 1.1 倍或 1.2 倍时，就可以认为不会再发生较大的压缩沉降。有些学者考虑土的结构性后认为土层中的竖向附加应力应与该深度处土体的粘结强度进行比较，在附加应力大于粘结强度的深度以内的土层厚度方能称为压缩层深度。

目前，使用的各方法在荷载施加面积不大的情况下可以满足工程安全的设计要求，国内大部分技术标准普遍采用，如现行国家标准《建筑地基基础设计规范》GB 50007—2011 对地基压缩层的描述是"条形基础底面下深度为 $3b$（b 为基础底面宽度），独立基础底面下为 $1.5b$，且厚度均不小于 5m 的范围（二层以下一般的民用建筑除外）"。对于大面积荷载作用下的地基沉降计算，其结果往往会出现较大的误差。对于建筑或构筑物，由于其基础底面宽度不大，单体建筑荷载的影响深度（即压缩层厚度）有限。但大面积的软弱地基处理工程，处理使用的荷载作用范围超出常规建筑基础底面积，实测结果表明，变形影响深度（即天然地基最终沉降量中压缩层的厚度）将达几十米甚至上百米，远远超出采用建筑地基确定压缩层厚度的应力控制法的深度，因此，必须通过深入研究寻求一种适合大面积地基处理沉降计算方法。

1.3.2 复杂条件场地形成工程技术

由于目前场地形成工程概念提出不久，开山填沟、大范围局部大填、不同填筑时间等其他条件下的场地形成工程技术的相关研究仍处于起步阶段甚至是待起步阶段，如山区城市的建设场地形成、机场跑道和停机坪场地形成等工程有待经过工程实践取得卓有成效的研究成果。

1.4 场地形成工程技术关键问题

场地形成技术与现有的地基处理技术在设计理念、技术标准和设计计算等方面存在明显的差异。国内外目前相关研究成果不多，特别是场地形成地基处理机理、地基变形规律及其设计计算方法和相应的标准体系亟待深入探讨和建立完善。

1.4.1 大面积场地勘察的特殊性技术研究

"场地形成"属于大面积、高要求（包括大面积地基处理）的土地整理范畴，其场地形成过程较为特殊，如果在此类场地上修建建筑物或构筑物及附属设施，采用常规岩土工程勘察手段和技术方法已经不能满足工程要求。为了安全和经济，需要综合考虑大面积场地形成工程的特殊需求，必须采用特殊性技术手段和技术方法，确保场地勘察成果的全面性及准确性。

1.4.2　不同处理方法处理效果的对比试验研究

目前，针对软土地区，大面积场地形成地基处理方法有真空预压、堆载预压、强夯和冲击碾压。不同方法处理后的变形特性、承载力变化特征、固结、稳定、施工控制等指标大不相同。而将常规建筑地基处理的成果运用于大面积场地形成工程地基处理的理论依据并不充足，需对每种方法进行全面的对比分析，为大面积场地形成工程提供必要的理论基础。

1.4.3　大面积地基处理变形机理研究

近年来，虽学者探索大面积场地形成工程的处理方法，并针对经不同处理手段后场地稳定性问题、沉降变形控制问题以及施工组织问题等方面有一些成功的实例和研究成果，但有关影响深度、承载力特性和沉降预测等问题，仍然研究较少，工程实践的观念改变、设计方法等仍受到现行技术标准、地区经验等多方面的制约，因此，有必要对大面积地基处理变形机理进行研究。

1.4.4　大面积地基处理变形计算方法研究

长期以来，许多学者对软弱地基变形问题进行过一系列试验、实验的研究，提出过各种计算方法。但是，现有的计算方法具有很大的局限性，且仍基本适用于一般建筑地基、路基等小范围、常规荷载的工程。对于大面积、甚至超大面积荷载作用下，常规的、不同的方法计算结果往往出现较大的分歧。目前尚无相关文献总结或提出适用于大面积荷载作用下的地基沉降变形计算方法，亟待进一步的研究。

1.4.5　场地形成工程标准体系研究

常规地基处理是对单一建筑下的地基进行处理，以满足上部结构荷重对地基的承载力、沉降或稳定性的要求。而场地形成工程涉及的因素多、工序交叉、控制目标以及检验验收标准多样，目前无完善的设计方法与评价等标准体系，而随着场地形成工程增多的需求，需要可指导工程实施的技术标准，推动场地形成工程技术的进一步发展和完善。

1.5　本章小结

目前，我国工程建设的通常做法是在场地平整后，只在场地强度满足正常施工要求后，再针对场地上不同建筑的荷载水平，对其基础范围内的地基进行局部处理。而大面积场地形成工程一般是对整个场地进行一次性处理施工，使处理后场地在地基沉降、地基强度、场地标高等方面都达到一定水平或地势，满足建造常规建筑浅基础或者道路路基等对地基的要求，同时需要提高拟建的重型建筑对深基础承载力或基坑开挖的稳定性。场地形成工程在国内尚属全新的概念，由于国内尚无先例可循，现有的技术标准与大面积地基处理在设计理念、设计计算和技术标准等方面存在明显的差异，需要进行系统的研究和总结。

第2章　现行软土地基处理设计方法研究

2.1　概述

近年来，我国岩土工程师针对软土地基的处理、设计和计算方法的研究作了大量的室内试验和现场试验，积累了丰富的资料，得到了许多较高水平的研究成果，也积累不少设计与施工的经验，使得对于软土地基的研究理论日臻成熟、完善。软土地基因其特殊的工程特性，在荷载的作用下，会产生相当大的沉降量和沉降差，而且沉降过程延续的时间可能很长，对建筑物的正常使用有较大影响。本章着重阐述现行软土地基处理、设计与计算方法研究现状，并探讨当前设计计算方法在实际工程中的局限性。

2.2　软土地基工程特性

2.2.1　软土的判别标准

软土是指淤泥、淤泥质土和部分冲填土及其他高压缩性的土。在我国几种规范里面都有很相似的定义。如现行行业标准《岩土工程勘察术语标准》JGJ/T 84—2015 中认为软土为天然含水量大、压缩性高、承载力低、软塑到流塑状态的黏性土，现行国家标准《岩土工程勘察规范》GB 50021—2001（2009 年版）中认为软土的天然孔隙比大于或等于 1.0，且天然含水量大于液限的细粒土，包括淤泥、淤泥质土、泥炭、泥炭质土等。总体来说，这类土的主要物理特性为饱和、含有机质和天然含水量大于液限。软土的分类标准如表 2.1 所示。

软土的分类标准　　　　　　　　　　　　　　　　表 2.1

土的名称	划分标准	备注
淤泥	$e \geqslant 1.5$, $I_{\mathrm{L}} > 1$	e—天然孔隙比 I_{L}—液性指数 W_{u}—有机质含量
淤泥质土	$1.5 > e \geqslant 1.0$, $I_{\mathrm{L}} > 1$	
泥炭	$W_{\mathrm{u}} > 60\%$	
泥炭质土	$10\% < W_{\mathrm{u}} \leqslant 60\%$	

2.2.2　软土的成因类型

在世界范围内，软土主要分布于沿海和河流三角洲地区。在我国大多分布在东海、黄海、渤海、南海等，如上海、天津、宁波、温州等沿海地区，长江中下游、淮河平原、松辽平原等，洞庭湖、洪泽湖、太湖、鄱阳湖四周等内陆平原和昆明的滇池地区、贵州六盘水地区等山区，厚度一般从几米到几十米不等。软土是水流作用下的近代细粒沉积物，按具体水流作用的不同可分为不同的成因类型，主要有以下三大类：

（1）沿海软土。主要是三角洲相沉积的软土，其次是滨海相和泻湖相等成因的软土。当河流流入海洋时，流速急剧减小，使得沉积物在河口大量聚集，这种堆积在陆相和海相边界上的沉积物就形成了三角洲。三角洲相沉积的软土，主要特点是厚度较大，黏性土和砂土或粉土相间成层，土层厚度和工程性质一般比较均匀。

（2）内陆软土。在内陆地区，河流相沉积软土沿江河分布广泛，主要是由于河流改道泛滥期形成的沉积物和河岸沉积物构成的冲积平原。这种沉积物都具有层理和纹理特征，有时夹细砂层，分布范围比较小，土层厚度变化比较大，一般不会遇到很厚的均匀粘土层。

（3）湖相沉积物是沉积物中成分变化最大的，通常含有大量的黏土颗粒，但在湖的边缘处沉积物一般是较粗的颗粒。沼泽相软土是由于低洼积水，喜水植物滋生，终年淤积，逐渐衰退形成的，常常以泥炭沉积为主，夹有腐泥和砂层。

2.2.3　软土的一般工程特性

软土通常富存于排水不畅的地势低洼的环境中，未经固结与成岩化作用，颗粒间结合较为松散，以流塑状态为主，局部呈软塑状态。其主要细粒成分除有与黏土成分相同的伊利石、高岭石、蒙脱石等硅铝酸盐岩、碳酸盐岩的风化淋滤残留物外，还在不同程度上含有有机质、腐殖质。各种软土虽然成因有所不同，却有一些共同的工程特性，表现在：

（1）天然含水量高、孔隙比大。根据统计，软土的含水量一般为 $35\%\sim80\%$，孔隙比为 $1\sim2$。

（2）压缩性高，属高压缩性土。软土的压缩系数在 $0.5\mathrm{MPa}^{-1}\sim1.5\mathrm{MPa}^{-1}$ 之间，有些高达 $4.5\mathrm{MPa}^{-1}$，且其压缩性往往随着液限的增大而增加。工程中会造成建筑物沉降量变大。

（3）抗剪强度低。软土的天然不排水抗剪强度一般小于 $20\mathrm{kPa}$。其变化范围约在 $5\mathrm{kPa}\sim25\mathrm{kPa}$。

（4）透水性差。软土的渗透系数一般在 $10^{-5}\mathrm{mm/s}\sim10^{-8}\mathrm{mm/s}$ 之间。会造成工后沉降时间延长。

（5）固结系数小，排水固结时间长，在加载初期往往出现较高的孔隙水压力。

（6）具有触变性。一旦受到扰动（振动、搅拌或者搓揉等），其絮状结构受到破坏，土的强度显著降低，甚至呈流动状态。特别是滨海相的软土。我国东南沿海软土的灵敏性约为 $4\sim10$，属高灵敏土。工程中会引起软土地基的侧向滑动、沉降及基底在两侧挤出等。

（7）流变性显著。软土在剪应力作用下发生缓慢而长期的剪切变形（不同于排水固结）。其长期抗剪强度只有一般抗剪强度的 0.4 倍 ~0.8 倍。工程中对地基沉降有较大影响，对斜坡、堤岸、码头等地基稳定性不利。

（8）承载力低。地基承载力一般为 $20\mathrm{kPa}\sim100\mathrm{kPa}$，不进行地基加固处理很难满足承载力需要。

（9）不均匀性。受沉积环境的影响，软土层中夹薄层粉土、黏性土或粉细砂透镜体，水平和垂直不均匀，各向异性明显，物理力学性质相差较大，容易产生差异沉降。

2.3 软土地基处理技术的国内外现状

2.3.1 软土地基处理技术

为了适应工程建设发展的需要，高压喷射注浆法、振冲法、强夯法、深层搅拌法、土工合成材料、强夯置换法、EPS超轻质填料法等许多地基处理技术从国外引进，在实践中发展许多已经在我国得到应用的地基处理技术，如排水固结法、土桩和灰土桩法、砂桩法等也得到了不断发展；还发展了许多新的地基处理技术，如真空预压法、孔内夯扩碎石桩法、低强度桩复合地基法等。总的来说，地基处理机械、材料、设计计算理论、施工工艺、现场监测技术、地基处理新方法和多种地基处理方法综合应用等各个方面在近几十年来于国内外都得到了较大的发展。

各项地基处理方法的施工工艺近年来也得到不断改进和提升，不仅有效地保证和提高了施工质量，提升了工效，而且扩大了应用范围。真空预压法施工工艺的改进使这项技术应用得到推广，高压喷射注浆法施工工艺的改进使之可用于第四纪覆盖层的防渗，石灰桩施工工艺的改进使石灰桩法走向成熟，边填碎石（块石或其他材料）边强夯扩大了强夯法的应用范围。可以说，每一项地基处理方法的施工工艺都在不断提高。

近年来，各地因地制宜发展了许多新的地基处理方法。例如：将强夯法用以处理较软弱土层，边填边夯形成强夯碎石桩复合地基以提高地基承载力，减少沉降。在适合强夯法处理的地基，由于施工机械能力达不到要求或环保要求受到限制时，可先用碎石桩法处理深层地基，建立排水通道提高基层承载力（碎石桩可以只填料到距地面 4m~5m 处）。在软土地基中设置由碎石、粉煤灰、水泥或由砂石与桩间土形成的复合地基。这种桩比碎石桩具有较大的刚性，比之灌注桩节省费用，形成的地基可较好地发挥桩间土的作用，因此具有较好的经济效益。这种方法利用复合地基的思路，充分发挥桩间土效用，减少用桩数量，取得较好的经济效益。新的地基处理方法的不断发展提高了地基处理的整体水平。

地基处理技术的发展还表现在多种地基处理方法综合应用水平的提高。例如：真空预压法和堆载预压法的综合应用可克服真空预压法预压荷载小于 80kPa 的缺点，扩大了它的应用范围。真空预压法与高压喷射注浆法结合可使真空预压法应用于水平渗透性较大的土层。高压喷射注浆法与灌浆法相结合可提高灌浆法的纠偏加固效果。土工织物热层与砂井法结合可有效地提高地基的稳定性。锚杆静压法与顶升法结合塑料排水带堆载预压、振冲密实，振动碾压等方法取得了很好的效果。重视多种地基处理方法的综合应用可取得较好的社会经济效益。

2.3.2 真空预压法的研究现状

1957 年美国费城国际机场跑道扩建工程，首次采用真空预压法与深井降水联合加固地基获得成功。1982 年，日本大阪南港在第二阶段的填筑工程采用该方法并取得较好的加固效果。我国在 20 世纪 50 年代末开展真空预压技术的研究，但当时未能达到工程应用阶段。目前，学者主要在现场试验测试、固结理论计算和数值分析三个方面开展了相对较多的工作。

1. 真空预压法的现场试验测试研究现状

20 世纪 80 年代，学者主要通过一维负压固结仪进行抽气试验，指出负压作用下的固结过程与正压作用下的固结过程是基本相同的。并进行了室内真空预压的离心模型试验，全面阐述了真空预压的加固机理，指出真空预压与堆载预压满足相同的固结方程，但固结的应力路径、固结过程的特征和砂井作用等有所不同。此后，学者继续更加深入地研究了真空预压下的固结问题，确立了负压固结理论，认为真空预压加固地基的机理满足土体固结的基本理论，因此，可沿用正压作用下的固结理论（Terzaghi 固结理论和 Biot 固结理论等）进行负压下固结的分析。近年来，一些学者也提出了一些不同的意见。认为真空预压加固过程中，地下水位以上的土体符合孔压下降有效应力增加的规律，地下水位以下的土体有效应力的增加来自于下降区土体浮重度与湿重度的转化。并基于多孔介质理论和真空渗流场理论，探索性地提出了用真空渗流场来解释真空预压加固软土地基的机理，认为真空预压加固软基由两方面组成：一是对地下水位线以上的土体，真空渗流场引起的真空预压作用；二是地下水位下降引起的排水固结作用。这两种观点虽都可以合理解释真空预压中地下水位下降所带来的影响，但仍有很多不完善和不符合实际之处，例如仍无法解释地下水位变化规律、浅层土体饱和度变化范围及恒负压边界条件等问题。实际上，真空预压地基中流体的真空度与孔隙压力降低是两个完全不同的概念，真空预压期间只有地下水相对压强为零的压力面以上的流体才有真空度，零压力面以下土体中只存在孔隙压力降低，流体不存在真空度。故而，软土真空预压中浅层与深层土体固结机制具有不同的概念，浅层土体为吸力渗透固结，深层土体为在浅层"堆载"与真空"负压"作用下的渗透固结。这些观点为真空预压中非饱和区的加固机理探究给予了启发。

2. 真空预压法的固结沉降计算理论研究现状

其计算求解从一维问题逐渐扩展到二维问题、三维问题。我国学者叶柏荣等在 20 世纪末，提出的砂井地基固结度的普遍表达式可求出各种情况下砂井地基的解析解，通过改变初始条件和边界条件，推导了真空预压的解析解。在此基础上，进一步推导出了真空联合堆载预压砂井地基固结解析解，并在 Barron 等应变条件下研究了双层理想井的地基固结理论，建立了相应的计算模型，分析了渗透系数、水平向固结系数、井径比等不同因素对于双层理想井的地基固结的影响。随着计算机技术的发展，半解析法也逐渐在真空预压的理论分析中得到了应用。在考虑土体流变的基础上提出了砂井地基固结分析的简便方法，即由解析解求出孔隙水压力，再利用数值解法计算出位移。目前砂井固结理论应用于真空预压已有了较大的发展，但均未考虑由于真空渗流场引起的水汽混合流在真空预压固结过程中所产生的影响。

3. 真空预压法的数值模拟研究现状

早期研究人员在 Biot 固结理论基础上采用不同的本构模型分析了一个试验场地的软土在真空作用下的固结变形过程，计算结果表明弹性模型与实测值最为接近。同时采用边界元分析真空和堆载作用下砂井地基的固结过程，比较得出了堆载预压与真空预压加固软土地基的不同固结特性以及真空-堆载联合预压加固软基过程及其固结特性。认为加固范围内的土体可采用等效渗透系数进行计算，需要考虑井阻和涂抹效应的等效方法，进而提出了用等效渗透系数代替砂井、砂墙的简化建模方法以及考虑井阻和涂抹的双向渗流和变形的砂墙地基固结计算公式，将砂井转化为砂墙建立二维真空预压模型，较好地模拟了软基的真空预压加固情况。更进一步的，陈平山等为了使大面积真空预压三维有限元计算成为可能，即把打设了排水板的地基等效为天然地基，对大面积的真空预压进行三维数值模拟，提出了按砂井划分单元格的大面积真空预压三维数值模拟，提出了较为优化的单元格划分方法，计算结果与实测值相差不大，趋势也基本吻合。董志良等对均质地基有限元法、"砂墙"等效方法、按砂井单元划分网格的三维有限元法三种真空预压的有限元计算方法进行比较，认为划分单元格的三维有限元法更能反映砂井地基的固结变形。

综合成果表明，由于在软基内设置具有空间分布形态的砂井，本质上砂井地基固结是个三维问题，但迄今为止，真正意义上的三维有限元计算仍然非常少见。主要原因之一是三维应力应变的有限元计算工作量很大，其二是合理建立软土-砂井地基的三维离散模型相当困难，因为砂井与软土，一种是连续介质，一种是分离散布的介质，两者的尺度差异大，物理力学性质的差异也很大，用大尺度单元计算必然行不通，而用很小的尺度单元来刻画，由于砂井数量极多又会导致不可接受的计算模型。解析解虽便于应用于工程实际，但其无法考虑渗流、孔压等与变形的耦合关系以及无法考虑软土地基的黏滞性和流变性等，只能进行一维或轴对称分析，且目前均未考虑土体的非饱和状态。此外，针对真空预压本身的特点，理论分析与现场测试结果均表明，采用气液两相流解释真空预压地基地下水位以上流体的流动是合理的，而深入研究真空预压非饱和区的固结解析理论的文献还不多见。

2.3.3 堆载预压法的研究现状

堆载预压法是由砂井排水预压法发展而来的。与传统砂井相比，塑料排水板的性能和质量更优越，在施工方面可用轻型施工机械在软土地基上施工，效率更高、施工更为方便、排水能力更强、工程费用低，并且对天然地基土体的扰动小、处理效果更好。研究中，一种是以 Terzaghi-Rendulic 固结方程为理论基础，在考虑空间渗流、井阻作用、群井作用的条件下，建立了砂井地基的三维固结方程，求得了解析解，并采用了数值方法对所得解进行了简化；另一种是以 Biot 固结理论为基础，对横观各向同性饱和地基半空间的轴对称固结问题进行了研究，根据所求得的各种参数的一般积分形式解，对饱和地基受荷载作用的固结性状进行了分析，将修正剑桥模型和三维 Biot 固结有限元模型相结合，并改进了预压法中砂井的有限元单元划分方法。在平面应变条件下，采用非线性有限元方法结合 Biot 固结理论，对土工织物加筋与塑料板排水联合使用处理软土路基的效果进行了分析，对其地基加固机制进行了探讨。从实际工程角度出发，通过现场监测数据，对软土地基堆载预压下的沉降、分层沉降、深层土体位移、超静孔隙水压力及其变化规律进行了分析，在应力和应变分析的基础上对地基固结性状进行了探讨，并得到了适用于储备地基的沉降经验系数。通过蒙特卡罗模拟方法对砂井地基固结度的概率特征值进行计算，总结了砂井地基固结概率特性的影响因素；对固结概率分析的近似方法进行了研究，讨论该种方法的精度，最终推导出了砂井地基固结度期望值和方差的计算公式。近年，又有人提出了堆载-电渗联合作用下的耦合固结理论，这一理论不但考虑了地基中孔隙水压力的变化过程，而且考虑了水流和电流的相互作用，建立了一个堆载预压-电渗联合作用下的耦合固结方程，并对电源电压和土体渗流系数对孔压消散和径向固结度的影响进行了研究。

虽然堆载预压已经得到广泛的研究与应用，但鲜有将堆载预压法应用于大面积乃至超大面积深厚软土地基的加固工程，大面积荷载下的地基变形规律仍有待进一步研究。

2.3.4　振动碾压法

冲击碾压机械最早兴起于南非，而后在澳大利亚工程界曾通过冲击碾压机械处理加固河堤。通过冲击碾压机械压实路基改良土质，在解决砂土路基稳定时起到巨大作用。在堤坝、路基施工、机场跑道地基加固中，冲击碾压技术和设备在日本、德国也曾被广泛应用，加固效果显著，在此基础上相关学者制定出对应的技术标准。

已有实践结果显示，冲击碾压方法具有较强的适用性，冲击碾压工艺对含水率 $1\%\sim2\%$ 的单一形状分布的砂、软塑性砂土、含水率较高的黏土加固时都有显著的作用效果。在一般冲击轮的巨大压力作用下，饱和黏土空隙中的水分被迅速压到地表，从而有效保证路基中的含水率处于较低范围，故这一压实方法进一步加快了压实工艺的发展。学者们还采用葡式压实方法对更大范围的土壤进行了相关试验，结果表明该方法具有良好的压实效果。

在我国，冲击碾压技术的适用范围也在多个领域取得了验证。如兰许高速公路和德商高速公路菏泽至曹县段采用冲击碾压技术在粉质砂性土路基碾压中的应用、陕北原来的路面自重Ⅱ级、自重Ⅲ级、非自重等级的湿陷性黄土路基压实、黄土路基、膨胀土路基处理过程中路基压实、高土石方路堤的压实作业，上述工程实例均说明了冲击碾压法在地基处理中的适用性。同时，在理论研究方面也有一定的突破。杨人凤等人结合具体工程试验分析，率先提出冲击式碾压的理论和试验模型；贺杰等通过理论分析提出冲击能量 E、影响深度 H 的概念及相应的计算公式；张洪等通过理论研究得出冲击功 A_i、冲击轮重量 G_g 以及行程三者之间的数值关系。吴斌结合冲击碾压技术对路基中冲击作用的动力影响做了整体分析。通过采集各类汽车荷载下的路基动力响应，在此基础上对冲击碾压的处理效果进行了一定评价。最后，结合土体的弹塑性、流变特性，建立土体的本构模型，结合具体工程中的相关测试结果，构建了作用荷载于路基之间的动力模型，为旧水泥混凝土路面中冲击破碎技术的发展应用提供了理论依据。

2.3.5　强夯处理法

强夯法被广泛应用于工程中，它不仅适用于大孔隙的砂土、碎石土及建筑垃圾，同时也适用于低饱和度的粉土、黏土、素填土和湿陷性黄土等。该方法具有处理效果显著、施工时间短、所用机械少且经济效益高等优势。

1975 年我国专家学者以重锤夯实之名引进强夯法施工技术，在我国工程实践中试验应用，强夯法的第一次试验由交通部一航局及其协作单位用于处理天津市塘沽新港三号公路项目上的软土地基，后应用于秦皇岛某码头细砂地基。强夯处理的首个工程是中国建筑科学研究院廊坊分院机械化研究所宿舍的地基处理工程。由于处理效果好，强夯法在我国快速发展应用，我国强夯法施工技术的发展一般分为以下几个阶段：第一阶段，自引进到 20 世纪 80 年代初，强夯法用较小的夯击能处理地基土，用 1000kN·m 的能量级主要处理较薄的人工回填土，处理厚度大概有 5m 之深；第二阶段，80 年代初到 90 年代初。国家修建重点工程山西化肥厂，其地基土为湿陷性黄土，为消除其湿陷性国家化工部组织首次使用 6250kN·m 能级强夯，其处理厚度能够有 10m 之深，施工技术逐渐完善；第三阶段，90 年代初到 2002 年，因三门峡火力发电厂地基加固需要，我国首次使用 8000kN·m 高能级强夯，该能级强夯有效处理深度达到 11.5m，此后，高能级强夯技术被广泛用于工程中；第四阶段，2002 年底至今，为了适用于高填方地基土处理方案，我国成功研制了 18000kN·m 能级强夯，高能级强夯处理地基方法已被广泛采用。为了适应各种地基土的要求，高能级强夯法在原有的发展基础上还形成了强夯法预处理等复合地基处理新方法。

目前我国强夯法的学习与研究重点在：用低能级强夯处理饱和软土地基；用高能级强夯处理湿陷性黄土地基；将强夯法与其他地基处理技术相结合的复合处理方法。

2.4 软土地基承载力计算方法

软土地基承载力在不直接考虑变形的前提下，可根据室内试验、原位测试和当地经验，按照不同的计算方法综合确定。

2.4.1 依据国家标准推荐的方法确定

按照《建筑地基基础设计规范》GB 50007—2011 中的地基承载力计算公式（已考虑基础的深度和宽度）计算。规定当基础宽度大于 3m 或埋置深度大于 0.5m 时，从载荷试验或其他原位测试等方法确定的地基承载力特征值，按下式修正：

$$f_a = f_{ak} + \eta_{br}(b-3) + \eta_d \gamma_m (d-0.5) \tag{2.1}$$

式中，f_a 为修正后地基承载特征值（kPa）；f_{ak} 为地基承载力特征值（kPa），由载荷试验或其他原位测试、公式计算、并结合工程实践经验等方法综合确定；η_b、η_d 为基础宽度和埋深的地基承载力修正系数，取值参见表 2.2。γ 为基础底面以上土的重度，地表水位以下取浮重度；b 为基础底面宽度（m），当基础宽度小于 3m 按 3m 取值，大于 6m 按 6m 取值；γ_m 为基础底面以上土的加权平均重度，地面水位以下取浮重度；d 为基础埋置深度（m），一般自室外地面标高算起。在填方整平地区，可自填土地面标高算起，但填土在上部结构施工后完成时，应从天然地面标高算起。对于地下室，如采用箱形或筏基时，基础埋置深度自室外地面标高算起；当采用独立基础或条形基础时，应从室内地面标高算起。

承载力修正系数		表 2.2	
土的类别		η_b	η_d
淤泥和淤泥质土		0	1.0
人工填土 e 或 I_L 大于或等于 0.85 的黏性土		0	1.0
红黏土	含水比 $a_w > 0.8$	0	1.2
	含水比 $a_w \leqslant 0.8$	0.15	1.4
e 或 I_L 小于 0.85 的黏性土		0.3	1.6

注：地基承载力特征值按有关规范用深层平板载荷试验确定时，η_d 取 0。

2.4.2 已有建筑经验地区的工程地质类比法确定

1. 北京地区

按照《建筑地基基础设计规范》GB 50007—2011 中的地基承载力计算公式（已考虑

基础的深度和宽度）计算，参见公式（2.2）。

$$f_a = f_{ak} + \eta_b \gamma (b - 3) + \eta_d \gamma_0 (d - 0.5) \qquad (2.2)$$

式中，f_a 为深宽修正后地基承载特征值（kPa）；f_{ak} 为地基承载力特征值（kPa）；η_b、η_d 为基础宽度和埋深的地基承载力修正系数，取值参见表 2.2。γ 为基础底面以下土的平均重度，地表水位以下取有效重度（kN/m³）；γ_0 为基础底面以上土的加权平均重度，地面水位以下取有效重度（kN/m³）；b 为基础底面宽度（m），当基础宽度小于 3m 按 3m 取值，大于 6m 按 6m 取值；d 为基础埋置深度（m）。

基础埋置深度 d 应符合下列规定：一般基础（包括箱形基础和筏形基础）自室外地面标高算起。挖方整平时应自挖方整平地面标高算起。填方整平应自填方整平后的地面标高算起，但填方在上部结构施工后完成时，应从天然地面标高算起。对于具有条形基础或独立基础的地下室其基础埋置深度分别按下式计算：

（1）外墙基础埋深 d_{ext}：$d_{ext} = (d_1 + d_2)/2$；

（2）内墙基础埋深 d_{int}：$d_{int} = (3d_1 + d_2)/2$（一般第四纪土）；

$$d_{int} = d_1 （新近堆填土）$$

式中，d_1 为自地下室地面起算的基础埋深；d_2 为自室外地面起算的基础埋深。

对于公式（2.1）中，基础宽度和埋深的承载力修正系数，按表 2.3 进行修正。

承载力修正系数　　　　　　　　　　　　　　　表 2.3

成因年代	岩性	η_b	η_d
一般第四纪沉积层	粉质黏土	0.3	1.5
	黏土、重粉质黏土	0.3	1.0~1.5
新近沉积土及人工填土	黏性土	0	1.0

2. 天津地区

天津市地基承载力仅考虑深度修正，不作宽度修正，修正后的地基承载力基本值 f_{a0}，按式（2.3）进行计算。

$$f_{a0} = f_{ak} + \eta_d \gamma_d (d - 1.0) \qquad (2.3)$$

式中，f_{a0} 为修正后地基承载基本值（kPa）；η_d 为基础埋深的地基承载力修正系数，取值参见表 2.4。γ_d 为基础底面以上土的重度，地表水位以下取浮重度；d 为基础埋置深度（m），一般自室外地面标高算起。在填方整平地区，可自填土地面标高算起，但填土在上部结构施工后完成时，应从天然地面标高算起。对于地下室，如采用箱形或筏基时，基础埋置深度自室外地面标高算起；当采用独立基础或条形基础时，应从室内地面标高算起。

基础埋深的地基承载力修正系数　　　　　　　　表 2.4

土的类别 ＼ e	≤0.6	0.7	0.8	0.9	≥1.0
黏性土	1.6	1.4	1.1	1.1	1.0

注：对淤泥及淤泥质土取 1.0。

当采用地基承载力基本值确定地基承载力特征值时，可在基本值前乘以荷载效应系数，取值为 1.25。

3. 上海地区

（1）根据上海市工程建设规范《地基基础设计规范》DGJ 08—11—2010 适用于上海市建设工程和市政工程的地基基础设计，在工程选址或方案设计阶段天然地基承载力设计值可按《上海市工程地质图集》中查得的数值乘以调整系数 1.25 取用，该图是根据建筑经验和沉降量估算编制的，持力层及下卧层的强度已经初步验算，且已进行工程地质普查地区的地基承载力标准值在 70kPa～140kPa。

（2）根据土的抗剪强度确定地基土承载力设计值 f_d 时，可按下式计算，但必须满足变形要求。

$$f_d = \gamma_d f_{dh} \tag{2.4}$$

式中，γ_d 为地基承载力修正系数，可按表 2.5 取值；f_{dh} 为按公式（2.5）计算的地基承载力（kPa）。

$$f_{dh} = \frac{1}{2} N_\gamma \xi_\gamma \gamma b + N_q \xi_q \gamma_0 d + N_c \xi_c c_d \tag{2.5}$$

式中，N_γ、N_q、N_c 分别为承载力系数，可按内摩擦角设计值 φ_d 查表 2.6 获得；b 为基础宽度（m），验算偏心荷载时，应取力矩作用方向的基础边长，当基础宽度大于 6m 时用 6m 计算；d 为基础埋置深度（m），一般自室外地面标高算起，在填方平整地区，可自填土地面标高算起，但填土在上部结构施工完成后，应从天然地面标高算起；γ 为基础底面以下土的重度（kN/m³），地下水位以下取浮重度；γ_0 为地基底面以上土的加权平均重度（kN/m³），地下水位以下取浮重度；ξ_γ、ξ_q、ξ_c 为基础形状系数，当为条形基础时，$\xi_\gamma = \xi_q = \xi_c = 1$，当为矩形基础时，$\xi_\gamma = 1 - 0.4 \dfrac{b}{l}$，$\xi_q = 1 + \dfrac{b}{l} \sin\varphi_d$，$\xi_c = 1 + 0.2 \dfrac{b}{l}$（$l$ 为基础的长度，m）。

上式中，c_d 为地基土的黏聚力设计值（kPa），φ_d 为抗剪强度指标设计值，计算公式为 $c_d = \dfrac{\lambda c_k}{\gamma_c}$，$\varphi_d = \dfrac{\lambda \varphi_k}{\gamma_\varphi}$；$c_k$ 为土的黏聚力标准值（kPa），取直剪固快峰值强度指标的平均值；φ_k 为土内摩擦角标准值（°），取直剪固快峰值强度指标的平均值；λ 为土的抗剪强度指标标准值修正系数，取 0.7；γ_c 为土的黏聚力分项系数，取 0.2；γ_φ 为土的内摩擦角的分项系数，取 1.3。

当持力层下存在软弱下卧层，持力层厚度 h_1 与基础宽度 b 之比为 $0.25 \leqslant h_1/b \leqslant 0.7$ 时，考虑软弱下卧层对持力层地基承载力的影响，可采用双层体系的平均抗剪强度指标设计值计算：$c_k = \dfrac{c_{1k} + c_{2k}}{2}$、$\varphi_k = \dfrac{\varphi_{1k} + \varphi_{2k}}{2}$。脚标 1k、2k 分别代表持力层和软弱下卧层土的相应指标。当 $h_1/b > 0.7$ 时不计下卧层影响，按持力层指标计算地基承载力；当 $h_1/b < 0.25$ 时不计持力层影响，按下卧层指标计算地基承载力，计算时采用实际基础的埋置深度。

地基承载力修正系数
表 2.5

φ_d（°）	≤8	9	10	11	12	13	14
γ_d	1.2	1.17	1.17	1.11	1.07	1.02	0.97
φ_d（°）	15	16	17	18	19	≥20	
γ_d	0.92	0.85	0.83	0.8	0.8	0.8	

地基承载力系数　　　　　　　　　　　　表 2.6

φ_d (°)	N_γ	N_q	N_c	φ_d (°)	N_γ	N_q	N_c
0	0.00	2.50	5.14	13	0.78	2.26	9.81
1	0.01	2.50	5.38	14	0.97	3.59	10.37
2	0.01	2.50	5.63	15	1.18	3.94	10.98
3	0.02	2.50	5.90	16	1.43	4.34	11.63
4	0.05	2.50	6.19	17	1.73	4.77	12.34
5	0.07	2.50	6.49	18	2.08	5.26	13.10
6	0.11	2.50	6.81	19	2.48	5.80	13.93
7	0.16	2.50	7.16	20	2.95	6.40	14.83
8	0.22	2.50	7.53	21	3.50	7.07	15.82
9	0.30	2.50	7.92	22	4.13	7.82	16.88
10	0.39	2.50	8.35	23	4.88	8.66	18.05
11	0.50	2.71	8.80	24	5.74	9.60	19.32
12	0.63	2.97	9.28	25	6.76	10.66	20.72

（3）上海地区淤泥质土静探比贯入阻力 p_s 和锥尖阻力 q_c 与承载力特征值（未经过深宽修正）之间经验关系式如下：

$$f_{ak} = 29 + 0.063 p_s \tag{2.6}$$
$$f_{ak} = 29 + 0.072 q_c \tag{2.7}$$

式中，f_{ak} 为地基承载力特征值（kPa）；p_s 为比贯入阻力平均值（kPa），大于 800kPa 时取 800kPa；q_c 为锥尖阻力平均值（kPa），大于 700kPa 时取 700kPa。

4. 浙江省

根据浙江省工程建设规范《建筑地基基础设计规范》DB33/T 1136—2017 适用于浙江省建设工程和市政工程的地基基础设计。地基承载力计算（已考虑基础的深度和宽度），参见公式（2.8）。

$$f_a = f_{ak} + \eta_b \gamma (b-3) + \eta_d \gamma_m (d-d_0) \tag{2.8}$$

式中，d_0 为起始修正深度，软弱地基 $d_0 = 1.0$m；f_a 为修正后地基承载基本值（kPa）；f_{ak} 地基承载力特征值（kPa）；η_b、η_d 为基础宽度和埋深的地基承载力修正系数，取值参见表 2.7；γ 为基础底面以下土的平均重度（kN/m³），地表水位以下取有效重度；γ_m 为基础底面以上土的加权平均重度（kN/m³），地面水位以下取有效重度；b 为基础底面宽度（m），当基础宽度小于 3m 按 3m 取值，大于 6m 按 6m 取值；d 为基础埋置深度（m），宜自室外地面标高算起。在填方平整地区，可自填土地面标高算起，但填土在上部结构施工后完成时，应从天然地面标高算起。对于地下室，当采用箱形基础或筏基时，基础埋置深度自室外地面标高算起；当采用独立基础或条形基础时，应从室内地面标高算起。

承载力修正系数　　　　　　　　　　　　表 2.7

土的类别	η_b	η_d
淤泥和淤泥质土	0	0.1
e 或 I_L 大于等于 0.85 的黏性土	0	0.1

土的类别		η_b	η_d
红黏土	含水比 $\alpha_w > 0.8$	0	1.2
	含水比 $\alpha_w \leqslant 0.8$	0.15	1.4
大面积压实填土	压实系数大于 0.95，黏粒含量 $\rho_c \geqslant 10\%$ 的粉土	0	1.5
	最大干密度大于 2100kg/m³ 的级配砂石	0	2.0
e 或 I_L 大于小于 0.85 的黏性土		0.3	1.6

2.5 软土地基沉降变形计算方法

2.5.1 天然地基沉降计算方法

1. 天然地基沉降计算方法

软土地基的沉降 s 可以认为是由三部分不同的沉降组成（见图 2.1），即

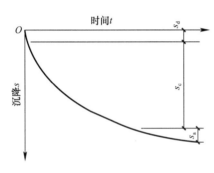

$$s = s_d + s_c + s_a \tag{2.9}$$

式中，s_d 为瞬时沉降（亦称初始沉降）；s_c 为固结沉降（亦称主固结沉降）；s_a 为次固结沉降（亦称蠕变沉降）。

上述三部分沉降实际上并非在不同时刻截然分开的，如次固结沉降实际上在固结过程一开始就产生了，只不过数量相对很小而已，而主要沉降是主固结沉降。但超静孔隙水压力消散殆尽时，主固结沉降基本完成，而次固结沉降越来越显著，逐渐成为沉降增量的主要部分。但是为了讨论和计算的方

图 2.1 地基沉降类型

便，需将它们分别对待。

现行计算方法很多，可归纳为如表 2.8 所示。

软土地基沉降计算方法分类　　　　　　　　　　　　　　表 2.8

计算方法	方法类型
弹性理论法	线性、非线性
工程实用法	单向压缩沉降法、三向效应法、切线模量法、三向压缩法、应力路径法、物态界面法、曲线拟合法
经验法（现场试验法）	荷载试验法、动力触探法、静力触探法、旁压仪法
数值计算法	有限单元法、差分法、集总参数法

本节介绍应用较多或带有一定方向性的几种方法。其他内容可参阅《土力学》《高等土力学》《软土地基沉降计算》等相关文献。

分层总和法是目前工程中最常见的地基沉降计算方法，假定基底压力为线性分布，即可以采用弹性理论计算基底中心点下的附加应力。同时认为地基只发生单向沉降，土体不发生侧限应力状态。在计算过程中仅仅考虑主固结沉降，不计算瞬时沉降和次固结沉降。

计算过程中，可将地基分成若干层，分别计算基础中心点下地基中各分层土的压缩变形量。在计算过程中，可按两种情况进行考虑：①基础面积小且埋深较浅；②基础面积和埋深均较大。对于这种情况的计算方法如表 2.9 所示。

分层总和法计算方法　　　　　　　　　　　　　　　　表 2.9

基础面积小且埋深较浅	基础面积和埋深均较大

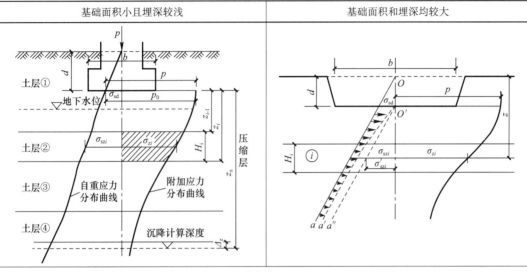

计算步骤	

① 确定基底压力：$p_0 = p - \gamma d$；

② 确定沉降计算深度：软土地基取附加应力与自重应力的比值为 0.1 的深度作为沉降计算深度；另外，对于一般建筑房屋基础，如果不考虑响铃建筑荷载的影响，可按经验公式确定，

$$z_n = b(2.5 - 0.4\ln b);$$

③ 确定沉降计算深度范围内的分层界面，一般分层厚度不大于基础宽度的 0.4 倍或 4m；

④ 计算各分层土的变形量：对于超固结土，当第 i 分层 z 深度的自重应力 σ_{szi} 与第 i 分层 z 深度的附加应力 σ_{zi} 之和小于第 i 分层的先期固结压力时，

按 $s_i = C_{ei}\dfrac{H_i}{1+e_{0i}}\lg\dfrac{\sigma_{szi}+\sigma_{zi}}{\sigma_{szi}}$ 计算；

反之，按 $s_i = C_{ei}\dfrac{H_i}{1+e_{0i}}\lg\left(\dfrac{p_{ci}}{\sigma_{szi}}\right) + C_{ci}\dfrac{H_i}{1+e_{0i}}\lg\dfrac{\sigma_{szi}+\sigma_{zi}}{\sigma_{szi}}$ 计算。

⑤ 各分层沉降累计相加得总沉降量：

$$s = \sum_{i=1}^{n} s_i$$

对于该种情况，应分别计算再压缩量（由于建造基础和结构相应的荷载尚未超过开挖的土重）和压缩量（基础和结构加载超过开挖的土重以后）。

① 分层 i 的再压缩量，按 e-$\lg p$ 曲线计算：

$$s_{1i} = C_{ei}\frac{H_i}{1+e_{0i}}\lg\frac{\sigma_{szi}}{\sigma_{szi}-\gamma d}$$

② 分层 i 的压缩量为：

$$s_{2i} = C_{ei}\frac{H_i}{1+e_{0i}}\lg\frac{\sigma_{szi}-\gamma d+\sigma_{zi}}{\sigma_{szi}}$$

③ 各分层沉降累计相加得总沉降量：

$$s = \sum_{i=1}^{n}(s_{1i}+s_{2i})$$

注：表中公式中相关参数的意义参见土力学中所述相关内容。

　其他沉降计算方法列于表 2.10。

沉降计算方法统计表　　　　　　　　　　　　　　　　表 2.10

三向变形沉降计算法	$s = \displaystyle\int_0^H \varepsilon_z \mathrm{d}z$
弹性理论法	$s_T = \displaystyle\sum_{i=1}^{n}\frac{1}{E_i'}\left[\Delta\sigma_z - \nu'(\Delta\sigma_x+\Delta\sigma_y)\right]_i \Delta H_i$（总沉降量） $s_i = \displaystyle\sum_{i=1}^{n}\frac{1}{E_{ui}}\left[\Delta\sigma_z - \nu_u(\Delta\sigma_x+\Delta\sigma_y)\right]_i \Delta H_i$（瞬时沉降）

应力路径法	$s = s_i + s_c = (\varepsilon_{1u} + \varepsilon_{1d})H$
曲线拟合法	$s_t = \dfrac{t}{a+t}s,\ \left\{\begin{array}{l} s = \dfrac{t_2 - t_1}{\dfrac{t_2}{s_2} - \dfrac{t_1}{s_1}} \\ a = s\dfrac{t_1}{s_1} - t_1 = s\dfrac{t_2}{s_2} - t_2 \end{array}\right\}$

注：表中所述方法计算步骤及相应参数的取值计算可参考相应文献。

2. 已有建筑经验地区的沉降计算方法

（1）上海地区

上海市工程建设规范《地基基础设计规范》DGJ 08—11—2010 中，规定基础最终沉降量按分层总和法计算：

$$s = m_s \sum_{i=1}^{n} \Delta s_i = m_s \sum_{i=1}^{n} \frac{e_{1i} - e_{2i}}{1 + e_{1i}} H_i = m_s \sum_{i=1}^{n} \frac{\sigma_{zi}}{E_{si}} H_i \qquad (2.10)$$

式中，H_i 第 i 分层土的厚度；e_{1i} 对应于第 i 分层土在自重应力下的孔隙比；e_{2i} 对应于第 i 分层土在自重应力和附加应力下的孔隙比；σ_{zi} 为第 i 分层土顶面与底面附加应力的平均值；E_{si} 为基础底面下第 i 层土的压缩模量，由 e-p 曲线确定；m_s 为沉降经验系数。

其中沉降计算深度 z_n 由应力控制法确定，规范规定"地基沉降的计算深度自基础底面算起，对于压缩模量不小于 6MPa 的土层，算到附加应力等于自重应力 10 ％处"。即：

$$\sigma_z = 0.1\sigma_c \qquad (2.11)$$

（2）浙江地区

浙江省工程建设标准《建筑地基基础设计规范》DB33/T 1136—2017 中，规定计算地基变形时，地基内的应力分布，可采用各向同性均匀线性变形体理论，其最终变形量计算公式为：

$$s = \psi_s s' = \psi_s \sum_{i=1}^{n} \frac{p_0}{E_{si}}(z_i \bar{\alpha}_i - z_{i-1} \bar{\alpha}_{i-1}) \qquad (2.12)$$

式中，s 为地基最终变形量（mm）；s' 为按分层总和法计算出的地基变形量（mm）；ψ_s 为沉降计算经验系数，根据地区沉降观测资料及经验确定；n 为地基变形计算深度范围所划分的土层数；p_0 对应于作用的永久组合时的基础底面处的附加压力（kPa）；E_{si} 为基础底面第 i 层土的压缩模量（MPa），应取土的自重压力至土的自重压力与附加压力之和的压力段计算；z_i、z_{i-1} 为基础底面至第 i 层土、第 $i-1$ 层土底面的距离（m）；$\bar{\alpha}_i$、$\bar{\alpha}_{i-1}$ 为基础底面计算点至第 i 层土、第 $i-1$ 层土底面范围内平均附加应力系数。

（3）广东省

广东省标准《建筑地基处理技术规范》DBJ 15—38—2005 中，规定预压荷载下地基的设计预估最终竖向变形量可按下式计算：

$$s_f = \xi \sum_{i=1}^{n} \frac{e_{0i} - e_{1i}}{1 + e_{0i}} \qquad (2.13)$$

式中，s_f 为最终竖向沉降量（m）；e_{0i} 为第 i 层中点土自重应力所对应的孔隙比，由室内固结试验 e-p 曲线可以获得；e_{1i} 为第 i 层中点土自重应力与附加应力之和所对应的孔隙比，由室内固结试验 e-p 曲线可以获得；h_i 为第 i 层土层厚度（m）；n 为地基土分层数；ξ

为考虑由于侧向变形等影响的经验系数，对于正常固结和轻微超固结土可取 $1.1 \sim 1.4$，荷载较大或高压缩性饱和黏土取大值，反之取小值。变形计算时，宜取附加应力与自重应力的比值为 0.1 的深度作为受压层的计算深度。

2.5.2 固结沉降计算

堆载预压属于排水固结法，其沉降与固结度有关，不同于上述天然地基的沉降计算，故本节将固结排水沉降计算方法单独列出。理论分析时，采用砂井固结理论进行分析，分析时采用一单井，其排水固结条件简化如图 2.2 所示。

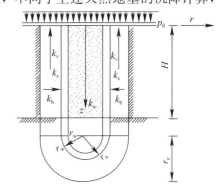

图中，H 为软土层的厚度，单面排水时为最大的排水距离，打穿软土的砂井为砂井的长度；k_h、k_v 为土层的水平向和竖向渗透系数；k_s、k_w 分别为涂抹区和砂井井料的渗透系数；r_w、r_s、r_e 分别为砂井、涂抹区、砂井有效影响的半径；p_0 为均布荷载；r、z 分别为径向和竖向坐标。

图 2.2 砂井固结理论计算示意图

分析时，作了如下假定：

（1）等应变条件成立，即砂井地基侧向变形，同一水平面上任一点的垂直变形相等；

（2）每根砂井影响范围内的渗流路径，既有竖向分量，也有径向分量，两种分别单独考虑，考虑竖向渗流时，按太沙基一维固结理论求解；考虑径向渗流时，令 k_v 为 0 求解；径向和竖向组合渗流时可按卡里罗尔定理考虑，即任一点的孔隙水压力 μ_{rz} 与径向 μ_r 和竖向 μ_z 孔隙水压力的和有如下关系：

$$\frac{\mu_{rz}}{\mu_0} = \frac{\mu_r}{\mu_0} \cdot \frac{\mu_z}{\mu_0} \tag{2.14}$$

（3）砂井内孔隙水压力沿径向变化很小，可以不计；任一深度 z 处从土体中沿周边流入砂井的水量等于砂井向上流出的增量；

（4）除渗透系数外，井料和涂抹区内的其他性质与天然地基相同；

（5）荷载假设分一次瞬时施加。

得到理论解的简化计算公式为：

$$\overline{U}_{rz} = \sum \frac{q_n}{p_t} \left[(T_n - T_{n-1}) - \frac{8}{\beta_{rz}\pi^2} e^{-\beta_{rz}t} \left(e^{\beta_{rz}T_n} - e^{\beta_{rz}T_{n-1}} \right) \right] \tag{2.15}$$

式中，p_t 为与多级加载历时对应的荷载，$p_t = \sum \Delta p$；q_n 为第 n 级荷载的加载速率，$q_n = \dfrac{\Delta p_n}{T_n - T_{n-1}}$；$T_n$、$T_{n-1}$ 为第 n 级荷载的加载终点和起始点的历时（从零点记起）；t 为所求的固结度的历时；n 为加载的分级数。

2.5.3 确定压缩层厚度

基底至压缩层下限之间的土层厚度，称为压缩层厚度，目前确定压缩层厚度的方法主要有规范方法、经验方法与从压缩机理出发的计算方法。

（1）规范方法

对于地基压缩层厚度的确定，不同规范和不同地区所采用的方法归结起来，不外乎应力控制法和应变控制法两类，存在应力控制法和应变控制法并存的局面。

① 应力控制法

$$\sigma_z \leqslant 0.1\sigma_c \quad 或 \quad \sigma_z \leqslant 0.2\sigma_c \tag{2.16}$$

其中，σ_z 为地基附加应力，σ_c 为自重应力。

② 应变控制法

$$s'_n \leqslant 0.025 \sum_{i=1}^{n} s'_i \tag{2.17}$$

即：$\sum_{j=1}^{m} \dfrac{1}{E_{sj}} (z_j \overline{\alpha_j} - z_{j-1} \overline{\alpha_{j-1}}) \leqslant 0.025 \sum_{i=1}^{m} \dfrac{1}{E_{si}} (z_i \overline{\alpha_i} - z_{i-1} \overline{\alpha_{i-1}})$

式中，i 为土层数；j 为 Δz 分层中的第 j 分层；m 为计算厚度 Δz 范围内的分层数；$\Delta s'_i$ 为在计算深度范围内第 i 层土的计算沉降值；s'_n 为在由计算深度处向上取厚度为 Δz 的土层计算沉降值，Δz 值与基础底面宽度 b 有关，可查表 2.11 确定。

Δz 值与基础底面宽度 b 取值表　　　　　　　　　　表 2.11

b（m）	$b \leqslant 2$	$2 < b \leqslant 4$	$4 < b \leqslant 8$	$8 < b$
Δz（m）	0.3	0.6	0.8	1.0

如果计算结果确定深度下部仍然有较软土层，应当继续计算。

当无相邻荷载影响时，基础宽度在 $b = 1\text{m} \sim 30\text{m}$ 范围内时，基础中点的沉降计算深度，《建筑地基基础设计规范》GB 50007—2011 规定，可以按照下式确定：

$$z_n = b(2.5 - 0.4\ln b) \tag{2.18}$$

应力控制法确定压缩层厚度具有概念比较清楚，计算相对简单的特点。但是应力控制法相对强调应力而忽视土层的变形特性，所以对地基土性质变化较为复杂的地基，其适用性较差，采用应力控制法确定压缩层厚度计算的沉降值比实测的沉降值大许多。目前仍然推荐应力控制法的规范规程有：上海市工程建设规范《地基基础设计规范》DGJ 08—11—2010，《真空预压加固软土地基技术规程》JTS 147—2—2009。应变控制法是在《建筑地基基础设计规范》GB 50007—2011 推荐使用的，该规范认为应变控制法能够克服应力控制法的缺点，也有学者通过研究认为按应变控制法确定的压缩层厚度与基底附加应力大小无关，不能体现土层特性。

（2）经验方法

对于不同的地基有不同的经验公式。例如，对于油罐地基，根据大量的工程实践，给出了油罐地基压缩层厚度确定的经验公式，即 $z_n = 0.6D$，D 为油罐直径。大基础地基压缩层厚度计算公式，其中方形与矩形基础，$z_n = (z_0 + \xi b)\beta$，z_0 和 ξ 为与基础长宽比有关的参数，β 为与土性有关的深度调整系数。上述公式基础上进一步提出了 $z_n = \left(15.5 - \dfrac{6}{2^{n-1}} + 0.5b\right)\beta$，其中 n 为基础长宽比。

（3）从压缩机理出发的计算方法

土的压缩机理认为土颗粒间存在着一定的连结强度，土体在外荷载作用下产生的应力由一土颗粒传到另一土颗粒，当粒间应力不超过连结强度时，土的结构仅产生弹性变形，外力作用终止后，变形立即恢复；当应力超过接触点的连结强度时，土结构破坏，土颗粒产生相对位移，从而引起土的压密。即，当达到某一深度附加应力小于连结强度时，并不产生土的沉降，那么这一深度就是压缩层的下限。用以下式子表示：

$$\sigma_z \leqslant P_c \tag{2.19}$$
$$P_c = c_z + P_z \tan\varphi_z \tag{2.20}$$

其中，σ_z 为地基附加应力，P_c 为某深度处的连结强度，P_z 为土的自重应力，c_z、φ_z 为 z 深度处土的黏聚力和内摩擦角。

2.6　现行软土地基处理和计算在场地形成工程中的应用问题

深厚软基具有压缩性大、强度低和渗透性小等特点，这样的地基往往沉降不均匀，且总沉降较大，施工后地基还有很长的一段沉降时间，地基本身的承载力也低。为了工程建造，需要对地基进行地基处理，处理的目的有三个：解决地基承载力和稳定问题、使地基的沉降符合设计值、使地基达到一定固结度维持沉降稳定。基于大面积场地形成工程的特征和需要分析，现行软土地基处理和计算在大面积场地形成工程应用中主要存在以下几点问题。

2.6.1　场地形成地基处理加固机理不明

大面积场地形成工程地基处理常采用排水固结法，涉及处理机理的研究主要包括下列问题：排水固结法处理地基的机制、处理影响深度及范围、真空预压法中真空压力传递规律、抽真空时地下水位变化规律以及真空预压法与堆载预压法处理地基的变形性状等。

2.6.2　沉降预测模型不够完善

采用排水固结法进行深厚软基处理时，地基土最终沉降既可以由分层总和法、应力面积等理论方法计算确定，也可以根据实测的沉降-时间曲线进行预测。由于理论计算采用了一系列假定条件以及地层分布和现场施工复杂，理论计算的沉降量与实际情况有时相差很大，工程实践中根据实测沉降-时间曲线对地基最终沉降量进行预测是一种更为有效的方法。

常用的排水固结地基最终沉降预测方法有《建筑地基处理技术规范》JGJ 79—2012 推荐采用的三点法、《真空预压加固软土地基技术规程》JTS 147—2—2009 推荐采用的双曲线函数法，以及采用一阶近似递推关系表示 Mikasa 固结偏微分方程的 Asaoka 法等；此外，还有学者提出了曲线拟合、灰色模型预测、人工神经网络预测等方法。其中，三点法难以消除测量数据中误差的影响，往往采用不同时间间隔数据的计算结果相差很大；利用 Asaoka 法推算沉降时，至少需要 4 个月恒载预压期，恒载期越长，Asaoka 法推算的最终沉降量相对越大；其他方法多数仅从数学形式上相似出发，没有反映地基土固结沉降发生的机理，或者预测模型形式复杂不便于工程中采用。

2.6.3　地基压缩层厚度计算不准确

目前，计算真空预压法地基压缩层厚度的方法多借鉴规范方法，将真空度等效为当量荷载作用于地面，对于大面积荷载作用下的地基沉降计算，其结果往往出现很大误差。例如：《建筑地基基础设计规范》GB 50007—2011 对地基压缩层的描述是"条形基础底面下深度为 $3b$（b 为基础底面宽度），独立基础底面下为 $1.5b$，且厚度均不小于 5m 的范围（二层以下一般的民用建筑除外）"。由于基础底面宽度不大，单体建筑物的影响深度（即压缩层厚度）有限，计算结果与实测结果之间的差距尚能接受。但将真空预压运用于加固大面积的软弱地基时，大面积软基远超出常规建筑基础底面积，影响深度又是怎样呢？如用规范确定压缩层厚度的公式，则变形影响深度（即天然地基最终沉降量中压缩层的厚度）将达数十米甚至上百米，而实际观测的结果则远小于这个数值。此外，大面积真空预压法下压缩层厚度的确定方法不同于一般建筑地基还在于：真空预压法在地基中打入了竖向排水体，根据真空预压法加固的原理可知，竖向排水体也传递真空度，合格的竖向排水体传递真空的能力足够强，所以竖向排水体的长短决定了加固区土体中真空度的传递深度，也是影响真空预压法下压缩层厚度的重要因素。

2.6.4 沉降量计算修正系数经验值范围宽泛

长期以来，最实用的真空预压设计方法是国家规范中推荐的方法，它建立在天然地基沉降计算方法上，将膜下真空度视为大小相等的作用在地基表面的荷载，然后采用与堆载预压相同的分层总和法计算地基的固结沉降，并将所得的固结沉降乘以一个修正系数即为最终沉降，沉降系数考虑了瞬时变形、侧向变形等因素的影响，其值由大量工程实践所积累的丰富资料获得。然而，工程实用法是按弹性理论计算土体中的应力，试验提供各项变形参数，结合分层叠加原理，可以方便地考虑到土层的非均质、应力-应变关系的非线性以及地下水位变动等实际存在的复杂因素。

堆载预压中，由于还存在瞬时沉降和次固结沉降，甚至还考虑有施工沉降存在，修正系数 m_s 一般是一个大于 1 的值，如现行行业标准《建筑地基处理技术规范》JGJ 79—2012、上海市工程建设规范《地基基础设计规范》DGJ 08—11—2010 均推荐 $m_s = 1.1 \sim 1.4$。对真空预压地基，现行行业标准《建筑地基处理技术规范》JGJ 79—2012 推荐修正系数 $m_s' = 0.8 \sim 0.9$，上海市工程建设规范《地基基础设计规范》DGJ 08—11—2010 推荐修正系数 $m_s' = 0.6 \sim 0.9$，娄炎在其关于真空预压的专著中考虑施工扰动沉降的基础上推荐修正系数 $m_s' = 1.0 \sim 1.25$。因为沉降修正系数是一个经验值，各个具体的工程中会有不同的值，甚至超出上述的推荐范围都是正常的。但不管对堆载预压地基还是真空预压地基，上述沉降修正系数的推荐值对地基处理工程都有较大的参考价值。用等效荷载法计算真空预压地基的最终沉降，如果采用堆载预压法的修正系数，工程实践已经证明，实际发生的沉降总是小于计算沉降。但相对堆载预压来讲，真空预压地基沉降修正系数的经验要少，现有的经验值范围宽，大小参差不齐，所以促使人们对真空预压沉降计算进行更深入的研究。

2.7 本章小结

软土地基的研究理论经过大量的室内、现场试验已趋于成熟和完善，其处理手段、地基承载力估算、沉降预测的方式、方法在国家标准和地方标准（如上海、天津、浙江、广东等地区）均有相关条文说明。针对大面积场地形成工程中的地基处理的方法的选择，需要根据现有的地质条件以及拟建土地用途来确定。目前大面积场地形成地基处理方法有真空预压、堆载预压、强夯和冲击碾压。不同处理方法的软土变形特性、承载力变化特征、固结、稳定、施工控制等大不相同。然而，大面积场地形成地基处理方法的理论依据并不充足，需对每种方法进行全面的对比分析，为大面积场地形成地基处理方法提供必要的理论基础。

第3章 场地形成工程勘察技术研究

3.1 概述

场地形成在国内尚属于全新的概念，其既包括场地平整的工作内容，也有需要进行地基处理以满足工程使用的普遍要求。由于国内尚无先例可循，现有的技术标准也与超大面积不良地基在设计理念、技术标准和设计计算等方面存在明显的差异。当进行场地形成工程设计方案和实施之前，场地或其附近存在不良地质作用和地质灾害时，复杂多变的场地条件对工程安全和环境保护的威胁很大，需要精心勘察，精心分析评价。然而，场地形成工程的特殊性，决定了常规工程勘察手段和方法不能满足场地形成工程的要求。为了安全和经济，需要综合考虑，在大面积场地勘察中需采用特殊性技术，确保场地勘察的全面性及准确性。

本章对场地形成工程勘察方法进行说明，以使勘察工作的布置和岩土工程的评价具有明确的工程针对性，有利于解决工程设计和施工中的实际问题。

3.2 场地形成工程勘察基本要求

3.2.1 场地复杂程度等级

根据场地所处的地质环境、地质条件的发育状况，可将场地复杂程度划分为以下三个等级（表3.1）。

场地复杂程度等级

表3.1

复杂程度	地震设防烈度	不良地质作用	地质环境	地形地貌	场区填方高度	地下水
复杂场地	符合下列条件之一					
复杂场地	≤8度，分布有潜在地震液化可能性砂土、粉土层的地段	强烈发育	已经或可能受到强烈破坏	复杂	≥15m	有影响工程的多层地下水，岩溶裂隙水或其他水文地质条件复杂，需专门研究的场地
一般场地	符合下列条件之一					
一般场地	≤7度，有存在潜在地震液化可能性砂土、粉土层的地段	一般发育	已经或可能受到一般破坏	较复杂	≥8m	基本位于地下水位以上
简单场地	符合下列条件					
简单场地	≤6度的场地	不发育	基本未受破坏	简单	<5m	地下水对工程无影响

另外，需要明确的是：①从第一级开始，向第二、三级推定，以最先满足的条件为准；②对建筑抗震有利、不利和危险的地段的划分应按现行国家标准《建筑抗震设计规范》GB 50011—2010 的规定确定；③不良地质作用是指泥石流、崩塌、滑坡、土洞、塌陷、沟谷、岸边冲刷、地下水潜蚀等；④地质环境是指地下采空、地面沉降、地裂缝、化学污染、地下水位上升等。

3.2.2　地基等级

地基等级根据地基情况可分为以下三个等级（表 3.2）。

地基等级　　　　　　　　　　　　　　　　　　　　表 3.2

地基等级	岩土条件	特殊性岩土
一级地基	符合下列条件之一	
	种类多，性质变化大，地下水对工程影响大，且需特殊处理	软土、多年冻土、湿陷性土、膨胀土、盐渍土等特殊性岩土，以及其他情况复杂，需作专门处理的岩土
二级地基	符合下列条件之一	
	种类较多，性质变化较大，地下水对工程有不利影响	除一级地基规定以外的特殊性岩土
三级地基	符合下列条件	
	种类单一，性质变化不大，地下水对工程无影响	无特殊性岩土

3.2.3　岩土工程勘测等级

勘测分级，应根据场地复杂程度和地基等级，按表 3.3 综合分析确定。

勘测等级划分　　　　　　　　　　　　　　　　　　表 3.3

勘测等级	确定勘测等级的条件		
	工程重要性等级	场地复杂程度	地基等级
Ⅰ级	一级	任意场地	任意
	二级	复杂场地	任意
		任意场地	一级
Ⅱ级	二级	一般场地	二级或三级
		简单场地	二级
	三级	复杂场地	任意
		任意场地	一级
		一般场地	二级
Ⅲ级	二级	简单场地	三级
	三级	一般场地	三级
		简单场地	二级或三级

注：工程重要性等级按照现行国家标准《岩土工程勘察规范》GB 50021—2001 的规定执行。

3.3　场地形成工程勘察阶段

3.3.1　勘察阶段的划分

勘察阶段的划分取决于不同设计阶段对工程勘察工作的不同要求。由于勘察对象的不同，设计对勘察工作的要求也不尽相同。因此，场地形成工程勘察阶段可划分为方案设计勘察（可研阶段勘察）、初步设计阶段勘察、试验和施工图设计阶段勘察三个阶段。

3.3.2　各个勘察阶段的任务和内容

1. 方案设计勘察（可研阶段勘察）应以资料收集和工程地质测绘为主，辅以必要的勘察手段，对项目建设各工程方案的地质条件进行研究。该阶段的勘察工作以收集资料、工程地质调查、现场踏勘为主，对地形、地貌、地质条件复杂的场地，在主要设施和代表性地段进行必要的勘探，布置少量钻孔或坑探。以了解场地的工程地质条件，判断场地的稳定性和适宜性，为场地选择、功能区划、建设项目的技术经济方案比选提供依据。

当场地复杂程度为一级或二级、地基等级为一级或二级，或者场地附近没有可供参考的勘察资料时，应在方案设计阶段进行必要的工程地质勘察。其勘察的主要内容为：

（1）需要初步探明勘察深度范围内地基土的构成和分布规律，提供各层地基土的物理力学性质指标及地基承载力。对地基土的工程性质进行初步分析和评价，针对不同的可能的基础型式选择相应持力层，初步建议地基基础设计参数。

（2）初步探明场地地表下一定深度范围内土层的典型分布情况及工程性质。了解场地土层的强度和变形特性，用于地基基础设计和沉降分析。

（3）在场地内确定任何可使用的表层土，用于一般的填土材料和开挖回填的可能性。

（4）探明地下潜水层和承压含水层的埋藏条件，以及其水位变化情况。

（5）确定场地类别，提出勘察场地的抗震设防烈度、设计基本地震加速度值，判别场地浅层地基土在抗震设防烈度为 7 度时的液化可能性及液化等级，划分抗震地段类别。

（6）需要了解场地明、暗浜及沼气等不良地质现象的分布范围及深度，对防止、处理措施提出建议。

（7）钻孔取样、探坑和表层钻孔用于表层土和地表水取样，并进行化学试验。对场地稳定性和适宜性进行初步评价。

若采用钻孔勘探，基岩埋藏较浅时，钻孔深度可至中、微风化基岩内 1m～3m；基岩埋藏较深时，钻孔深度可至较硬的稳定土层 3m～5m。探坑深度根据实际情况确定。而查明地质构造的钻孔深度，按实际需要确定。

2. 初步勘察应初步查明建设场地的地基土构成、地基稳定性、主要不良地质条件现象及地基土的物理力学性质，评价工程适宜性，为场地形成工程设计提供初步的岩土工程资料。该阶段需采取合适的勘察方法和手段，对场地全场进行勘察。根据工程量测资料、初步勘察任务书和勘察技术要求，初步确定场地总体布置及功能分区情况、初步确定相关结构类型、场地设计标高。主要包括下列内容：

（1）调查研究地形、地貌特征，划分地貌单元，分析各地貌单元的形成过程及其与地层、构造、不良地质作用的因果关系。

（2）查明场地主要地质构造、新构造活动的形迹及其与地震活动的关系。

（3）初步查明岩土的年代、成因、性质、厚度和分布范围，以及各种特殊性岩土的类别和工程地质特征。

（4）初步查明岩体结构类型、风化程度、各类结构面（尤其是软弱结构面）的产状和性质，岩、土接触面和软弱夹层的特性等。

（5）初步查明场地土的标准冻结深度和冻土性质等。

（6）调查岩溶、洞穴、滑坡、崩塌、泥石流、冲沟、地面沉降、断裂、地震震害、地裂缝、场地的地震效应、岸边冲刷等不良地质作用的形成、分布、形态、规模、发育程度及其对工程建设的影响。

（7）调查人类活动对场地稳定性的影响，包括大挖大填、河流改道、人工洞穴、地下采空、灾害防治、抽水排水和水库诱发地震等。

（8）调查场地地下水的类型、补给来源、排泄条件、历年最高地下水位、尤其是近3年～5年最高地下水位，初步确定水位变化幅度和主要影响因素，并实测地下水位，必要时应设长期观测孔。

（9）调查场地附近的河流、水系、水源及水的流向、流速、流量、常水位，洪水位及其发生时间、淹没范围。

（10）收集气象、水文、植被及建筑材料等资料。

调查的成果资料包括综合工程地质图、工程地质分区图、洪水淹没范围图以及各种素描图、遥感影像解译资料、照片和文字说明等。如果利用遥感影像资料解译进行工程地质测绘时，应有适量的现场检验地质观测点。野外工作应包括检查解译标志、解译结果和外推结果，并对室内解译难以获得的资料进行野外补充。

3. 试验设计阶段和施工图设计阶段勘察应查明场地的工程地质和水文地质条件、地基土的物理力学性质及其分布、各层作为填筑材料的地基土的适用性及其储藏量，评价工程均匀性，为场地形成试验段和整个场地设计提供岩土工程资料。其中试验设计阶段勘察是指对选取的试验区域进行勘察，需要满足试验设计的要求；施工图设计阶段勘察是必须进行的勘察阶段，对工程规模小或者拟建建（构）筑物平面位置已确定的项目，可简化勘察阶段，可直接进行施工图设计阶段勘察。

该阶段的勘察实为详细勘察。详细勘察阶段，应按勘察任务书要求，针对场区存在的岩土工程问题，采取合适的勘察方法和手段，重点对规定范围内场地影响区和边坡稳定影响区进行勘察。包括：

（1）查明场区地形特征、地貌类型。

（2）查明场区地质构造、抗震设防烈度、地震特征及不良地震构造情况。

（3）详细查明场区岩土类型、成因、分布规律。

（4）详细查明场区地基土的物理力学性质和指标。

（5）查明场区特殊性岩土的种类、分布、类别或等级。

（6）查明不良地质作用（岩溶、滑坡、崩塌、地震液化等）及类似不利地质条件（埋藏的古河道、非岩溶土洞、墓穴等）的性质、分布、规模。

（7）查明重要岩土工程问题（地基处理、高填方等）的工程地质条件。

（8）查明沟、塘的分布、断面尺寸、形态特征，分析对工程建设的影响；查明暗浜、暗河、古河道的分布范围和岩土特征，分析其对工程的影响。

（9）查明地表植物土状况。

应根据不同的使用要求和场地条件选择合适的勘察手段，道面影响区应以钻探为主，综合采用多种方法进行勘察。

3.4 专项勘察

勘察报告编制时需要分析场地有哪些不良地质条件，如地表填土、高填方地区、暗（明）浜、填筑物料情况等，并描述其性状、埋深及分布范围等。对场地形成工程而言，上述这些属于不良地质条件范畴，故勘察报告中也需要对其分布情况进行描述。

3.4.1 地表土勘察

地表土除按现行国家标准《岩土工程勘察规范》GB 50021—2001 进行岩土分类外，尚应根据其地表植物状况按表 3.4 进行分类。

地表土按地表植物状况分类   表 3.4

地表土类别	地表植物情况	
地表素土	荒漠区	非农林用，荒地，无灌木、草丛
	乔木区	乔木林区、疏林区
	灌木区	灌木林区、无草丛
植物土	果木区	土壤改良区
	耕植区	农作物耕植区
	草木区	牧场、草地、洼地、冲沟底部

分布于场区表面，含植物根茎和有机杂质，结构松散、稳定性差的土可判定为植物土。对其勘察要做以下内容：

（1）结合钻探进行，必要时宜布置适量的坑探，坑探的深度应穿透地表土层。

（2）查明地表土的分布、厚度、含水量、有机质含量、物质成分、颗粒级配、均匀性和密实性。

（3）对场区地表素土和有机质含量低于 5% 的植物土进行重型击实试验，测定其最优含水量和最大干密度。

3.4.2 填筑边坡工程勘察

填筑边坡工程勘察分为初步勘察阶段和详细勘察阶段。

1. 初步勘察阶段除了需要查明场地主要的地层结构、地质构造、地震烈度、工程地震特征，填方区岩土特性和软弱层的分布，场区土层冻结深度和冰冻期外，还应查明挖方区料场填料的工程性质、风化程度、石料可挖性、土石储量和土石比例。另外还需探明岩溶和其他可能存在的不良地质体的分布范围和规模，并判定地表岩溶和地下岩溶的分布及形态，对不良地质作用、特殊性岩土、边坡稳定性应作出初步分析、评价及处理建议。

2. 详细勘察时，查明填方区域的地层分布、不良地质作用、岩土层的物理力学性质指标，软弱土层、岩溶发育的位置与规模，并应作出稳定性评价，对地基处理提出建议。对填方区的填料进行详细分类和评价，并提供填料的土石比例及相应的工程技术参数，开挖至设计高程后应查明地面下有无软弱土层、岩溶与土洞以及其他不良地质作用，评价其工程影响，并应提出处理意见和建议。同时，需要查明场区内可液化地层、断裂破碎带分布，进行填方场地环境工程地质评价和地质灾害预测，提出不良地质作用的防治和监测措施建议。

边坡区还需要查明岩土层分布情况及影响边坡稳定的工程地质问题，提供边坡稳定分析及计算所需的物理、力学参数，对可能采用的地基处理措施，应提供地基处理设计、施工的岩土特性参数，并应分析地基处理时对工程环境影响的有关问题。

3.4.3　暗浜（塘）勘察与处理

1. 暗浜勘察

暗浜是指原有大小河浜、水塘由于各种原因被填埋而形成的一种不良的地质现象。暗浜一般有浜底淤泥，成分复杂，危及建设工程的安全。

暗浜的勘察应采用综合手段，首先应采取收集历史河流图，现场走访调查等方法，进行针对性的摸底，尽可能减少勘察工作量。调查工程主要了解暗浜范围、填埋时间、回填物来源，原河道的疏浚情况，浜底淤泥初步分布规律，并用以指导现场探摸及工作量的合理布置。

小螺纹钻是探摸暗浜最常用的手段，可用以探摸暗浜的分布范围，并能直观看到浜底淤泥和填土的分布变化，故应有目的地布设。

轻便静力触探及轻型动力触探能连续、直观地反映土体的强度变化与土体的不均匀性，尤其能正确区分浜底淤泥、填土及浸染土的界限。缺点是不能直观地看到土体的特征及其包含物，对一些富含生活垃圾的杂填土，容易引起误判。

暗浜（包括明浜）勘察时，宜沿河浜走向间距30m布置1条～2条测量断面，每条断面布置不少于5个小螺纹钻孔，控制明浜、暗浜边界的小螺纹钻孔孔距宜为2m～3m。

勘察孔的间距见表3.5。

勘察孔间距　　　　　　　　　　　　表3.5

勘察阶段 勘察等级	可研阶段勘察（m）	方案设计勘察（m）	初步设计勘察（m）	试验设计勘察施工图 设计勘察（m）
甲级	200～300	200～300	100～200	≤50
乙级			150～300	≤75
丙级				≤100

2. 勘察孔深度一般应满足下列要求：

（1）一般性勘察孔深度应揭穿淤泥质土层或拟采用地基处理方法影响深度。

（2）控制性勘察孔深度应满足目标沉降值计算厚度需要。

（3）小螺纹钻探探测暗浜（包括明浜）时孔深应进入原状土层不小于0.5m。

在场地形成工程中除应进行常规土工试验项目外，还应根据需要进行一些辅助试验：无侧限抗压强度试验、三轴压缩试验、渗透试验、固结系数试验，主要土层先期固结压力试验、击实试验（轻型和重型）、水和腐蚀性等试验。

3.4.4 填料来源调查

1. 填料选择调查

填筑材料按粗细可分为混合粗粒土料、土夹石料、细粒土料以及其他材料等，按形成原因可分为天然、人造材料以及建筑拆卸材料等，填筑材料粒径应小于50mm，粒径小于等于 $75\mu m$ 的含量小于 25%。由于高等级区域和中等级区域预处理目标沉降值较高，在填筑完成后，还需进行地基处理，因此对填筑材料要求较低，可以使用粗粒土料、土夹石料以及细粒土料；而低等级区域预处理目标沉降值较低，一般仅进行填料填筑作业，因此对填筑材料要求较高，只能选用细粒土料以确保施工质量。

填筑材料不得含有下列物质：①泥炭、植物根系、污染土和垃圾；②可溶性或易腐烂、有毒或可燃性等物质；③可能对人员产生伤害的污染物；④金属、橡胶、塑料或合成物质；⑤有机质含量不得大于 5%，以及其他不符合环境保护的材料。

在选用填筑材料前，需要对粉土和砂土进行颗粒分析试验和计算不均匀系数；黏性土的液限试验和塑性指数试验；pH 酸碱值；氯离子及硫酸根离子含量；最优含水率及最大干密度等试验确定其适用性。

作为填筑材料的混合粗粒土料，粒径大于 2mm 且小于 50mm 的碎石、卵石、角砾、圆砾等粗粒土质量应超过总质量 50%，且不得含有黏土块；土夹石料，粒径大于 2mm 且小于 50mm 的粗粒土质量占总质量的 $30\%\sim50\%$，不得含有黏土块；细粒土料，粒径大于 2mm 的粗粒土质量应小于总质量的 30%，不得含有大于 50mm 粒径的黏土块；其他填筑材料应通过水稳性、耐久性和有害性等试验后确定。

场地外引进的填筑材料应经检验满足上述条件，且宜优先选用细粒土料，对变形、稳定有特殊要求的区域宜选用级配良好的粗粒料。

压实处理的填筑材料宜选用粉质黏土，灰土、粉煤灰、级配良好的砂土或碎石土，土工合成材料，质地坚硬、性能稳定、无腐蚀性和放射性危害的工业废料等，不得使用淤泥、耕土；最大粒径不宜大于 50mm；以粉质黏土、粉土作填料时，其含水率宜在采用击实试验确定的最优含水率 $\pm2\%$ 的范围内。填筑材料天然含水率较高且具有翻晒条件时，可采用翻晒法降低含水率，并通过翻晒试验确定翻晒铺土厚度、每天翻晒的适宜时间和翻晒的方法。

2. 填料调配

填料调配设计内容应包括填料选择、填筑范围、场地挖填平整标高、纵横坡度、土石比及填筑密实度标准等。

填料调配设计应满足场地整体平整要求，但要符合就近取料、挖填平衡、节约土地、保护环境要求；调配前需要绘制挖填方分区图、填料调配图和工程量清单等，用以确定挖填方分区的平整标高、纵横坡度、范围、不同填筑材料调配、边坡坡形和坡比、确定土石比、松铺系数及密实度等参数、确定填料的含水量和有机质含量标准。

填料调配工程量包括换填污染土及不合适土、回填及地基处理所造成的短期沉降、地基处理采用的排水层材料、经改良后用于结构性填埋的表层土和场地绿化的种植土等。

填料量和石方量应根据填筑材料的自然松方的干重度进行折算。当缺少试验资料时，折算系数可按表 3.6 采用。

填料折算系数　　　　　　　　　　　　　　　　　表 3.6

材料种类 ＼ 填料类别	自然方	松方	填筑方
粗粒土料	1.0	1.5～1.7	1.25～1.35
混合粗粒土料或土夹石料	1.0	1.20～1.25	0.95～1.1
细粒土料	1.0	1.25～1.35	0.85～0.9

3.4.5　污染源调查

1. 目标

贯彻《中华人民共和国环境保护法》，防治土壤污染，保护土壤资源和土壤环境，保障人体健康，维护良好的生态系统，为上海迪士尼园区内的土壤、地下水评价及修复提供实际指导和科学依据，确保园区建设用地的环境安全性。

2. 依据

基于地区土壤背景值资料、国内外土壤环境质量标准及规范。基于国内外人体健康、生态毒理和环境安全评估研究资料等。

3. 原则

（1）人和自然的和谐，人体和环境的安全性：土壤环境评价标准要充分考虑到土壤污染对人体健康、生态环境的潜在威胁，确保人体和环境的安全性。

（2）具有地区的地区性特点、场址的特点：土壤受形成、发育及其他自然条件的影响，其理化性质存在较大的空间差异性。在土壤环境评价标准研究中，要密切结合地区土壤环境的特性，充分利用本地的土壤环境背景值等相关调查和研究结果，制定出切合当地实际的标准。

（3）与国家标准及国际标准具有基本的一致性和合理的差异性：目前，我国将与土壤环境相关的质量标准作为现行标准，对土壤环境评价标准的制定仍具有约束和指导作用。

（4）具有自身特色的基于风险控制的场地修复指导限值：在监测方法上有依据，在技术水准上能够达到，在时间上可以控制，在经济上合理可行。

4. 调查流程

（1）第一阶段场地环境调查和评估，开展资料分析，现场踏勘，人员访谈，识别场地疑似污染源和污染物，并进行污染源种类划分，划分依据参见表 3.7。

污染类型划分依据　　　　　　　　　　　　　　　表 3.7

污染源等级	划分种类	划分依据	检测项目	采样点
疑似污染源	12 类	① 零散的废弃物（垃圾）堆放或倾倒处	13 种优先污染金属、挥发性有机物、半挥发性有机物和总石油烃	设置一个采样点

污染源等级	划分种类	划分依据	检测项目	采样点
疑似污染源	12类	② 村庄垃圾指定堆放处及外来垃圾/污泥堆放处	13种优先重金属、挥发性有机污染物、半挥发性有机污染物、总石油烃、有机磷农药、有机氯农药、除草剂和pH	设置一口地下水采样井
		③ 污/废水收集池	13种优先重金属、挥发性有机污染物、半挥发性有机污染物、总石油烃和pH	布设一个土壤和地下水采样点
		④ 废水排放口	挥发性有机污染物、半挥发性有机污染物和总石油烃	采集污水排放口周边水体处的底泥
		⑤ 车间内设备基础	13种优先污染金属、挥发性有机物、半挥发性有机物和总石油烃	布设1个土壤和地下水采样点位
		⑥ 空压机冷凝水	13种优先污染金属、挥发性有机物、半挥发性有机物和总石油烃	布设1个土壤和地下水采样点位
		⑦ 无防渗措施的危险物料堆放处	13种优先污染金属、挥发性有机物、半挥发性有机物和总石油烃	设置一口地下水采样井,对于危险废料堆放处每10m×10m范围布设一个土壤采样点
		⑧ 作为设备冷却水系统的水井	13种优先污染金属、挥发性有机物、半挥发性有机物和总石油烃	布设1个土壤和地下水采样点位
		⑨ 涉及使用危险化学品的工厂的化粪池	13种优先污染金属、挥发性有机物、半挥发性有机物和总石油烃	布设1个土壤和地下水采样点位
		⑩ 地下和地面储罐处	挥发性有机污染物、半挥发性有机污染物和总石油烃	设置一口地下水采样井
		⑪ 裸露地表的煤/煤渣堆	半挥发性有机污染物和13种优先重金属	设置一口地下水采样井每10m×10m范围布设一个土壤采样点
		⑫ 疑似石棉堆放处	石棉	
潜在污染关注区	4个区域	① 长期使用农药和除草剂的农业用地	有机磷农药、有机氯农药和除草剂	建立200m×200m左右的网格采样系统。每个网格采集一个农田土壤混合样
		② 动物养殖场	抗生素,13种优先重金属和大肠杆菌;地下水检测项目为:抗生素、硝酸根、亚硝酸根、13种重金属和大肠杆菌	按照50m×50m的网格进行布点,每个网格中间设置一个采样点
		③ 居民区的汲水井	VOC、TPH、DDT、六六六、汞、砷、硒、铬、镉、六价铬、铅、钡、铍、镍、钴、铜、锌、铁、锰、钼、高锰酸钾指数、pH、硫酸盐、氯化物、氰化物、挥发酚、阴离子合成洗涤剂以及湿化学因子(颜色、气味、浊度、可见度、总硬度、溶解颗粒物)	若村落居民住宅集中区的200m×200m范围内,无地下水监测井,则在该住宅集中区选择现有的一口水井作为地下水监测井
		④ 界外对界内可能产生污染的影响点位	挥发性有机污染物、半挥性有机污染物和总石油烃	

续表

污染源等级	划分种类	划分依据	检测项目	采样点
其他环境问题	2个问题	① 搬迁过程中的污染控制 ② 现场废弃物的清理	焚烧飞灰或者与飞灰接触的表层土壤进行二恶英和二苯并呋喃的分析测试	

存在特殊情况时，将针对具体的点，加测检测因子，主要包括：
(1) 康耐特光学有限公司，因工艺过程中大量使用盐酸，加测 pH。
(2) 零散的废弃物（垃圾）堆放或倾倒处，如果有石棉，加测石棉。
(3) 零散的废弃物（垃圾）堆放或倾倒处如果含有农业垃圾（主要是农药瓶），则加测有机磷农药、有机氯农药和除草剂；如果废弃物堆放在河边，则采样介质为土壤、地下水和底泥；如果废弃物堆放在河里，则采样介质为底泥。土壤地下水和底泥的检测项目为：pH、VOC、SVOC、13 种优先重金属、TPH、有机磷农药、有机氯农药和除草剂。
(4) 对于河道，根据 RECs 识别情况，在污水排放口和零散的废弃物（垃圾）堆放或倾倒处（河边或河里）采集底泥样品。根据规划，一期范围内所有河道的地表水将排放场外的围场河，因此，本次监测不对地表水进行采样。

（2）第二阶段场地环境调查和评估，开展场地土壤和地下水普查监测和分析，研究确定场地土壤和地下水质量评价标准体系，对场地目标污染物进行筛选。场地土壤环境质量评价指导值见表3.8。

场地土壤环境质量评价指导值　　　表3.8

类别及编号		物质名称	质量评价筛选标准（mg/kg）	
			中国《展览用地标准》A级标准值	美国区域筛选值中居住标准值
重金属	1	银	39	390
	2	砷	20	0.39
	3	铍	16	160
	4	镉	1	70
	5	铬	190	0.29（Cr^{6+}）
	6	铜	63	3100
	7	镍	50	1500
	8	铅	140	400
	9	锑	12	31
	10	硒	39	390
	11	锌	200	23000
	12	汞	1.5	5.6
	13	溴甲烷	—	7.3
	14	丙酮	—	61000
挥发性有机物	15	二氯甲烷	2	11
	16	醋酸乙烯酯	—	970
	17	2-丁酮	—	28000
	18	氯仿	0.2	0.25
	19	苯	0.2	1.1
	20	甲苯	26	5000
	21	1，1，2-三氯乙烷	2	1.1

续表

类别及编号		物质名称	质量评价筛选标准（mg/kg）	
			中国《展览用地标准》A级标准值	美国区域筛选值中居住标准值
挥发性有机物	22	2-己酮	—	210
	23	乙苯	10	5.4
	24	间-二甲苯/对-二甲苯	5	630
	25	邻-二甲苯	5	3800
	26	苯乙烯	20	6300
	27	异丙苯	—	2100
	28	1，2，3-三氯丙烷	1.5	0.005
	29	正丙苯	—	3400
	30	1，3，5-三甲苯	19	780
	31	叔丁苯	—	—
	32	1，2，4-三甲苯	22	62
	33	仲丁苯	—	—
	34	对异丙甲苯	—	—
	35	正丁苯	—	—
	36	1，2-二溴-3-氯丙烷	—	0.0054
半挥发有机物	37	苯乙酮	—	7800
	38	异佛尔酮	—	510
	39	萘	54	3.6
	40	2-甲基萘	160	310
	41	苊烯	—	—
	42	苊	—	3400
	43	芴	210	2300
	44	菲	2300	—
	45	蒽	2300	17000
	46	邻苯二甲酸二正丁酯	100	—
	47	荧蒽	310	2300
	48	芘	230	1700
	49	苯并（a）蒽	0.9	0.15
	50	䓛	9	15
	51	苯并（b）荧蒽	0.9	0.15
	52	苯并（k）荧蒽		1.5
	53	苯并（a）芘	0.3	0.015
	54	3-甲基胆蒽	—	—
	55	茚并（1，2，3-cd）芘	0.9	0.15
	56	二苯并（a，h）蒽	0.33	0.015
	57	苯并（ghi）芘	230	—
	58	总石油烃	1000	—
	59	二苯并呋喃	—	—
农药	60	p，p-滴滴滴	—	2
	61	p，p-滴滴涕	1	1.7
	62	p，p-滴滴依	—	1.4
	63	马拉硫磷	—	1200

（3）第三阶段场地环境调查和评估，开展场地土壤和地下水加密监测和健康风险评估研究，并确定场地土壤和地下水修复限值。

5. 要求

修复限值中污染物类型为质量评价体系所涵盖；污染物的毒理学效应，所选取的污染指标应具有生态或健康毒性；根据场地暴露场景的风险评估模型，矫正模型参数，研究和制定具有针对性和精确性的场地土壤和地下水修复指导限值。

3.5　场地形成勘探及测试技术

3.5.1　场地形成勘探手段

1. 勘探手段

勘察资料的准确性主要取决于野外现场勘察、取样及原位测试的准确性。钻探取土、静力触探（单桥、双桥或孔压静探）、标准贯入试验、小螺纹钻孔、室内水土试验等是常规的勘察手段和方法。由于场地形成工程往往是大面积填土工程和地基处理工程，因此宜采用扁铲侧胀试验、十字板剪切试验等原位测试方法。

场地形成工程中，地基处理采用真空预压、堆载预压时，勘察方法应采用十字板剪切试验原位测试方法。

由于场地形成工程的面积大，采用建筑工程的不良地质条件调查和探摸方法，勘探工作量偏大，且受厂房、民居、道路等影响而无法探查。因此，建议采用搜集资料、历史地形图比对、现场踏勘等方法调查场地是否存在暗浜、厚层填土等不良地质条件，然后有针对性地布置相关工作。

受人工活动影响，许多明浜边界发生变化，局部填埋后变成暗浜，勘察时应重视明浜岸线边界的变化。

勘察孔深度应根据目标沉降值计算厚度、地基处理方法影响深度等综合确定。

2. 孔压静力触探

（1）孔压静力触探（CPTU）是国际通用的静力触探技术，该技术能测多个参数，在划分土类、求取土层固结系数等方面精度高，适用于软土、黏性土、粉土、砂土及含少量碎石的土层。

（2）孔压静力触探将具有一定规格的锥形触探探头以规定的速率匀速贯入土层中，并利用其他辅助设备量测贯入过程中探头受到的阻力和孔隙水压力，以及探头停止贯入后测量孔压随时间变化的一种土体原位测试技术。开展孔压静力触探的设备由圆锥头、孔压过滤环、侧壁摩擦筒、传感器测量元件以及相连的探杆所组成的静力触探集成系统。

（3）孔压静力触探成果可直接用于土层划分、土的工程分类、地基土液化判别和单桩竖向承载力计算。当进行土的工程特性评价时，重度、侧压力系数、小应变动剪切模量、固结系数、渗透系数、相对密实度、状态参数、有效内摩擦角等指标可以直接通过 CPTU 参数确定；超固结比、不排水抗剪强度、灵敏度、压缩模量等指标必须结合地区工程经验间接通过 CPTU 参数确定。

（4）贯入系统包括主机、探杆和附属工具。主机的额定起拔力不小于额定贯入力的120%；贯入设备推动探杆压力的轴线偏离铅垂线的角度应小于2°；触探设备的贯入能力必须满足触探设计深度的需要。

（5）量测系统包括数据采集仪、探头和信号传输电缆。反力装置采用地锚或压重，并必须限制主机在贯入中相对地表移动。

（6）数据采集仪的电源电压 AD12V，工作电流 1.3mA；非线性度小于等于 40ppm，温漂小于等于 0.6uV/℃；工作环境温度为 －10℃～45℃；触探完成后，数据采集仪应具有调零复位功能。

（7）探头规格必须为锥角 60°，锥底直径 35.7mm，锥底横截面积 10cm²，侧壁摩擦筒表面积 150cm²。探头自锥底起算，在 1000mm 长度范围内，探杆直径不得大于探头直径。在额定荷载下，力传感器的检测总误差不应大于 3%FS，其中非线性误差、重复性误差、滞后误差、归零误差均应小于 1%FS；探头在工作状态下，各传感器的互扰值应小于自身额定测试值的 0.3%；探头贮存应配备防潮、防振的专用探头箱（盒），并存放于干燥、阴凉的处所；饱和后的孔压过滤环，应贮存于盛有脱气液体（甘油或硅油）的专用密封容器内，并能使透水元件始终处于饱和状态。

探头在施工前需要进行标定。探头标定应包括力传感器标定与孔压传感器标定，其公称量程不宜大于探头额定荷载的两倍。采用的方法为采用固定桥压法。探头经测力、孔压标定后，需计算其标定系数：分别计算同级荷载下各次加荷和卸荷的仪表平均输出值；以荷载为横轴，仪表输出值为纵轴，根据各级荷载下算得的平均输出值，点绘荷载（P）与输出值（x）的关系曲线，且应是一条过原点的直线。

按下式计算探头的标定系数：

$$K = \sum_{i=1}^{n} (\overline{x_i} \cdot P_i) / \left[A \cdot \sum_{i=1}^{n} (\overline{x_i})^2 \right] \qquad (3.1)$$

式中，K 为标定系数；P_i 为第 i 级荷载值（kN）；A 为探头的工作面积（cm²）；$\overline{x_i}$ 为第 i 级荷载下，仪表的平均输出值，$\overline{x_i} = (x_i^+ + x_i^-)/2$；$x_i^+$ 为加至第 i 级荷载后，仪表的平均输出值；x_i^- 为卸至第 i 级荷载时，仪表的平均输出值。

探头的检测误差统一采用极差值，探头标定曲线及其误差（图 3.1）以满量程输出值的百分数表示。

按下列公式计算探头的各项误差；

非线性误差：

$$\delta_1 = \frac{|x_i^+ - x_i^-|_{\max}}{FS} \times 100\% \qquad (3.2)$$

重复性误差：

$$\delta_r = \frac{(\Delta x_i^{\pm})_{\max}}{FS} \times 100\% \qquad (3.3)$$

滞后误差：

$$\delta_s = \frac{|x_i^+ - x_i^-|_{\max}}{FS} \times 100\% \qquad (3.4)$$

归零误差：

$$\delta_0 = \frac{(x_0)_{\max}}{FS} \times 100\% \qquad (3.5)$$

式中，x_i^+ 为加荷至第 i 级荷载时仪表的平均输出值；x_i^- 为卸荷至第 i 级荷载时仪表的平均输出值；Δx_i^+ 为重复加荷（或卸荷）至第 i 级荷载时仪表输出值的极差；x_0 为卸荷

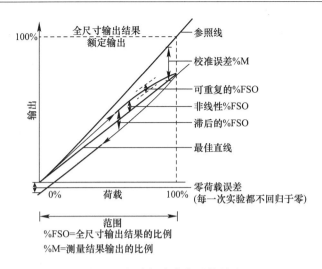

图 3.1　探头标定曲线及其误差

归零时仪表的平均不归零值；FS 为在额定荷载下仪表的满量程输出值。

（8）试验要点

探头、电缆、数据采集仪和深度编码器的接插与调试必须按有关说明书的要求操作。现场作业前应具备下列条件：①工程类型、孔位分布和孔深要求；②作业区地形、交通和供电情况；③场地地层概况及勘探资料；④作业区地表有无杂物及地下设施（人防工程、地下电缆、管道等）及其确切位置；⑤作业区有无高压电线、强磁场源以及其他可能干扰测试的因素。

（9）试验过程中需要注意的问题：

① 触探孔位附近已有其他勘探孔时，应将触探孔布置在距原勘探孔 30 倍探头直径以外。当需与其他勘探结果进行对比试验时，两孔间距不宜大于 2m，并应先进行触探然后进行其他勘探。

② 探头整个贯入过程中不得提升。

③ 探杆在贯入过程中应采取有效措施保持垂直度符合要求。

④ 贯入中需同时严格记录实测锥尖阻力、侧壁摩阻力、锥肩位置测试的孔隙水压力及贯入深度的变化值。

⑤ 当遇到触探主机负荷达到其额定荷载的 120％、贯入时探杆出现明显弯曲、反力装置失效、探头负荷达到额定荷载或记录仪器显示异常中的任一种时，停止贯入。

⑥ 贯入结束起拔探杆、取回探头后应封孔并检查探头，摩擦筒应能够用手顺利旋转 360°，并对探头进行清理，同时将探头自由地挂在空中或水中并避免阳光直射，读取基线读数，并将此次基线读数与初始基线读数对比。

⑦ 当移位至另一触探孔时，探头的应变腔必须重新进行脱气饱和，同时应更换饱和好的孔压元件。

（10）数据采集

测试数据采集内容包括贯入深度、锥尖阻力、侧壁摩阻力、孔隙水压力和孔压消散测试等。

3.5.2 场地形成测试技术

场地形成的工程勘察需要提供地基土的强度、地基土渗透系数及变形参数，预测地基沉降量，评价地基排水条件，推荐填土材料和压实标准，因此需要进行针对上述参数的室内特殊试验。具体方法应按国家标准《岩土工程勘察规范》GB 50021—2001（2009 版）、《建筑地基基础设计规范》GB 50007—2011 和现行行业标准《建筑地基处理技术规范》JGJ 79—2012 等相关内容的规定执行。

3.6 场地形成岩土工程评价

3.6.1 岩土体物理力学指标的分析与评价

岩土体物理力学指标，按照土层进行统计和分析，评价指标有岩土体的天然密度、天然含水量，粉土和黏性土的孔隙比、黏性土的液限、塑限、塑性指标和液性指标，岩土的压缩性、抗剪强度等力学特征指标，岩石的吸水率、单轴抗压强度指标，特殊性岩土的各种特征指标，标准贯入试验和圆锥筒的触探试验锤击数，静力触探锥尖阻力、侧壁摩阻力和比贯入阻力，现场与室内 CBR 值，地基反力模量，其他原位测试指标，挖方区作为填料的岩土击实性指标（最大干密度、最佳含水量）。

按岩土层提供的各项试验指标应提供平均值、最大值、最小值、标准差、变异系数和统计数量。岩土工程评价时所选用的参数值，应与相应的原位测试成果或原型观测反分析成果比较，经修正后确定。

对道路影响区，应注重统计分析和评价岩土的压缩性等变形指标。统计的压缩性指标对应的压力，应与填土与道路结构荷载作用下对应的压力相当。

对边坡稳定影响区，应注重统计分析和评价岩土的黏聚力、内摩擦角等抗剪强度指标。对不同试验方法得出的室内试验指标、现场原位测试指标进行综合对比分析，对异常数据进行鉴别、取舍，提出相应的标准值。当边坡稳定影响区存在软弱土层时，应分别统计分析不同试验方法和不同试验条件下的抗剪强度指标。

3.6.2 天然地基分析和评价

天然地基的分析和评价包括场地和地基的稳定性、地基土的均匀性和地基土强度及变形指标特征值建议值。

地基土的均匀性评价需要结合地基土层跨越的地貌单元或工程地质单元、压缩土层厚度变化情况、各钻孔地基沉降计算深度范围内压缩模量当量值的比值进行判定。

当对填方地基、软土地基、湿陷性黄土地基进行变形分析和评价时，天然地基的沉降计算可采用分层总和法，沉降计算的附加荷载可按填土荷载＋结构荷载考虑。

3.6.3 地基处理分析和评价

当场地天然地基沉降量较大或地基土强度较低时，需要进行地基处理分析和评价，提出地基处理建议方案，并复核岩土参数建议值的可靠性和合理性。

对特殊土地基需要进行各种处理方法的适用性对比分析，初步从施工可行性、技术可靠性和经济合理性等方面进行评价，提出建议方法。

同时，需要对地基处理建议方案提出设计与施工所需要的岩土参数和注意事项，分析有关的工程环境问题。

3.6.4 边坡稳定分析与评价

根据取得的勘察数据、地势设计方案，分析研究影响边坡稳定性的工程地质条件。对填方边坡稳定性影响区，根据初步确定的边坡填方设计标高进行不同条件下的边坡稳定性分析，通过边坡稳定性分析检查勘察范围是否满足边坡稳定性分析的要求，同时复核边坡勘察中抗剪强度参数建议值的合理性，进而提出有关边坡坡度设计的建议。

边坡稳定性分析可采用极限平衡法，当原地基比较均匀或为软土地基时，宜采用圆弧滑动面，当边坡稳定性影响区原地基存在高程变化较大的相对软弱土层时，宜采用折线滑裂面。

当边坡稳定影响区地基土比较软弱或边坡高度较大、放坡条件不利时，应从合理提高地基土的综合抗剪强度出发进行地基处理分析。对软土地基应分析其固结排水的强度增长特性；顺坡填筑的高填方边坡，当建议采用高挡墙或加筋陡坡时，应对高挡墙或加筋陡坡下地基承载力和抗剪强度参数进行分析和评价。

针对可能采用的地基处理方案，应提供地基处理设计和施工所需的岩土特性参数，并应提出建议和注意事项，分析有关的工程环境问题。

3.7 本章小结

与场地形成相关的规范主要有国家标准《岩土工程勘察规范》GB 50021—2001（2009版）、《建筑地基基础设计规范》GB 50007—2011 和现行行业标准《建筑地基处理技术规范》JGJ 79—2012 等，但其适用的范围、施工技术、验收标准等各方面均与场地形成特点存在一定差异。本章对场地形成工程勘察方法进行解释说明，以使勘察工作的布置和岩土工程的评价具有明确的工程针对性，为了进行场地形成工程设计方案的实施，勘明场地或其附近存在不良地质作用、地质灾害及复杂多变的场地条件，起到工程安全和环境保护的作用。

第4章　不同地基处理方法现场试验设计

4.1　概述

目前，经常使用的软土地基处理技术主要有以下几种：

（1）排水固结法：如堆载预压、真空预压、真空联合堆载预压法。该法是在地基中设置竖向排水体（目前以塑料排水带为主），然后利用上覆堆载或真空加载，使土体中的孔隙水排出，逐渐固结沉降，同时强度逐步提高的方法。

（2）化学加固法：目前最常用的是采用搅拌桩（旋喷桩）将水泥、生石灰、粉煤灰等可结凝的材料通过施工机械和要加固场地的土体掺合在一起，形成有较高强度的水泥（石灰）土桩，土体从而得到加固，形成复合地基。

（3）强夯动力排水固结法：在动力固结法和排水固结法基础上产生。排水固结法和化学加固法较为适合用于大面积深厚软土地基加固处理，它们也是目前沿海地区，特别是东南沿海地区较为常用的软土地基处理方法。对于表层新近进行过淤泥或软黏土吹填的软基场地，深厚软土地基潜在不良影响是不可忽略的。由于深厚软基具有诸多不良工程特性，同时具有欠固结特性，在对其进行处理时应必须采取有效的工程措施，加快土层的固结，将工后沉降量减少到允许范围，以保证建（构）筑物建成后的正常使用。而排水固结法正是处理这类地基的首选方案。

传统的换土法处理超大面积软土地基，由于换土方量极大，成本高，工期长不宜采用。采用低能量大面积强夯，但对于淤泥性质的吹填土，该方法不一定有效。有工程曾采用粉喷桩法处理，但处理后在淤泥层中根本找不到成型的水泥土桩，处理失败率较高。传统的软地基处理方法受到了设备进场困难、排水效果不明显、换填石料造价成本高等各方面的限制，必须因地制宜，从质量、工期和造价等方面综合考虑，寻求一种适用于该工程的软土地基处理方法，以适应大面积场地形成工程的发展要求。

就目前的工程与理论研究而言，都是根据场地的工程地质条件以及施工单位的实际情况，结合相关国家标准及类似工程案例来选择处理方法。各种方法加固机理的理论研究还不成熟，同时缺乏系统的实验研究成果。因此，迫切需要进行在同一场地条件下，各种方法的加固效果、工期、经济效益的对比研究，以及不同场地条件下各种方法的实验与理论研究。因此，开展大面积软基加固处理方案的理论与实验研究具有重要的学术与工程应用价值。

因此，本章先介绍了试验的概况，通过现场试验和室内试验，结合数值计算，对比分析真空预压、堆载预压、强夯和冲击碾压这四种软土地基处理技术的施工工艺和加固效果，并进行技术经济对比评价，以期找到超大面积软土地基最为合适的处理方式。

4.2　试验概况

4.2.1　试验目的、依据及研究内容

1. 试验目的

为确定合理的地基处理方案和优化地基处理施工工艺，确保地基处理的质量，保证为后续建设提供良好的地基条件，开展了本次地基处理对比试验研究。通过本次试验，拟达到以下目的：

（1）开展真空预压和堆载预压试验，研究软土变形特性、承载力变化特征、固结、稳定、施工控制等问题，针对具体工程提出简化设计方法，为真空预压或堆载预压处理大面积应用提供必要的理论依据；

（2）通过强夯和冲击碾压试验，减小浅部土层的不均匀性，提高表层地基土的强度；

（3）比选分析几种地基处理方案的现场试验效果，研究各种地基处理方法的技术经济指标，为估算工期、用土量和加固成本提供参考数据。

2. 试验过程遵循的相应规范和标准

国家标准《建筑地基基础设计规范》GB 50007—2002；

国家标准《岩土工程勘察规范》GB 50021—2001（2009 版）；

行业标准《建筑地基处理技术规范》JGJ 79—2002；

行业标准《塑料排水板施工规程》JTJ/ 256—96；

行业标准《真空预压法加固软土地基施工技术规程》HG/T 20578—95；

行业标准《孔隙水压力测试规程》CECS 55：93；

上海市工程建设规范《地基基础设计规范》DGJ 08—11—1999；

上海市工程建设规范《地基处理技术规范》DGJ 08—40—94；

上海市工程建设规范《岩土工程勘察规范》DGJ 08—37—2002。

3. 试验研究内容

在同一块试验场地同时进行四种地基处理方法的现场对比试验研究，找出适合于大面积场地形成地基处理的方法，利用试验研究的成果对加固机理、沉降、对环境的影响以及处理后的地基承载力进行一系列的研究。研究主要内容为：

（1）在同一区域，开展真空预压、堆载预压、强夯和冲击碾压这四种软土地基处理试验，并对这四种方法进行技术经济性综合评价，确定最适合大面积软土地基的处理方式。

（2）对加固的效果进行检测，最终建立真空预压场地形成地基处理效果评估体系。

（3）研究真空预压联合堆载预压处理软土地基的加固机理，为真空预压及真空预压＋覆水在软土地基处理方面的应用提供必要的理论依据。

（4）根据真空预压和真空＋堆载联合预压的特点，建立新型地基最终沉降预测方法，并开发实用的最终沉降预测软件。

（5）分析试验区外的土体沉降及水平位移规律，探讨真空预压对周围土体的影响。

（6）评估场地形成地基处理对桩基承载力的提高效果，提出场地形成勘察阶段计算桩基承载力设计值的确定方法。

4.2.2　试验研究方法

1. 现场试验

在同一区域，采用真空预压、堆载预压、强夯和冲击碾压四种方法对软土地基进行处理，研究施工工艺和加固效果；对处理前后的地基土进行平板载荷试验以及静力触探试验，检验地基强度，对比分析加固前后软土强度指标的改善程度，从而评价加固效果。

2. 现场测试

设置监测断面，埋设地表沉降标、分层沉降磁环、测斜管及孔压计等监测仪器，其目的是：控制施工速率、确保施工期安全；检验加固效果，保证工程质量；监测场地的变形规律，验证地基的计算沉降量、修正沉降计算参数，对沉降规律、工后沉降量的合理性进行判别，并据此对设计计算方法进行完善；为整个场地形成区块设计、施工提供客观数据。通过对现场观测资料的分析，研究地基土的变形规律、竖向排水体中真空度传递规律与排水加固效果。

3. 室内试验

分别在加固前后进行现场取土，原状土随即送往实验室进行室内土工试验，包括各项物理力学性质试验、压缩试验、固结试验、三轴试验等，分析天然地基的软土工程特性及加固后软土特性的变化规律。

4. 理论分析与计算方法研究

理论计算与分析是以大量的实际工程资料为理论模型推导的素材和理论模型验证的标准，包括了公式推导、实测数据反演计算、实测数据拟合，以及多种方法联合使用等途径。在建立超大面积地基沉降计算理论和预测模型之后，需将大量的实际工程资料代入公式或模型进行运算，并对计算结果与实测数据作对比分析，讨论计算方法的精度和适应性，以及讨论沉降修正系数取值范围和方法等。

5. 软件编制与数值模拟

利用数值分析软件，结合实测数据，分析加固过程地基沉降与水平位移规律；对理论分析结果进行编程，开发能预测最终沉降量的实用的软件。

6. 综合性评估

从技术、经济性等层面综合分析，确定适合大面积深厚软土地基的处理方案，建立软土地基处理效果评价体系。

4.2.3　试验场地概况

试验场地位于上海市华东路以西、川杨河以北的路桥公司沥青摊铺堆场。场地北侧临河，南侧为新修道路。试验前场地已基本推平，中部、南部有场地平整时填筑的碎石道路，东侧有两条刚砌起的围墙基础。试验区地面标高为 2.9m～3.6m，一般地面标高 3.2m 左右。场地的具体情况参见图 4.1。试验于 2008 年 10 月从场地勘察开始，经过设计、第一次检测、施工和第二次检测，于 2009 年 7 月顺利完成。

场地地层分布情况如表 4.1 所示。

(a)　　　　　　　　　　　　　　　　(b)

图 4.1　试验前场地照片

场区内各土层的分布情况　　　　　　　　　　　　　　　表 4.1

土层编号	土层名称	厚度（m）	土性质描述
①₁	填土	0.5～3.0	以黏性土为主，夹少量碎石，松散
①₂	淤泥	1.4～2.0	黑色淤泥，夹较多有机质及腐殖土，饱和，流塑
②	粉质黏土	1.7～2.3	含氧化铁斑点及铁锰质结核，干强度中等
③	淤泥质粉质黏土	2.2～3.0	含云母、有机质等，局部夹较多薄层粉砂，干强度中等，流塑
③ₜ	黏质粉土	2.0～3.0	含云母、有机质等，局部夹薄层黏性土，干强度低，松散，饱和
④	淤泥质黏土	8.5～9.5	含云母、有机质及贝壳碎屑等，局部夹薄层粉砂，干强度高，流塑
⑤₁	黏土	8.0～8.7	含云母、有机质及少量贝壳碎屑等，局部夹薄层砂质粉土，干强度高，软塑
⑤₃₋₁	粉质黏土夹粉性土	9.3～9.5	含云母及少量贝壳碎屑等，土质不均，夹较多厚度 0.3cm～3.0cm 的砂质粉土，干强度中等，软塑
⑤₃₋₂	粉质黏土	未击穿	含云母及少量贝壳碎屑等，局部夹砂质粉土，干强度中等，软塑

4.2.4　试验方案

　　为了实现在同一场地条件下，对采用不同加固方法进行加固效果的比较，把场地分为四个区，分别称之为 T1、T2、T3 与 T4 区。其中，T1 区进行真空预压＋覆水试验；T2区进行堆载预压试验；T3 区分为两个区：T3-1 与 T3-2 区，T3-1 区进行强夯试验，T3-2区进行降水＋强夯试验；T4 区进行冲击碾压试验。分区示意图见图 4.2。

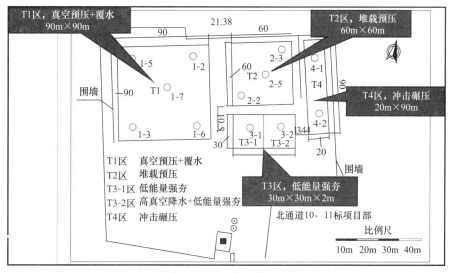

图 4.2　试验场地分区图

各试验方法说明见表 4.2。

试验方法说明 表 4.2

类别	试验名称	试验预期效果	监测及试验项目		典型施工照片
排水固结	真空预压	通过3个月左右的真空期，消除软土部分的大部分沉降，使地基承载力得到一定提高	监测	① 真空度 ② 地表沉降 ③ 土体分层沉降 ④ 孔隙水压力 ⑤ 深层土体水平位移	
			试验	① 土层物理力学参数 ② 静力触探 ③ 十字板剪切试验 ④ 平板荷载试验	
	堆载预压	通过4个～6个月的堆载预压期，消除软土部分的大部分沉降，使地基承载力得到一定提高	监测	① 地表沉降 ② 土体分层沉降 ③ 孔隙水压力 ④ 深层土体水平位移	
			试验	①土层物理力学参数 ②静力触探 ③十字板剪切试验 ④平板荷载试验	
振密与挤密	强夯	提高表部土层的地基承载力，减少浅部土层的沉降量，处理深度6m～8m	监测	① 孔隙水压力 ② 土体分层沉降	
			试验	① 土层物理力学参数 ② 静力触探 ③ 十字板剪切试验 ④ 平板荷载试验	
	冲击碾压	提高表部土层的地基承载力，减少表部土层的沉降量，处理深度3m～4m	监测	孔隙水压力	
			试验	① 土层物理力学参数 ② 静力触探 ③ 十字板剪切试验 ④ 平板荷载试验	

4.3　真空＋覆水预压试验实施

4.3.1　施工工艺

1. 真空＋覆水预压结构设计

现阶段，在软基区域进行施工时，大多需要采用真空预压加固方式提前对所施工区域进行加固，其真空预压结构包含一圈围堰，在围堰的土方覆盖有密封膜，在密封膜内分别设有真空主管和塑料导板，真空主管的另一端连接有真空泵，其中的塑料导板则平均分布在所施工区域内的泥土中。利用真空泵将所密封区域内泥土中的水分及空气吸走，以使土体变得更加密实，从而实现对预施工区域的软基进行加固的目的。但是，目前广泛存在的问题是由于密封膜所覆盖区域内的软基下方为开放式的，真空泵在工作时则会将密封膜之外区域土体中的水分一并吸走，从而增加了真空泵的工作时间，降低了生产效率，而且此种方式不能对所密封土体中的深处进行吸排水，也在一定程度上降低了软基加固的效果。针对真空预压密封问题主要采用黏土搅拌桩封闭墙进行处理，虽然能在抽真空期间起到隔水和隔气的作用，但其承载力很低，在真空预压完成后需要进行二次处理，以提高其承载力。

为了解决上述问题，以达到节省造价、提高地基承载力、避免产生不均匀沉降的目的，发明了下述技术方案：

（1）如图 4.3 所示，在围堰的上方覆盖密封膜，在密封膜内设真空主管和塑料导管，

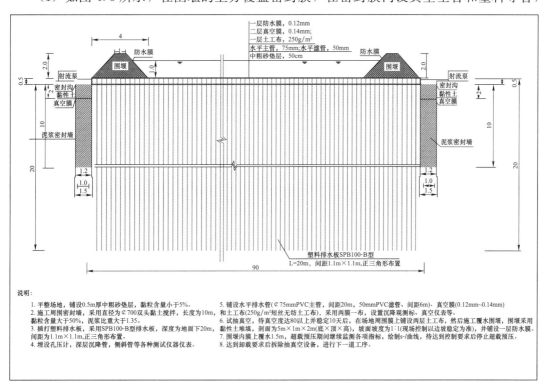

说明：
1. 平整场地，铺设0.5m厚中粗砂垫层，黏粒含量小于5%。
2. 施工周围密实墙，采用直径φ700双头黏土搅拌桩，长度为10m，黏粒含量大于50%，泥浆比重大于1.35。
3. 插打塑料排水板，采用SPB100-B型排水板，深度为地面下20m，间距为1.1m×1.1m，正三角形布置。
4. 埋设孔压计，深层沉降管，侧斜管等各种测试仪器仪表。
5. 铺设水平排水管(φ75mmPVC主管，间距20m，50mmPVC滤管，间距6m)，和土工布(250g/m²短丝无纺土工布)，采用两膜一布，设置沉降观测标、真空仪表等。
6. 试抽真空，待真空度达80以上并稳定10天后，在场地周围堰上铺两层土工布，然后施工覆水围堰，围堰采用黏性土堆填，剖面为5m×1m×2m(底×顶×高)，坡道坡度为1:1(现场控制以边坡稳定为准)，并铺设一层防水膜。
7. 围堰内膜上覆水1.5m，超载预压期间继续监测各项指标，绘制s-t曲线，待达到控制要求后停止超载预压。
8. 达到卸载要求后拆除抽真空设备，进行下一道工序。

图 4.3　T1 区（真空预压＋覆水）剖面图（单位：m）

真空主管的另一端与真空泵连接，其中在围堰的外侧下方设有密封沟，密封沟的下方与泥浆密封墙连接，密封沟呈梯形结构，上方较宽，底部较窄，泥浆密封墙呈垂直状分布在预施工区域的外侧。利用泥浆密封墙可以将施工区域进行有效的密封，利于吸排水分，从而实现对密封区域内的土体加固。

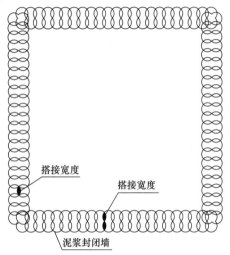

图 4.4　泥浆封闭墙的平面示意图

（2）泥浆封闭墙通过试验得出合适的水泥和膨润土掺入量，在以保证水泥和黏土通过搅拌形成的墙体在地基处理过程中作为密封墙的前提下，后期也能同时满足与周围土体变形协调一致的要求。

（3）泥浆封闭墙为双排水泥黏土搅拌桩，如图 4.4 和图 4.5 所示，按相互搭接的方式形成封闭墙体。要求搅拌桩相互搭接 200mm，桩长和桩径根据实际情况确定，泥浆料根据试验情况选用，要求泥浆重度达到 $13kN/m^3$ 以上，黏粒含量大于 50%，泥浆掺入比为 40%，渗透系数小于 10 cm/s，泥浆中膨润土的含量为 7%、纯碱掺入量为 0.35%，水灰比为 2～4，浆液的黏度控制在 20s～30s。

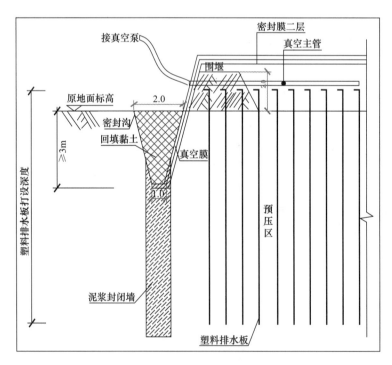

图 4.5　泥浆封闭墙的剖面示意图（单位：m）

2. 施工过程

实验分区大小：90m×90m；真空预压时间：3 个月。

（1）塑料排水板：

① 采用 SPB-B 型板，塑料排水板深度 20m，排水垫层处需加长留 50cm。间距为 1.1m，梅花形布置。

② 要求板厚 6mm，纵向通水率 $\geqslant 25\text{cm}^3/\text{s}$，滤膜渗透系数 $\geqslant 5\times 10^{-4}\text{cm/s}$，滤膜等效孔径 $<75\mu\text{m}$，复合体抗拉强度（干态）$\geqslant 1.3\text{kN/10cm}$，滤膜抗拉强度干态 $\geqslant 25\text{N/cm}$，湿态 $\geqslant 20\text{N/cm}$。

③ 施工机具采用插板机。放样时，板位误差不得超过 30mm；打设时应注意垂直度，其偏差应不大于 1.5%；应注意防止回带，回带长度不得大于 500mm，且回带根数不得超过总根数的 5%；严禁出现扭结、断裂和撕破滤膜等现象。

（2）垫层：垫层采用 50cm 厚中粗砂，含泥量应 $<3\%$；整个场地铺满平整后，其表面高差应在 ±10cm 之内。

（3）密封沟：

① 密封沟深度要在 2m 以上。

② 在真空预压开挖密封沟时直接挖至搅拌桩顶面以下 0.2m～0.5m，把密封膜压入泥浆搅拌桩体内。

③ 密封结构采用泥浆搅拌桩。双排，直径 700mm，搭接 200mm，桩长为 10m。

（4）围堰：沿密封沟内侧修筑，筑堰材料应采用黏性土，下底宽 4m～5m，上宽 1m 左右，应确保围堰边坡的稳定性。

（5）卸载标准：受压土层的平均固结度达到 80% 以上。

从 2008 年 11 月搅拌桩施工开始，经过平整场地、铺设砂垫层、插打塑料排水板、埋设监测点、排管、铺土工布、挖沟埋真空膜、预抽真空、围堰施工、覆水等工序。试验从 2008 年 12 月开始进入抽真空阶段，2009 年 1 月开始进行覆水，2009 年 3 月停泵后卸载。

施工过程现场情况如图 4.6 所示。

图 4.6　真空预压＋覆水试验施工流程

4.3.2　监测和检测方案

1. 监测方案

（1）监测内容

根据真空＋覆水预压法地基处理的特点，在预压区内进行真空度、地表沉降监测、土体分层沉降监测、孔隙水压力监测、深层土体水平位移监测。

（2）监测点布设

共布设 5 个监测点，监测点布设位置详见图 4.3。

（3）监测频率

真空预压地基处理区内的监测频率符合表 4.3 的要求。

表 4.3

真空预压法监测频率表

项目	监测频率		
	预压期第 1 月	预压期第 2 月	预压期第 3 月及其以后
分层沉降	1 点·次/（1 天）	1 点·次/（2 天）	1 点·次/（3 天）
地表沉降	1 点·次/（1 天）	1 点·次/（2 天）	1 点·次/（3 天）
孔隙水压力	1 点·次/（1 天）	1 点·次/（2 天）	1 点·次/（3 天）
土体深部水平位移	1 点·次/（1 天）	1 点·次/（2 天）	1 点·次/（3 天）
真空度	1 点·次/（1 天）	1 点·次/（2 天）	1 点·次/（3 天）

2. 检测方案

采用上海地区常用的室内土工试验、静力触探试验、十字板剪切试验、天然地基载荷试验对浅部第②、③、④、⑤层软黏性土进行检测。

静力触探试验分为单桥静力触探试验和双桥静力触探试验。各地块在地基处理施工前主要采用单桥探头，在真空预压地基处理后采用双桥探头进行试验。在单桥静力触探试验中，单桥探头面积为 15cm²，采用 JCX-3 型记录仪自动记录，数据采集间距为 10cm，试验时液压连续贯入速度为 1.2±0.3m/min，试验归零误差不超过 1%，深度记录误差不超过±1%，采用地锚反力装置，孔深大于 30m，并采用下护管分段贯入以防孔斜。双桥探头面积为 10cm²～15cm²，自动记录仪型号为 JC-X3，采样间距为 10cm，进场试验前探头已进行了相关标定工作。

十字板剪切试验采用电测十字板，板头尺寸为 50mm×100mm，采用 JX-3 型记录仪自动记录，试验点间距 1.0m，以测定原位应力条件下软黏土的不排水抗剪强度、重塑土抗剪强度等，进场前探头已进行相关标定。

室内土工试验按照国家标准《土工试验方法标准》GB/T 50123—1999（2007 版）的要求，分别进行了常规物理力学性试验、渗透试验、无侧限抗压强度试验、三轴（UU、CU）剪切试验、高压固结试验、固结系数试验、静止侧压力系数试验以及水分析试验等。取土采用自由活塞敞口取土器，针对不同土层特性分别用静压法和锤击法采取不同直径和等级的原状土样，采取原状土试样等级为Ⅰ～Ⅱ级，同时选择部分取土孔在浅层软黏性土中用薄壁取土器压入取土。

天然地基载荷试验采用慢速维持法，采用 1m×1m 的钢板。本次载荷试验沉降相对稳定标准为：每一小时内的桩顶沉降量不超过 0.1mm，并连续出现两次。加载过程：每次加载后测读时间为 5min、15min、30min、45min、60min，之后每隔 30min 测读一次，直至沉降量达到相对稳定标准，进行下一级加载。卸载过程为：每级卸载后测读 1h，按

5min、15min、30min、60min 进行测读，即可卸下一级荷载。荷载卸至零时的测读时间为 5min、15min、30min、60min、180min。当出现下列情况之一时，即可终止加荷：累计沉降量超过 25mm，或者最大加载量达到设计要求。

4.4　堆载预压试验实施

4.4.1　施工工艺

堆载预压法是利用前期荷载使地基土固结，使地基沉降产生在建造建（构）筑物之前，并由此提高地基土的抗剪强度，以适应建（构）筑物荷载的施加并有效地减小工后沉降。

1. 试验分区大小：60m×60m，面积 3600 m²；堆载预压时间：6 个月。

2. 塑料排水板：

采用 SPB-B 型板，塑料排水板深度 20m，排水垫层处需加长留 50cm。间距为 1.1m，梅花形布置。

（1）要求板厚 6mm，纵向通水率≥25cm³/s，滤膜渗透系数≥5×10⁻⁴cm/s，滤膜等效孔径<75μm，复合体抗拉强度（干态）≥1.3kN/10cm，滤膜抗拉强度干态≥25N/cm，湿态≥20N/cm。

（2）施工机具采用插板机。放样时，板位误差不得超过 30mm；打设时应注意垂直度，其偏差应不大于 1.5%；应注意防止回带，回带长度不得大于 500mm，且回带根数不得超过总根数的 5%；严禁出现扭结、断裂和撕破滤膜等现象。

3. 垫层：垫层采用 50cm 厚中粗砂，含泥量应<3%；整个场地铺满平整后，其表面高差应在±10cm 之内。

4. 加荷等级：加荷等级分三级，即 3m，2m，1.5m，坡角小于 40°。

5. 堆载速率：堆载速率建议控制在 20cm/d，每级加荷间歇时间应大于 20d。应严格控制堆载速率，可通过以下测试值控制。

（1）沉降控制在 15mm/d；

（2）边桩位移控制在 5mm/d；

（3）孔隙水压力控制在 $u/p<0.5$。

6. 卸载标准：受压土层的平均固结度达到 80% 以上。

现场试验情况如图 4.7 所示。

4.4.2　监测和监测方案

1. 监测方案

（1）监测内容

根据堆载预压法地基处理的特点，在预压区内进行地表沉降监测、土体分层沉降监测、孔隙水压力监测、深层土体水平位移监测。

（2）监测点布设

共布设 3 个监测点，监测点布设位置详见图 4.3。

(a)铺设垫层　　　　　　　　　　　(b)打插塑料排水板

(c)堆载施工　　　　　　　　　　　(d)堆载完成后

图 4.7　T2 区施工流程照片

（3）监测频率

真空预压地基处理区内的监测频率符合表 4.4 的要求。

堆载预压法监测频率表　　　　　　　　　　　表 4.4

项目	监测频率		
	预压期第 1 月	预压期第 2 月	预压期第 3 月及其以后
分层沉降	1 点·次/（1 天）	1 点·次/（2 天）	1 点·次/（3 天）
地表沉降	1 点·次/（1 天）	1 点·次/（2 天）	1 点·次/（3 天）
孔隙水压力	1 点·次/（1 天）	1 点·次/（2 天）	1 点·次/（3 天）
土体深部水平位移	1 点·次/（1 天）	1 点·次/（2 天）	1 点·次/（3 天）

2. 检测方案

检测内容、手段参见第 4.3.2 节所述。

4.5　强夯＋降水试验实施

4.5.1　施工工艺

强夯与降水加强夯两项实验场地命名为 T3 区，见图 4.8、图 4.9。将 T3 区划分为 30m×30m 和 30m×30m 两个小区，分别为 T3-1 区和 T3-2 区。两个区分别采用低能量强夯的施工工艺和低能量强夯结合真空井点降水的施工工艺。

1. T3-1 区施工流程

（1）平整场地，铺设 50cm 厚的山皮石垫层。

（2）第一遍，点夯，夯点间距 5m×5m，1 击，单击夯击能 500kN·m²，夯后推平夯坑。

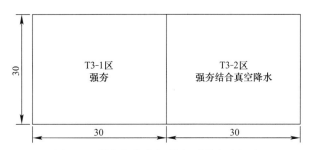

图 4.8　强夯与降水加强夯两项实验场地

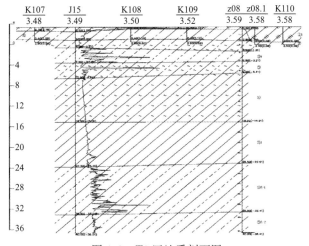

图 4.9　T3 区地质剖面图

（3）休止期 10 天左右，以孔隙水压力消散 80％为原则。

（4）第二遍，点夯，夯点间距 5m×5m，与第一遍呈梅花形布置，2 击～5 击，单击夯击能 1000kN·m²，夯后推平夯坑。

（5）休止期 10d 左右，以孔隙水压力消散 80％为原则。

（6）第三遍，点夯，夯点间距 5m×5m，与第一遍布置相同，4 击～8 击，单击夯击能 1500kN·m²，夯后推平夯坑。

（7）休止期 10d 左右，以孔隙水压力消散 80％为原则。

（8）第四遍，满夯，2 击～5 击，单击夯击能 500kN·m²，搭接 $d/3$。

2. T3-2 区施工流程

（1）平整场地。

（2）插入 4m 和 6m 的井点管，短管点和长管相间布置，间距 3.0m，降水时间暂定 10 天，以地下水位降至地面以下 2.5m 为准。

（3）拔除长、短井管。

（4）第一遍点夯，夯点间距 5m×5m，2 击～5 击，单击夯击能 1000kN·m²，夯后推平夯坑。

（5）再次插入井点管，设置同上，进行第二遍真空降水，时间暂定为 8d，以地下水位降至地面以下 2.5m 为准。

（6）拔除长短管进行第二遍点夯，夯点间距 5.0m×5.0m，与第一遍呈梅花形布置，5 击～10 击，单击夯击能 1500kN·m²，夯后推平夯坑。

（7）铺设 50cm 厚山皮石。

（8）第三遍，满夯，2 击～3 击，单击夯击能 1000kN·m²，搭接 $d/4$。

3. 施工状况

T3-1 区，经过埋设监测点、山皮石进场及摊铺、三遍点夯、一遍满夯、夯后检测等工序，从 2008 年 11 月 26 日机械进场开始到 2009 年 1 月 7 日完成了所有试验项目。实际工期一个半月。T3-2 区从 2008 年 12 月 17 日插管降水开始，经过第一次降水、第一遍点夯、第二次降水、摊铺山皮石、第二遍点夯、满夯、检测等工序，到 2009 年 2 月 15 日完成了所有试验项目，实际工期 2 个月。施工流程照片见图 4.10。

铺设山皮石垫层　　　　　　　　　　强夯施工

一遍强夯后　　　　　　　　　　单点夯坑

高真空井点降水　　　　　　　　　　施工监测

图 4.10　T3 区施工流程照片

4.5.2　监测与检测方案

1. 监测方案

（1）监测内容

根据堆载预压法地基处理的特点，在预压区内进行土体分层沉降监测、孔隙水压力监测。

（2）监测点布设

共布设 2 个监测点，在 T3-1 和 T3-2 区分别布设一个监测点，监测点布设位置详见图 4.3。

（3）监测频率

真空预压地基处理区内的监测频率符合表 4.5 的要求。

堆载预压法监测频率表   表 4.5

项目	监测频率		
	预压期第 1 月	预压期第 2 月	预压期第 3 月及其以后
分层沉降	1 点·次/(1 天)	1 点·次/(2 天)	1 点·次/(3 天)
孔隙水压力	1 点·次/(1 天)	1 点·次/(2 天)	1 点·次/(3 天)

2. 检测方案

检测内容、手段参见第 4.3.2 节。

4.6 冲击碾压＋降水试验实施

4.6.1 施工工艺

冲击碾压实验场地命名为 T4 区，其地质条件与 T3 区基本相同。T4 区地质剖面图如图 4.11 所示。通过井点降水，使浅部土层含水量下降并接近最佳含水量，然后在地基土表层摊铺山皮石垫层并进行冲击碾压，这样，既可以通过冲击碾压增加浅部土层的密实度和强度，同时可以消除浅部土层塑性变形和不均匀性。

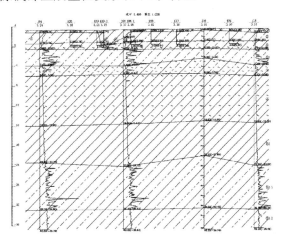

图 4.11 T4 区典型断面地质剖面图

1. 施工工艺设计

（1）分区大小：20m×90m，面积 1800m²。

（2）施工周期：预计 40d。

（3）施工工艺：如图 4.12 所示，通过井点降水，使浅部土层含水量下降并接近最佳

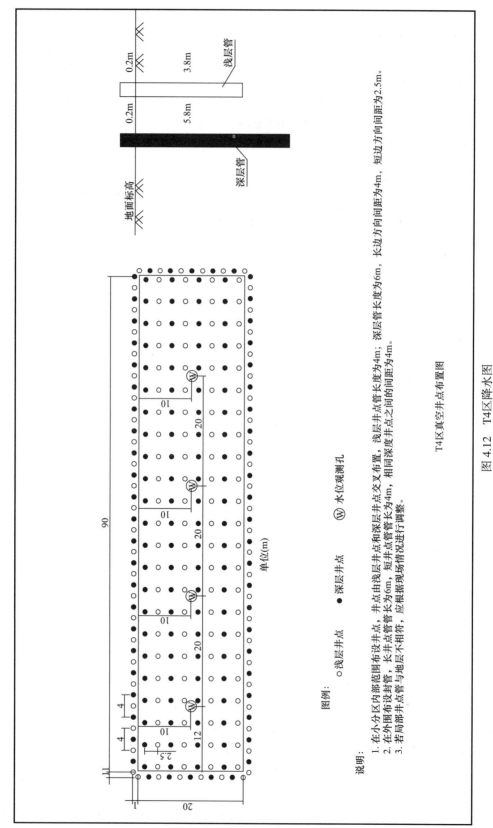

图 4.12 T4区降水图

含水量，然后在地基土表层摊铺山皮石垫层并进行冲击碾压，这样，既可以通过冲击碾压增加浅部土层的密实度和强度，同时可以消除浅部土层塑性变形和不均匀性。

（4）施工设备：冲击碾压机械采用蓝派 LICG-3 三边形冲击压实机，其标准势能为 25kJ，最大冲击力为 250 t。

（5）施工次序：按照"先两边、后中间"的冲碾次序，以轮迹重叠 1/2 覆盖整个地基表面并冲碾一遍，采用分次碾压，能量由低到高，每次连续冲碾 5 遍，共冲碾 20 遍～30 遍。

（6）控制条件：施工中以孔压消散 80％为进入下一轮冲碾的控制条件，最后 5 遍碾压的沉降量小于 2cm 时，停止冲碾。

2. 施工流程

（1）平整场地，铺设 50cm 厚的山皮石垫层。

（2）插入 4m 和 6m 的井点管，相间布置，管间距 3.0m，降水时间暂定 10d，以地下水位降至地面以下 2.5m 为准。

（3）拔除长、短井管，先用五边形冲击压实机在 12km/h～15km/h 的行驶速度下冲击碾压 5 遍，检测标高，计算沉降量，待孔隙水压力消散 80％后，再进行下一轮碾压。

（4）再次插入井点管，与第一次呈梅花形布置，进行第二遍真空降水，时间暂定为 8d，以地下水位降至地面以下 2.5m 为准。

（5）用三边形冲击压实机在 12km/h～15km/h 的行驶速度下冲击碾压 5 遍；整平，检测标高，计算沉降量，待孔隙水压力消散 70％后，再重复进行冲碾 2 次，即总共冲击碾压 15 遍，检测标高，计算沉降量，若最后 5 遍冲碾沉降量小于 1cm，冲碾完成；否则继续冲碾。

（6）整平至最后 5 遍冲碾沉降量小于 1cm 为止。

现场施工流程及效果如图 4.13 所示。

(a)真空降水现场

(b)冲击碾压施工

(c)碾压后现场

(d)碾压后的地面裂缝

图 4.13 T4 区施工流程照片

4.6.2 监测与检测方案

1. 监测方案

（1）监测内容

根据堆载预压法地基处理的特点，在预压区内进行孔隙水压力监测。

（2）监测点布设

共布设 3 个监测点，监测点布设位置详见图 4.3。

（3）监测频率

真空预压地基处理区内的监测频率符合表 4.6 的要求。

堆载预压法监测频率表

表 4.6

项目	监测频率		
	预压期第 1 月	预压期第 2 月	预压期第 3 月及其以后
孔隙水压力	1 点·次/(1 天)	1 点·次/(2 天)	1 点·次/(3 天)

2. 检测方案

检测内容、手段参见第 4.3.2 节。

4.7 本章小结

目前的工程与理论研究所选择的深厚软土地基的处理方法，均是根据场地的工程地质条件以及工程施工的实际情况，并结合相关国家标准及类似工程案例来确定的。各种方法加固机理的理论研究还不成熟，同时缺乏系统的实验研究成果。因此，迫切需要开展在同一场地条件下，各种方法的加固效果、工期、经济效益的对比研究，以及不同场地条件下各种方法的试验与理论研究。通过本章介绍的真空预压、堆载预压、强夯和冲击碾压这四种软土地基处理技术的施工工艺为后续的加固效果评述作为起引。

第5章 真空+覆水预压与堆载预压现场试验分析

5.1 概述

真空预压法是利用专门的设备，通过抽真空在地基中产生负压，在压力差作用下，土体中的水分被排出，土体得到加固，土体强度得到提高。在建筑荷载超过真空预压的压力，且建筑物对地基变形有严格的要求时，可用真空+堆载联合预压法，其加固效果比单一的真空预压或堆载预压效果好。本章对真空+覆水预压与堆载预压现场试验结果进行分析，并对不同处理方法的综合指标进行评述。

5.2 真空+覆水预压试验分析

5.2.1 现场试验监测结果与分析

1. 真空度

试验过程中，真空度随时间变化情况如图 5.1、图 5.2 所示，开始试验的前五天内，膜下真空度迅速上升并达到 80kPa。膜下真空度最大可达 95kPa，加固范围内真空度分布均匀，后期都维持在 85kPa 以上。

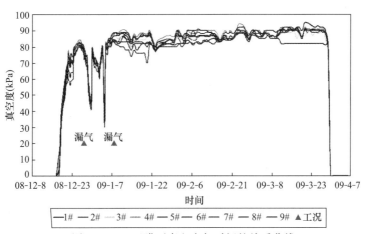

图 5.1　T1 区膜下真空度与时间的关系曲线

在持续抽真空期间（除漏气、补膜外），膜下真空度都一直稳定在 80kPa～90kPa 之间，表明真空加压系统、密封系统运转效果良好，真空压力持续、稳定，有力地促进了地基排水固结与强度增长。

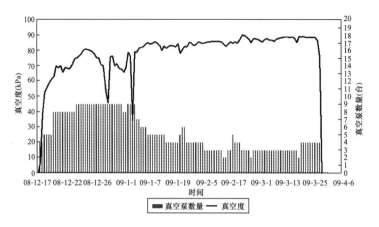

图 5.2　T1 区膜下真空度与真空泵关系曲线

在后期，3 台真空泵就能维持真空度，撤泵前尝试增加 1 台泵抽真空，真空度已基本无变化，说明 3 台真空泵能够满足本工程维持真空度的需要，每台泵控制面积达到 $2700m^2$。

2. 地表沉降

地表沉降曲线、地表沉降速率曲线见图 5.3、图 5.4。

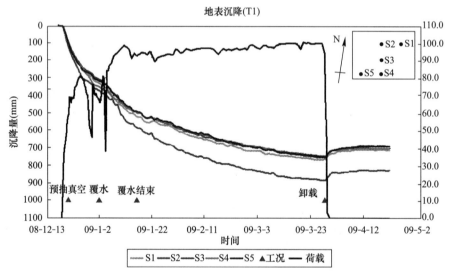

图 5.3　T1 区地表沉降曲线

如图 5.3、图 5.4 所示，从预抽真空开始，地基沉降量和沉降速率陡增，沉降速率最高达到 46.8mm/d。12 个试验日后由于膜破和漏气等原因，沉降量虽持续增大，但沉降速率放缓，沉降速率与真空度的变化相一致。

从 2009 年 1 月 3 日开始膜上覆水，沉降速率加大，可见覆水达到了一定效果。从 2009 年 3 月 17 日开始，沉降速率开始小于 2mm/d，持续至 2009 年 3 月 28 日停泵，平均沉降速率为 1.7mm/d。

至卸载时止，场地地表最终沉降量最大为 883mm，最小为 745mm，平均为 780mm。呈现中间略大、周围略小的特点。

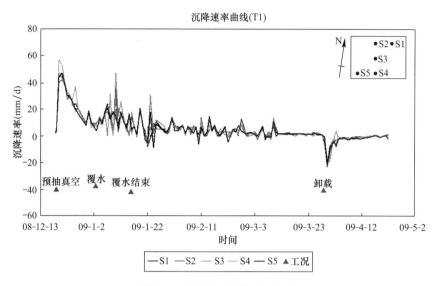

图 5.4　T1 地表沉降速率曲线

停泵后，地表发生一定的回弹，5d 后趋于稳定，实测最大回弹量为 66mm，最小回弹量为 43mm，平均回弹量为 56mm。

3. 土体分层沉降

孔 1（C1）～孔 5（C5）土体分层沉降曲线见图 5.5。

如图 5.5 所示，5 个监测孔所得的土体分层沉降规律相似，有如下特点：

（1）真空预压加固效果明显，24m 深度范围内土体都发生了较为明显的沉降。

（2）单位土体压缩率较大的深度发生在③、④土层深度内，这与该范围内的土体含水量高、孔隙比大、压缩性高的软土特征是吻合的，也说明通过试验加快软土固结的目的达到了。

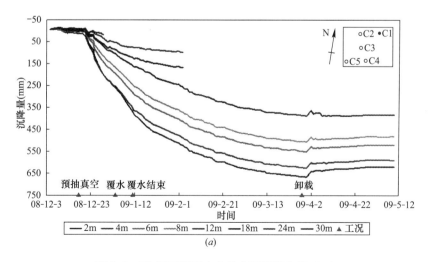

(a)

图 5.5　T1 区不同测点土体分层沉降曲线（一）

（a）分层沉降 C1（T1 区）

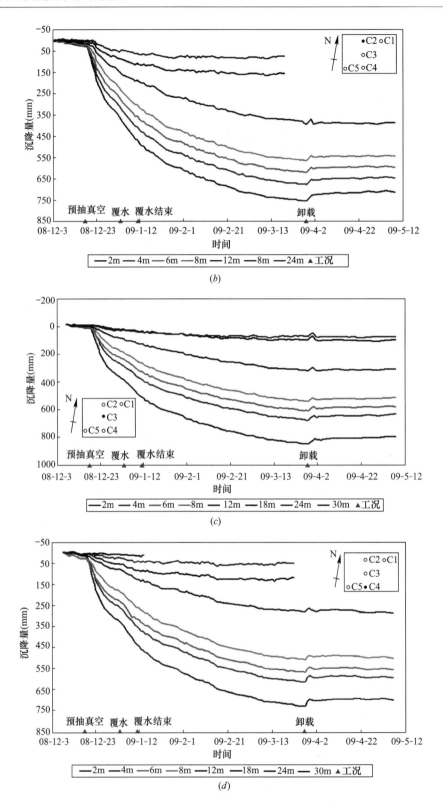

图 5.5　T1 区不同测点土体分层沉降曲线（二）

（*b*）分层沉降 C2（T1 区）；（*c*）分层沉降 C3（T1 区）；（*d*）分层沉降 C4（T1 区）

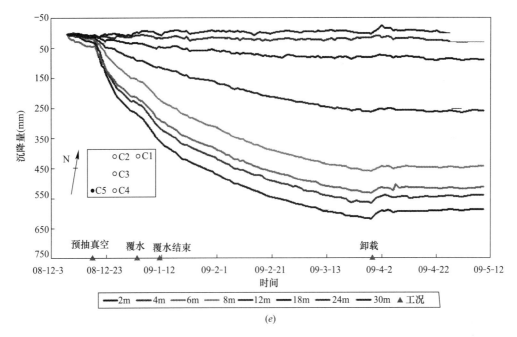

图 5.5　T1 区不同测点土体分层沉降曲线（三）

（e）分层沉降 C5（T1 区）

（3）部分孔的深部土层的磁环由于泥浆淤积而逐渐无法读出，造成数据在该深度稍显紊乱。

4. 孔隙水压力

对孔 1（U1)~孔 5（U5）分别进行了孔隙水压力监测，孔隙水压力随时间消散的曲线见图 5.6。

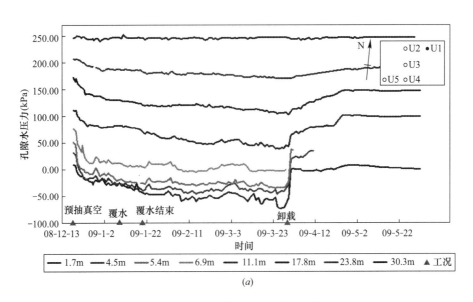

图 5.6　T1 区不同测点孔隙水压力曲线（一）

（a）U1

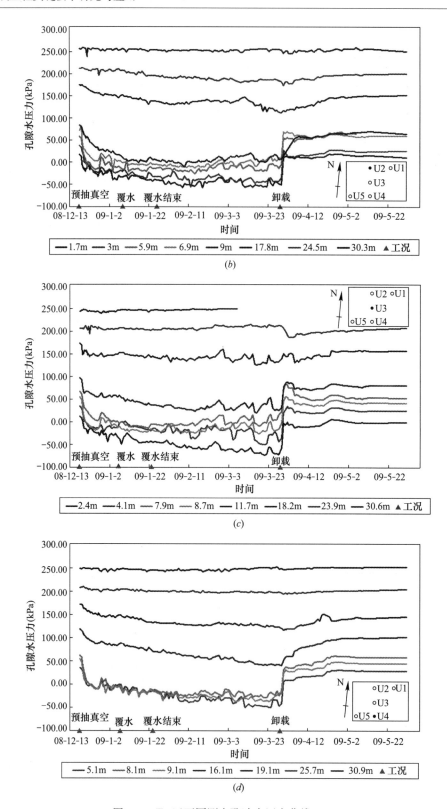

图 5.6　T1 区不同测点孔隙水压力曲线（二）

(b) U2；(c) U3；(d) U4

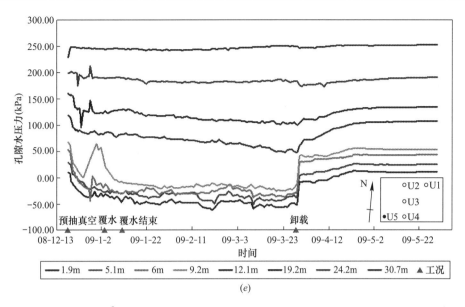

图 5.6　T1 区不同测点孔隙水压力曲线（三）

(*e*) U5

从图 5.6 可见：

（1）孔压在抽真空后迅速下降，35d 后逐步趋于稳定。停泵后孔压上升明显，26d 后恢复至初始孔压后稳定。

（2）孔压变化时膜下真空负压的影响比较明显，尤其是浅部土层，受影响速度也更快。撤泵、漏气等造成膜下真空度下降时，浅层土体的孔压立刻回升，而深层土体则反应较慢、变化较小。

（3）抽真空阶段，地表下 9m 深度范围内孔压在历时 7d 后变为负压。30m 左右深度处孔压基本无变化，24m 左右深度处除 U3 孔和 U4 孔外，其他孔压均有所变化，20m 深度内孔压均有较明显的变化。

（4）场地 3m～6m 左右分布有③t 层黏质粉土，该深度孔压持续保持稳定，说明密封墙的密封效果良好。

5. 深层土体水平位移

深层土体水平位移随深度变化曲线如图 5.7 所示。

图 5.7 中可见：

（1）真空预压过程中，地基土向加固区中心发生侧向位移，至卸载时止，土体最大水平位移均发生在地表，分别为 108.96mm、452.68mm、486.98mm。

（2）自地表向地下深处，土体侧向水平位移呈递减的趋势，规律性良好。其影响深度可达 24m，其中 16m 以上有较明显的变化。土体水平位移和位移速率与荷载大小有明显的相关性。

（3）随着抽真空开始，位移量和位移速率增大；加载停止后，显著减小。覆水结束后，3m 以下土体较覆水前发生向试验区外的位移。这主要是由于覆水加载引起的，体现了真空预压和堆载（覆水）预压效果的叠加作用。

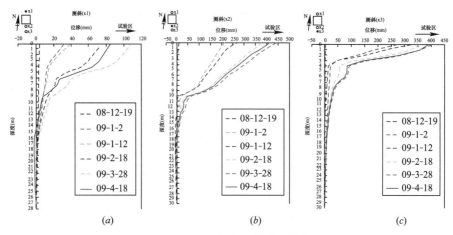

图 5.7　T1 区深部土体位移曲线

(a) X1；(b) X2；(c) X3

5.2.2　试验检测结果与分析

1. 土层物理力学参数变化

将试验前后的各土层物理力学指标进行统计分析后情况见表 5.1。

从表 5.1 可见，加固前后的物理力学参数变化规律如下：

(1) 场地第⑤₁ 层及其以上土层物理力学性质均有不同程度的提高。其中②、③、④ 层土加固效果最为明显；

(2) 除③ₜ 层外，②、③、④和⑤₁ 层的含水量都有 5％左右的降低，说明这些土层的土体均有所改善；

(3) ③ₜ 层的常规物理力学性质提高有限，这与该层主要是力学性质较好的黏质粉土有关；

(4) 除③ₜ 层外，沉降计算的重要参数压缩模量 E_s 改善效果明显，②、③、④层土都提高了 20％～30％；

(5) ②～⑤₁ 层的固结系数指标提高明显；

(6) c 值的改善较 φ 值明显。

2. 静力触探

试验前后的静力触探曲线对比图见图 5.8。

从图 5.8 加固前后的 Q_c 数据可知：

真空预压的影响深度可达 20m，与塑料排水板深度相同，也与软土的分布深度相一致。除③ₜ 层外，16m 以上的土体强度增长明显，达到 20％～60％。③ₜ 层的强度增长不明显，只有 10％～20％。

3. 十字板剪切试验

试验前后的十字板抗剪强度曲线对比图见图 5.9。

从图 5.9 加固前后的十字板强度数据可知：

真空预压的影响深度可达 20m。原地面 8m 以上的土层，十字板强度有较大幅度的提高，提高幅度达到 20％～60％，形成了强度较好的硬壳层。8.0m～16.0m 土层的十字板强度也有 10％以上的增长。16.0m～20.0m 土层的强度增长为 5％左右，20.0m 以下则基本无变化。

表 5.1-1

T1 区土层物理力学参数表

层号	土层名称		含水量	孔隙比	黏聚力	内摩擦角	压缩模量	锥尖阻力	侧壁摩擦力	原状土 (c_u)	重塑土 (c_u)
①	粉质黏土	试验前	32.8	0.928	21	18.5	3.87	0.54	15.31	41.6	18
		试验后	20.9	0.896	23	18.7	4.72	0.72	24.8	43.5	21.8
		改善率	5.79%	3.45%	9.52%	1.08%	21.96%	33.33%	61.99%	4.57%	21.11%
②	淤泥质粉质黏土	试验前	40	1.123	11	19	2.99	0.66	7.79	33.2	11.4
		试验后	37.8	1.099	12	20	3.9	0.78	11.98	44.5	20.9
		改善率	5.5%	2.14%	9.09%	5.26%	30.43%	18.18%	53.79%	34.04%	83.33%
③t	粉质黏土	试验前	28.4	0.832	6	30	8.43	1.45	11.94	41.3	17.9
		试验后	28.3	0.831	6.1	30	8.51	2.47	30.53	56.9	28.7
		改善率	0.35%	0.12%	1.67%	0%	0.95%	70.34%	155.70%	37.77%	60.34%
④	淤泥质黏土	试验前	49.3	1.392	11	13	2.18	0.6	9.08	35.2	14
		试验后	45.8	1.287	13	13	2.59	0.76	12.05	39.1	15.8
		改善率	7.1%	7.54%	18.18%	0%	18.81%	26.67%	32.71%	11.08%	12.86%
⑤1	黏土	试验前	42.7	1.209	13	14.5	3.16	0.88	16.19	53.2	24.2
		试验后	40.7	1.167	14	14	3.16	0.92	16.88	53.3	25
		改善率	4.68%	3.47%	7.69%	-3.45%	0%	4.55%	4.26%	0.19%	3.31%
⑤3-1	粉质黏土夹粉性土	试验前	34.8	0.998	18	19.5	4.53	1.86	32.92		
		试验后	35	1.012	18.2	19.3	4.54	1.83	35.59		
		改善率	-0.57%	-1.4%	1.11%	-1.03%	0.22%	-1.61%	8.11%		

表 5.1-2

T1区土层物理力学参数表

层号	土层名称		渗透系数 (20℃) cm/s		固结系数 C_v ×10⁻³cm²/s				固结系数 C_h ×10⁻³cm²/s				先期固结压力 kPa
			K_v	K_h	25~50kPa	50~100kPa	100~200kPa	200~400kPa	25~50kPa	50~100kPa	100~200kPa	200~400kPa	
①	粉质黏土	试验前	1.1E-07	1.4E-07	1.79	1.36	1.14	1.06	2.76	2.38	2.05	1.96	174
		试验后	8.6E-08	1.3E-07	4.07	3.03	2.43	1.98	5.40	3.83	2.78	1.94	181
		改善率	20.56%	9.72%	127.37%	122.79%	113.1%	86.79%	95.65%	60.92%	35.61%	-1.02%	4.02%
②	淤泥质粉质黏土	试验前	1.1E-07	2.2E-07	3.01	2.67	2.40	2.21	4.10	3.79	3.60	3.49	71.0
		试验后	1.1E-07	2.2E-07	3.58	3.07	2.71	2.45	6.32	6.16	5.41	4.86	130.0
		改善率	2.78%	0.92%	18.94%	14.98%	12.92%	10.86%	54.15%	62.53%	50.28%	39.26%	83.10%
③t	粉质黏土	试验前	8.4E-05	1.2E-04									
		试验后	6.3E-05	3.9E-05									
		改善率	25.2%	67.6%									
④	淤泥质黏土	试验前	5.1E-08	1.1E-07	1.85	1.28	0.97	0.88	0.91	2.32	2.19	1.71	142.0
		试验后	4.0E-08	1.1E-07	2.20	1.33	1.00	0.93	2.93	2.37	2.18	1.72	153.0
		改善率	21.5%	1.79%	18.92%	3.91%	3.09%	5.68%	0.698%	2.16%	-0.46%	0.58%	7.75%
⑤1	黏土	试验前	1.3E-07	1.6E-07	2.05	1.52	1.22	0.96	2.14	1.59	1.32	1.13	230.0
		试验后	1.1E-07	1.6E-07	2.92	2.33	1.96	1.60	2.91	2.31	1.93	1.68	247.0
		改善率	13.39%	-1.90%	42.44%	53.29%	60.66%	66.67%	35.98%	45.28%	46.21%	48.67%	7.39%

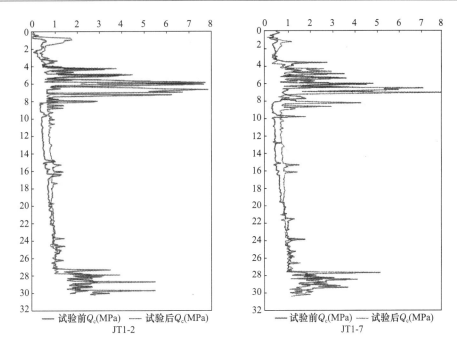

图 5.8　静力触探测试曲线

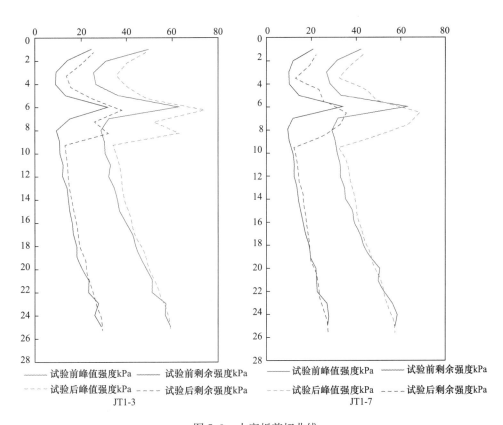

图 5.9　十字板剪切曲线

4. 平板载荷试验

试验后采用压重平台反力装置，以 $1.0m^2$ 的刚性载荷板对地表的地基承载力进行了测试。试验的复合地基按要求加载至最大试验荷载，各点的 q-s 曲线在整个加载过程中均出现第二拐点，s-$\lg t$ 曲线中的沉降曲线在加载至最大加载量时有明显向下曲折的现象。具体试验成果见表5.2。从成果表可知，各点的地基极限承载力均达到了 275kPa。

平板载荷试验成果表   表 5.2

序号	点号	最大沉降量 （mm）	最大回弹量 （mm）	回弹率 （％）	最大加载量 （kN）	极限承载力 （kPa）
1	PT1-1	106.06	6.06	5.71	300	275
2	PT1-7	102.23	5.54	5.42	300	275
3	PT1-3	100.40	6.05	6.03	300	275

5.2.3 固结度和沉降计算

1. 固结度计算

根据实测的数据预估未来的沉降以及最终沉降量 s_∞，工程中通常采用双曲线法。其基本假定是地基的沉降接近于双曲线形式，因此沉降可以用图5.10中的公式来表示。

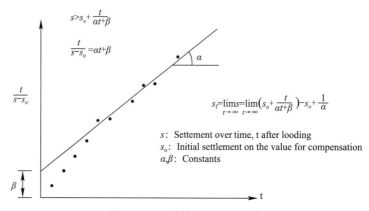

图 5.10　双曲线预测工后沉降

双曲线方法的计算步骤如下：

（1）绘制实测沉降的 t/ρ-t 曲线，其中 t 为时间，ρ 为实测的沉降。

（2）从绘制的图中，找到第一段直线并量测其斜率 A_i，该直线段对应的是 $60\%\sim90\%$ 的固结度。

（3）确定土体性质、排水板影响的相关参数，此参数可根据图5.11内插而得到参数 α_i。

（4）由式（5.1）和式（5.2）计算对应 60% 和 90% 的固结度之间直线的斜率。则最终沉降可由下列三式获得：α_i/s、$\rho_{60}/0.6$、$\rho_{90}/0.9$。这三个值应该比较接近，并且可以互相验证正确性。

$$s_{60} = s_i \frac{\alpha_{60}}{\alpha_i} = (1/0.6)\frac{s_i}{\alpha_i} \tag{5.1}$$

$$s_{90} = s_i \frac{\alpha_{90}}{\alpha_i} = (1/0.9)\frac{s_i}{\alpha_i} \tag{5.2}$$

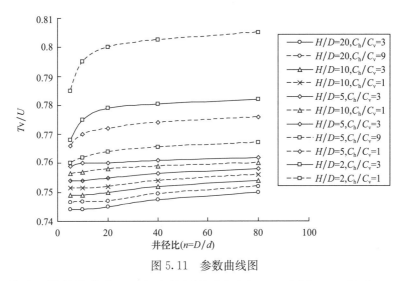

图 5.11 参数曲线图

根据双曲线法推算的曲线以及相应的固结度如图 5.12 和图 5.13 所示。

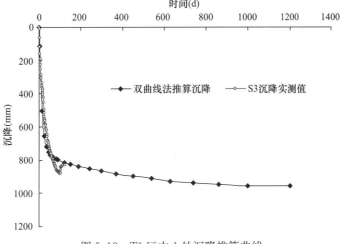

图 5.12 T1 区中心处沉降推算曲线

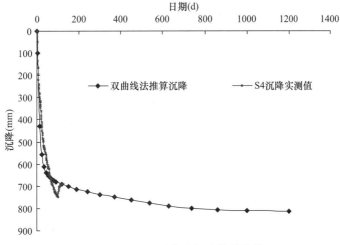

图 5.13 T1 区边缘处沉降推算曲线

最终的沉降计算结果见表5.3。

最终沉降及固结度计算表　　　　　　　　　　　　　　　　　表 5.3

计算点	卸载时的实测沉降（mm）	推算的最终沉降（mm）	卸载时的固结度（%）
S3	827	957	86.4
S4	689	815	84.5

根据表5.3的计算成果可知，T1区通过三个月的真空＋覆水预压，平均固结度达到了85%，达到了设计要求和试验目的。

2. 数值模拟

（1）计算结果与实测数据的对比

为了验证计算的适用性，采用FLAC3D数值分析软件根据场地条件建立三维数值分析模型，分别对变形、孔压的计算和实测值进行了对比。

① 地表沉降计算结果

计算的地表沉降曲线如图5.14和图5.15所示。

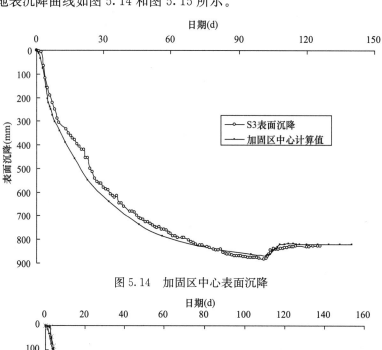

图 5.14　加固区中心表面沉降

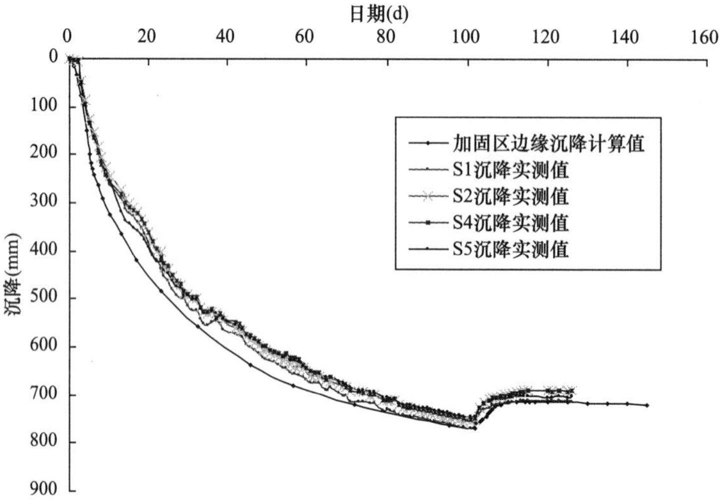

图 5.15　加固区边缘表面沉降

结果显示：计算结果与实测值在趋势上是吻合的。

② 分层沉降计算结果

计算的分层沉降曲线如图 5.16 所示。

结果显示：计算结果与实测值在趋势上基本一致。

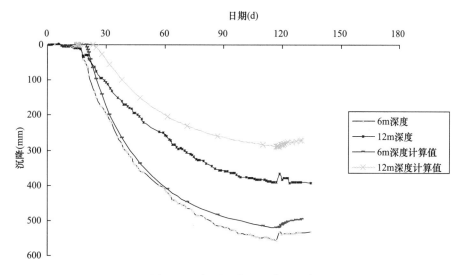

图 5.16　加固区中心处分层沉降

③ 孔压计算结果

图 5.17 为孔压的计算值和实测值比较图。两者趋势上很一致，在数值上有一定差异。主要是由于有限元计算模型是平面应变，将塑料排水板地基简化为均一的地基，因此不能准确地反映某一个确定点的孔压变化，但是有限元结果还是能够反映真空预压过程中的孔压变化规律，即：抽真空初期孔压下降很快，然后下降趋势逐渐变缓，卸真空后，孔压很快回升。随着时间孔压逐渐回升到静水压力。

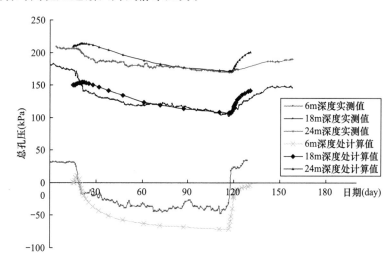

图 5.17　加固区中心处孔压比较图

结果显示：通过上述计算值与实测值的比较，可以看出，本次计算选取的参数能够使得计算值与实测值比较吻合，因此本次采用的参数以及方法在本场地是可行的。

（2）有限元计算结果分析

图 5.18～图 5.21 分别是各个时期的沉降等值线图。

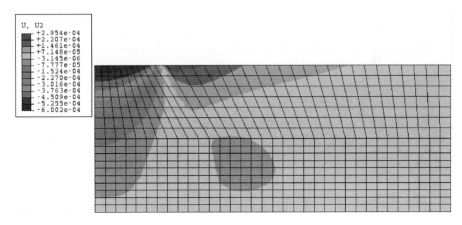

图 5.18 荷载施加前的沉降等值线

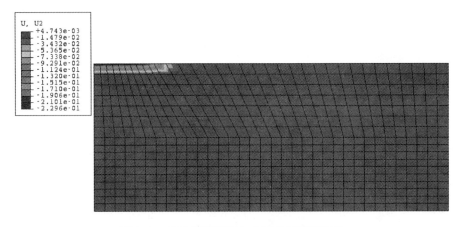

图 5.19 真空荷载刚施加完时的沉降等值线

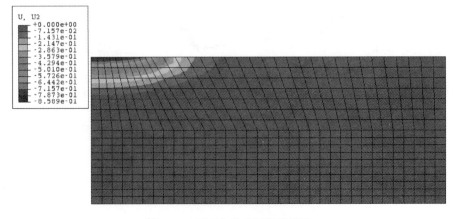

图 5.20 卸真空前的沉降等值线

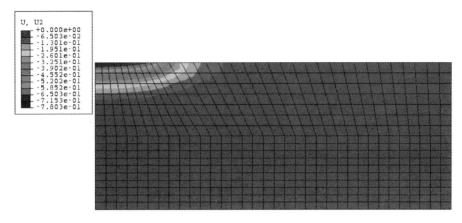

图 5.21　计算结束时的沉降等值线

计算的各个阶段的沉降如图所示。加载前，地基的沉降为 0m，图中的数值主要是程序进行自平衡计算所得。抽真空后的沉降等值线如图 5.19 所示。从图中可以看出，真空荷载施加后，地表下 3m 深度范围内有较小的沉降发生。图 5.20 为卸真空前的沉降等值线，此时地基沉降达到最大值。

图 5.21 为卸真空后至计算结束的沉降等值线，地表部分的沉降在 0.78m 左右。从沉降的等值线变化过程，可以看到真空预压计算得到的有效加固深度较小，约为地表下 15m 深度范围，略小于实测中得到的 18m 范围的加固深度。这个差异主要来自于如下原因：

采用的土体本构模型不能完全反映土体变形特性；负压下的固结计算模型，例如真空荷载在计算中的模拟方式还有待进一步完善；地基进行了平面应变简化。

图 5.22～图 5.24 分别是各个时期的孔压等值线图。

固结后期即卸真空前的孔压等值线反映了加固区中心孔压下降幅度大，加固区边缘孔压下降幅度小。加固区之外，表面孔压无变化，随深度增加，孔压有所降低，且随着深度增加，抽真空影响的范围越大。

图 5.25 和图 5.26 为各时期水平位移的等值线。

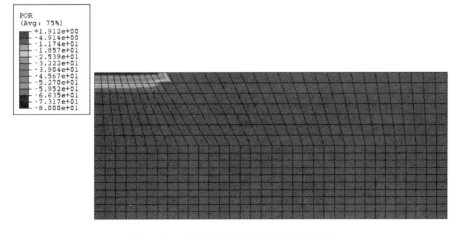

图 5.22　真空荷载施加后的孔压等值线

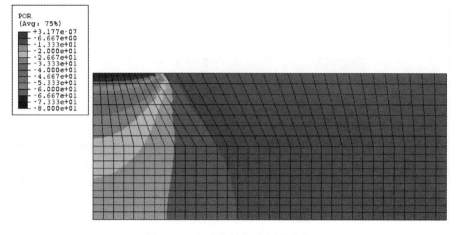

图 5.23　卸真空前的孔压等值线

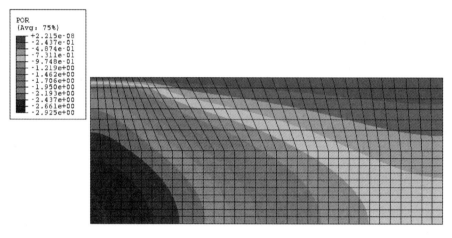

图 5.24　计算结束时前的孔压等值线

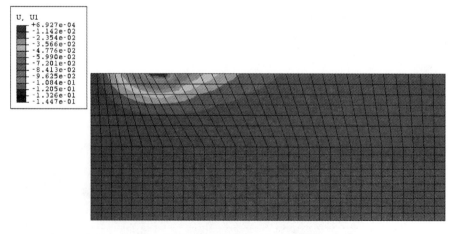

图 5.25　卸真空前的水平位移等值线

　　真空预压水平位移的变化规律是加固区边缘的向内水平位移最大,卸真空前能达到0.14m左右,卸除真空后有一个恢复的趋势,卸真空后最大水平位移减小到约 0.088m。

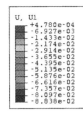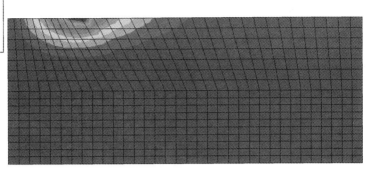

图 5.26　计算结束时的水平位移等值线

加固区及加固区外的土体都是向内位移的，随着距离加固区边缘越远，向内的位移值越小。这说明在真空预压期间，将会造成一定的向内的位移，并且影响范围比较广，本工程中受影响较大的区域在加固区边缘以外 20m 左右，在深度方向上约为 15m 左右，在真空预压施工时应该考虑其对周围环境的影响。从沉降等值线分布图也可以看出，在真空预压区 15m 深度内沉降较大，这说明其加固效果主要集中在 15m 左右深度以内，与前面的沉降计算结果也比较符合。

（3）从本次真空预压固结有限元计算结果，可见沉降、水平位移以及孔压规律等与实测结果都是比较吻合的，表明本计算的方法、土体参数的选择是合适的。另外，从本次计算结果来看，真空预压能加快地基固结，真空预压的加固效果在深度上至少能达到 15m，水平位移的影响范围达到加固区外 20m。

5.3　堆载预压试验分析

5.3.1　现场试验监测结果分析

1. 地表沉降

地表沉降曲线、地表沉降速率曲线见图 5.27、图 5.28。

从图 5.27、图 5.28 可见，施工塑料排水板期间，由于砂垫层的铺设及施工机械的行走，使软土地基承受外荷载。同时塑料排水板提供了良好的排水通道，因此短时间内产生了一定的沉降量。其沉降特征与堆载施工工况密切相关，在堆载开始后的一段时间内，地表沉降相对显著，沉降速率较大，而后的沉降曲线趋于平缓。也说明加载后土体稳定，不存在失稳的危险。至卸载时止，场地地表最终沉降量最大值为 867mm，最小值为 662mm，平均值为 745mm。呈现中间略大、周围略小的特点。卸载后，地表发生一定的回弹，实测最大回弹量为 50mm，最小回弹量为 36mm。

2. 土体分层沉降

对孔 6（C6）、孔 7（C7）、孔 8（C8）分别进行了分层沉降监测，土体分层沉降曲线见图 5.29。

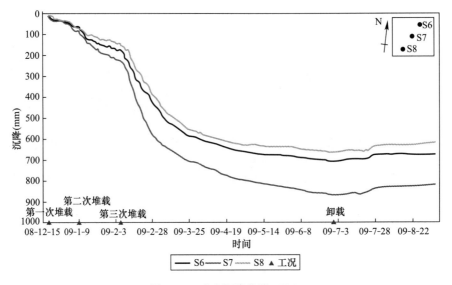

图 5.27　地表沉降曲线（T2）

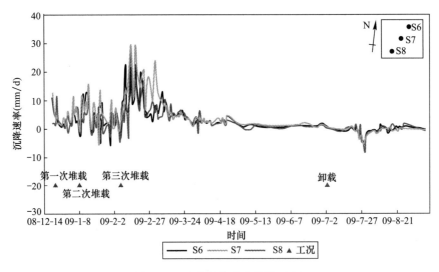

图 5.28　地表沉降速率曲线（T2）

从图 5.29 可见堆载预压加固效果明显，24m 深度范围内土体都发生了较为明显的沉降。单位土体压缩率较大的深度发生在③、④土深度内，这与该范围内的土体为含水量高、孔隙比大、压缩性高的软土特征是吻合的，也说明通过试验加快软土固结的目的达到了。

3. 孔隙水压力

对孔 6（U6）、孔 7（U7）、孔 8（U8）分别进行了孔隙水压力监测孔隙水压力随时间消散曲线见图 5.30。

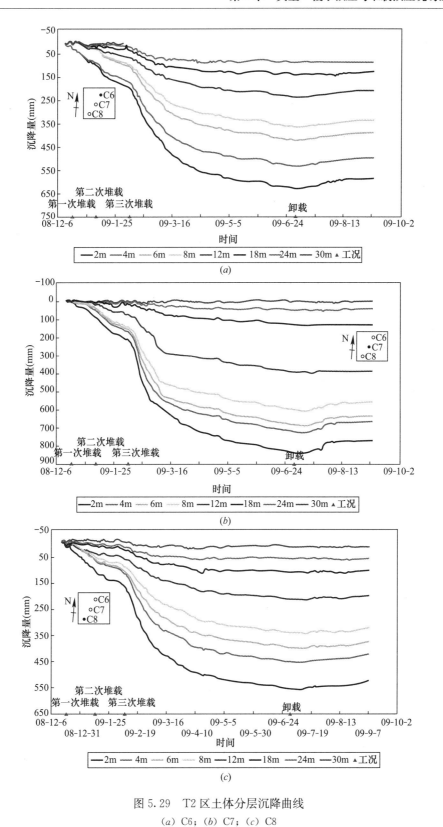

图 5.29 T2 区土体分层沉降曲线

（*a*）C6；（*b*）C7；（*c*）C8

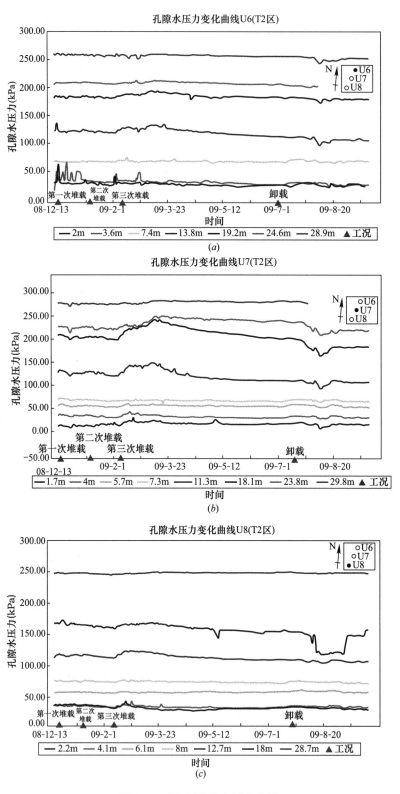

图 5.30 T2 区孔隙水压力曲线

(a) U6；(b) U7；(c) U8

（1）U7孔第三次堆载较深处的孔压变化规律较好（11.3m和18.1m处），与堆载、卸载规律较符合。尤其是卸载后，孔压下降的幅度与卸载较吻合。1.7m和4m处的孔压计孔压也有所变化。

（2）其余的孔压计规律不明显。

4. 深层土体水平位移

深层土体水平位移随深度变化曲线如图5.31所示。

从曲线可见，大约地下5m以上的土体向试验区的方向产生了位移，在地下约5m至地下30m的范围内，土体朝试验区外的方向产生了位移。至卸载时止，土体最大水平位移均发生在地表。距离试验区5m处的水平位移分别为56.6mm和70.6mm。堆载预压影响深度可达24m，其中20m以上有较明显的变化。

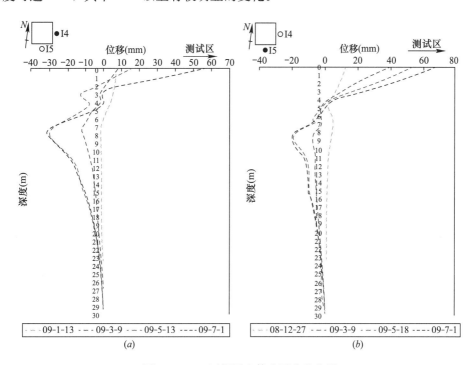

图5.31 T2区深层土体水平位移曲线

(a) X4；(b) X5

5.3.2 试验检测结果分析

1. 土层物理力学参数变化

将试验前后的各土层物理力学指标进行统计分析后见表5.4-1、表5.4-2。

从加固前后的物理力学参数可知：

（1）场地第⑤$_1$层及其以上土层物理力学性质均有不同程度的提高。其中②～④层土加固效果最为明显。

（2）②～⑤$_1$层的含水量都有一定程度的降低，说明这些土层的土体均有所改善。

（3）③t层的常规物理力学性质提高有限，这与该层主要是力学性质较好的黏质粉土有关。

T2区土层物理力学参数表

表5.4-1

层号	土层名称		含水量	孔隙比	黏聚力	内摩擦角	压缩模量	锥尖阻力	侧壁摩擦力	原状土(c_u)	重塑土(c_u)
②	粉质黏土	试验前	33	0.938	20	19.5	4.41	0.46	8.64	39.1	16.9
		试验后	30.4	0.875	21	21	4.92	0.59	13.21	42.7	23.3
		改善率	7.88%	6.72%	5%	7.69%	11.56%	28.26%	52.89%	9.21%	37.87%
③	淤泥质粉质黏土	试验前	38.8	1.087	11	17.5	3.04	0.72	6.39	33	12.2
		试验后	38.1	1.059	14	19	3.48	0.76	11.85	35.5	14.1
		改善率	1.8%	2.58%	27.27%	8.57%	14.47%	5.56%	85.45%	7.58%	15.57%
③t	粉质黏土	试验前	28.7	0.831	5	32.5	8.53	1.57	12.54	43.5	18.5
		试验后	28.3	0.824	5	32.6	8.78	2.06	24.93	72.4	38.7
		改善率	1.39%	0.84%	0%	0.31%	2.93%	31.21%	98.8%	66.44%	109.19%
④	淤泥质黏土	试验前	48.7	1.381	10	12.5	2.03	0.63	8.51	35.2	14.3
		试验后	47.8	1.348	11	12.5	2.24	0.72	14.78	41	16.8
		改善率	1.85%	2.39%	10%	0%	10.34%	14.29%	73.68%	16.48%	17.48%
⑤₁	黏土	试验前	42.4	1.205	13	14.5	2.9	0.75	14.93	52.6	24.6
		试验后	39.2	1.112	13	15.5	3.53	0.79	21.26	52.8	24.8
		改善率	7.55%	7.72%	0%	6.9%	21.72%	5.33%	42.4%	0.38%	0.81%
⑤₃₋₁	粉质黏土夹粉性土	试验前	35	1.007	17	19.5	4.39	1.78	36.06		
		试验后	35.3	1.005	17.2	19.3	4.8	1.72	37.18		
		改善率	−0.86%	0.2%	1.18%	−1.03%	9.34%	−3.37%	3.11%		

表5.4-2

T2区土层物理力学参数表

层号	土层名称		渗透系数(20℃) cm/s		固结系数 C_v ×10⁻³cm²/s				固结系数 C_h ×10⁻³cm²/s				先期固结压力 kPa
			K_v	K_h	25~50kPa	50~100kPa	100~200kPa	200~400kPa	25~50kPa	50~100kPa	100~200kPa	200~400kPa	
②	粉质黏土	试验前	8.3E-08	1.2E-07	3.51	0.95	0.8	0.71	2.51	2.04	1.56	1.48	
		试验后	8.1E-08	1.1E-07	4.4	3.51	3.15	2.97	3.66	3.12	2.73	2.48	
		改善率	2.17%	8.2%	25.36%	269.47%	293.75%	318.31%	45.82%	52.9%	75%	67.57%	
③	淤泥质粉质黏土	试验前	2.1E-05	4.0E-05	3.13	2.77	2.48	2.29	7.25	6.52	5.97	5.63	
		试验后	2.0E-07	3.9E-07	7.04	6.13	5.44	5.11	8.36	6.97	6.34	6	
		改善率	99.06%	99.03%	127.92%	121.30%	119.35%	123.14%	15.31%	6.9%	6.2%	6.57%	
③t	粉质黏土	试验前	3.2E-05	5.3E-04									
		试验后	2.7E-05	4.0E-04									
		改善率	17.65%	24.91%									
④	淤泥质黏土	试验前	6.8E-08	1.4E-07	2.4	1.66	1.16	0.96	2.85	2.28	1.93	1.66	
		试验后	6.3E-08	1.0E-07	2.26	1.67	1.43	1.34	3.39	2.31	1.94	1.70	
		改善率	7.94%	25.7%	−5.83%	0.60%	23.28%	39.58%	18.95%	1.32%	0.52%	2.41%	
⑤₁	黏土	试验前	1.0E-07	1.3E-07	1.89	1.43	1.08	0.84	2.16	1.64	1.34	1.12	
		试验后	1.0E-07	1.2E-07	2.35	2.05	1.88	1.76	2.27	2.14	2.06	1.95	
		改善率	−0.99%	4.76%	24.3%	43.36%	74.07%	109.52%	5.09%	30.49%	53.73%	74.11%	

（4）除③₁层外，沉降计算的重要参数压缩模量 E_s 改善效果明显，②、③、④层土都提高了 10%～20%。

（5）②～⑤₁层的固结系数指标提高明显。

（6）c 值的改善较 φ 值明显。

2. 静力触探

试验前后的静力触探曲线对比图见图 5.32。

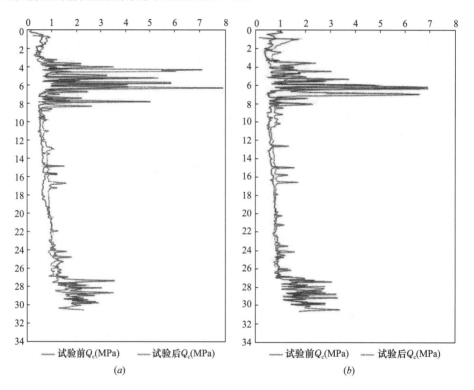

图 5.32　静力触探测试曲线
（a）JT2-2；（b）JT2-5

见图 5.32，从加固前后的 Q_c 数据可知：堆载预压的影响深度可达 20m，与塑料排水板深度相同，也与软土的分布深度相一致。20m 以上的土体强度增长明显，达到 20%～40%。

3. 十字板剪切试验

试验前后的十字板抗剪强度曲线对比图见图 5.33。

从加固前后的十字板强度数据可知：堆载预压的影响深度可达 20m。原地面 8m 以上的土层，十字板强度有较大幅度地提高，提高幅度达到 20%～40%，形成了强度较好的硬壳层。8.0m～14.0m 土层的十字板强度也有 15% 以上的增长。14.0m～20.0m 土层的强度增长为 5% 左右，20.0m 以下则基本无变化。

4. 平板载荷试验

试验后采用压重平台反力装置，1.0m² 的刚性载荷板对地表的地基承载力进行了测试。试验的复合地基按要求加载至最大试验荷载，各点的 q-s 曲线在整个加载过程中均出现第二拐点，s-$\lg t$ 曲线中的沉降曲线在加载至最大加载量时有明显向下的曲折现象。具体试验成果见表 5.5。从成果表可知，各点的地基极限承载力均达到了 270kPa。

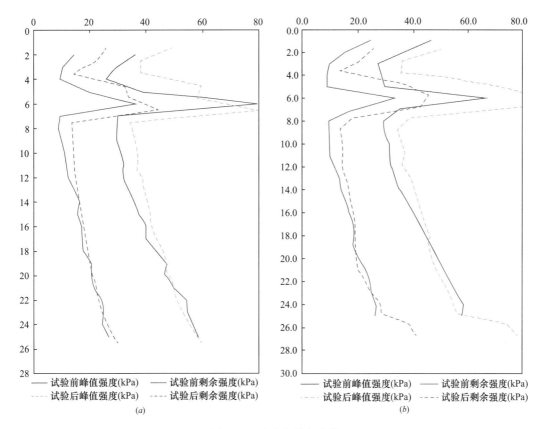

图 5.33　十字板剪切曲线

（*a*）ST2-3；（*b*）ST2-5

平板载荷试验成果表　　　　　　　　　　　　　　　　　表 5.5

序号	点号	最大沉降量（mm）	最大回弹量（mm）	回弹率（％）	最大加载量（kN）	极限承载力（kPa）
1	PT2-3	109.36	3.52	3.22	300	270
2	PT2-2	110.95	5.38	4.85	300	270
3	PT2-5	38.54	4.83	12.53	300	300

5.3.3　固结度和沉降计算

1. 固结度的计算

固结度的计算方法参见第 5.2.3 节所述。

根据双曲线法推算的曲线以及相应的固结度如图 5.34、图 5.35 所示。

计算对比结果见表 5.6 所示。

根据以上计算成果可知，T2 区通过四个月的堆载预压，平均固结度达到了 82％，满足了设计要求和试验目的。

2. 数值模拟

为了验证计算的适用性，采用 FLAC3D 数值分析软件根据场地条件建立三维数值分析模型，分别对变形、孔压的计算和实测值进行了对比。计算结果与实测数据的对比结果如下：

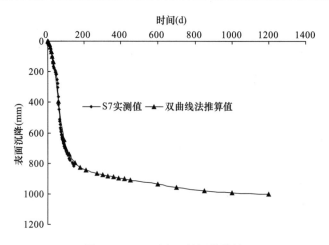

图 5.34 T2 区中心处沉降推算

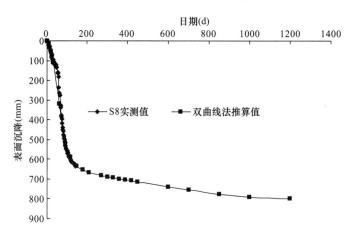

图 5.35 T2 区边缘处沉降推算曲线

最终沉降及固结度计算表   表 5.6

计算点	卸载时的实测沉降（mm）	推算的最终沉降（mm）	卸载时的固结度（%）
S7	817	997	81.9
S8	670	799	83.8

（1）表面沉降计算结果

计算的表面沉降曲线如图 5.36 和图 5.37 所示。结果显示：计算结果与实测值在趋势上是吻合的。

（2）分层沉降计算结果

图 5.38 为加固区中心处分层沉降图，从图中可以看到，趋势以及数值上，计算结果和观测值都比较吻合。

（3）孔压计算结果

图 5.39 为孔压的计算值和实测值比较图。

两者差异较大，主要原因如下：

① 实测孔压并不准确，与一般堆载预压的孔压变化不符；

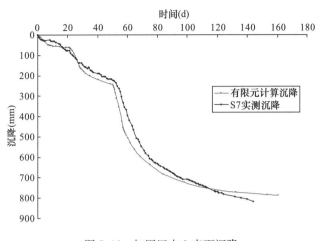

图 5.36 加固区中心表面沉降

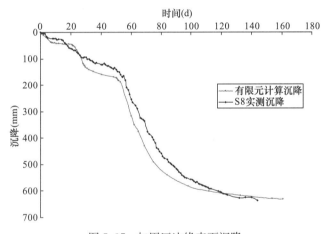

图 5.37 加固区边缘表面沉降

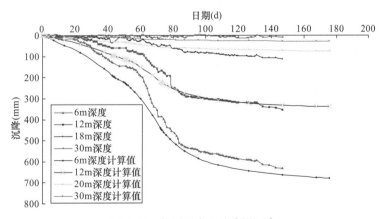

图 5.38 加固区中心处分层沉降

② 由于有限元计算模型是平面应变，将塑料排水板地基简化为均一的地基，因此不能准确地反映某一个确定点的孔压变化，但是有限元结果还是能够反映堆载过程中的一个孔压变化规律，即：堆载期孔压上升，间歇期孔压消散，堆载结束后，随着时间孔压逐渐消散至 0，不过本工程中孔压并未完全消散。

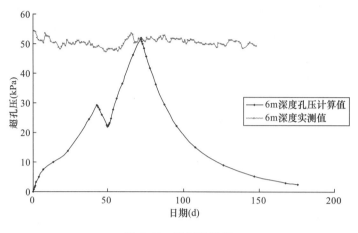

图 5.39　孔压比较图

图 5.40～图 5.43 是计算结束时的沉降等值线图。

从沉降等值线可以看出，加固区中心表面处的沉降最大，为 787mm，其规律和实际情况一致。堆载导致地基在 35m 深度范围内都有不同程度的沉降。

图 5.44～图 5.47 为计算的水平位移等值线图。

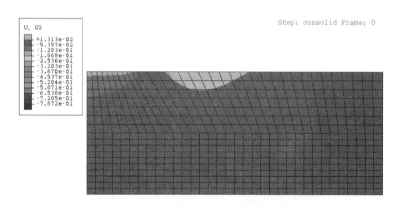

图 5.40　第二级荷载施加结束时的沉降等值线图

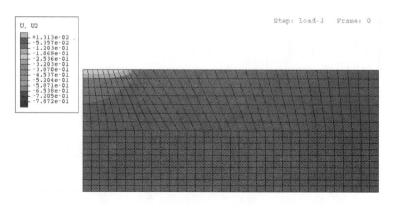

图 5.41　第三级荷载施加前的沉降等值线图

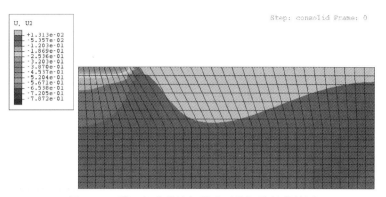

图 5.42　第三级荷载施加结束时的沉降等值线图

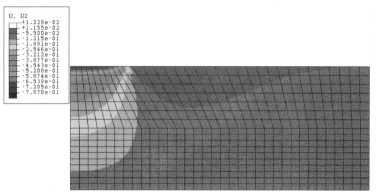

图 5.43　计算结束时的沉降等值线图

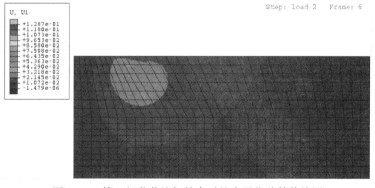

图 5.44　第二级荷载施加结束时的水平位移等值线图

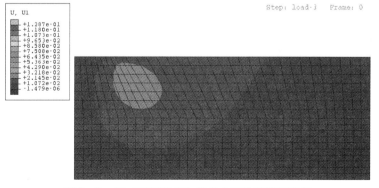

图 5.45　第三级荷载施加前的水平位移等值线图

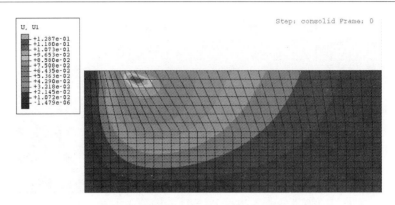

图 5.46　第三级荷载施加结束时的水平位移等值线图

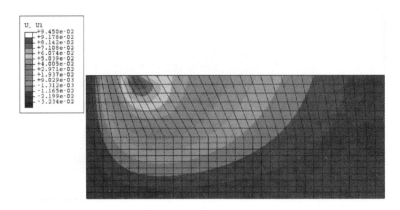

图 5.47　计算结束时的水平位移等值线图

从水平位移等值线可以看出，接近坡脚处的水平位移最大，总体上其规律和实际情况是一致的。从图中可以看出，水平位移受到影响的范围在水平方向达到坡脚外 50m，深度范围影响较大的达到 20m，受到影响的深度达 30m。最大水平位移发生在坡脚地表处，水平位移大小为 90mm，方向是向外挤出的。

图 5.48 为计算结束时的孔压等值线图，从图中可以看出，打设了排水板的区域孔压基本消散完毕，未打设排水板的区域则仍有较小的超孔压没有消散（约为 4kPa）。

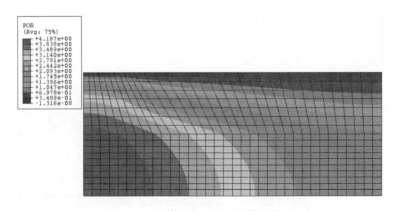

图 5.48　计算结束时的孔压等值线图

5.4　两种软基处理方法的综合指标评价

两种软基处理方法的综合指标评价见表 5.7。

两种地基处理方法综合指标评价表　　　　　　　表 5.7

处理方法	处理后沉降（mm）	施工工期	施工影响范围		地基承载力提高（加固前后）	环境污染情况	其他说明
			水平向	竖直向			
真空＋覆水预压（按抽真空 4 个月计算）	827	130d	加固区外20m	加固效果越接近地表，加固效果越好，相对的较深处加固效果较差	16m 以上的增长明显，达到 20%～60%，16m 以下增幅为 10%～20%	无弃土和地基稳定问题，质量比较容易控制，造价低，耗能少，材料省，无噪声，无污染	①荷载施加结束越早，则前期沉降越快，达到设计沉降的工期也就越短，真空预压具有快速加固的特点；②真空预压法的经济成本要小于填筑 6.5m 的堆载预压
堆载预压	817	150d	加固区外50m	如本工程中，堆载预压填筑高度 6.5m，加固深度可达 25m，加固效果均匀	20m 以上增长明显，达到 20%～40%	需要大量的运土车，有粉尘污染	

综上，排水固结法是处理软基的有效方法之一，可以解决地基的沉降和稳定性问题，而且造价较低。使用排水固结法时，由于排水体施工的扰动，软基的总沉降量得到增加。真空预压法对环境等的粉尘污染小，无弃土和地基稳定问题，较好地解决了一般堆载施工的缺陷，质量比较容易控制，造价低，耗能少，材料省，无噪声，无污染。

5.5　本章小结

通过分析项目地基特点，选取和项目地基相似的场地进行试验。用排水固结法中的真空预压和堆载预压进行现场和室内试验，并对这两种方法的加固机理和技术经济性进行对比评价。得出：

1. 利用设计的软基加固用真空预压结构，真空预压＋覆水试验的加固效果明显，其影响深度范围可达 24m，其中 16m 以上有较明显的变化。场地地表最终沉降量呈现中间略大、周围略小的特点。加固后土体的物理力学性质均有不同程度的提高。原地面 8m 以上的土层，十字板强度有较大幅度地提高；提高幅度达到 20%～60%。地基极限承载力达到了 275kPa。根据实测数据预估了未来的沉降及最终沉降量，通过三个月的真空＋覆水预压后平均固结度达到 85%。

2. 堆载预压地基的沉降特征与堆载施工工况密切相关，在堆载开始后的一段时间内，地表沉降相对显著，至卸载时，场地地表最终沉降量平均为 745mm。呈现中间略大、周围略小的特点。堆载预压影响深度可达 24m，其中 20m 以上有较明显的变化。加固后土体的物理力学性质均有不同程度的提高。原地面 8m 以上的土层，十字板强度有较大幅度的提高，提高幅度达到 20%～40%，地基极限承载力达到了 270kPa。根据实测数据预估了未来的沉降及最终沉降量，通过四个月的堆载预压，平均固结度达到了 82%。

第6章　强夯＋降水与冲击碾压＋降水现场试验分析

6.1　概述

强夯是指利用起重设备将夯锤起吊到一定高度，而后利用自动脱钩释放重锤使其自由落下，其动能对地基土施加很大的冲击能，在地基土中形成冲击波和动应力，提高地基的强度。降水强夯则是在场地首先布设降水井以降低地下水位；冲击碾压一般与振动压路机配合使用，冲击碾压压路机实力是同吨位静碾的 10 倍、压实效率是同吨位振动压的 3 倍～4 倍，影响深度是同吨位振动压的 3 倍～4 倍。两种软土地基加固方式，它们的施工工艺无论是在压实度和影响深度都相对较好，目前被广泛应用于地基深加固的施工中，但是由于两者的应用范围并不完全相同，其加固机理与排水固结法亦有显著差别，故而，本章对强夯＋降水与冲击碾压＋降水的现场试验结果进行分析，并对软基处理方法的综合指标进行评述。

6.2　强夯＋降水试验分析

6.2.1　现场试验监测结果分析

1. 孔隙水压力

在 T3-1 区和 T3-2 区各布置一个观测孔，分别为 U9 和 U10，布置在试验区内，距南北两端各 15m 左右、东西两端各 10m 处。每个观测孔竖向布置 4 个观测点，U9 孔观测点埋深分别为：1.6m、3m、5.5m、7.6m；U10 孔观测点埋深分别为：1.6m、2.8m、5.7m、8.4m。

监测频率：（1）每点每击均监测；（2）在降水期和休止期，6 个小时内，每 30min 观测一次；6 个～12 个小时，每 60min 监测一次；之后，每天监测一次。监测结果如图 6.1～图 6.4 所示。

图 6.1 为采用低能量强夯法施工过程中及施工后孔隙水压力变化曲线。可见：第 0d～2d 第一遍点夯，第 3d～5d 孔压消散；第 6d～7d 第二遍点夯，第 8d～13d 孔压消散；第 14d～15d 第三遍点夯，第 16d～22d 孔压消散；第 23d～24d 第四遍点夯，第 25d～31d 孔压消散；第 32d～35d 满夯。工期为 36d。

第一遍点夯，各测点孔压在夯击时均有小幅度增大，孔压 3d 消散 80％左右；第二遍点夯，各测点孔压在夯击时均有小幅度增大，埋深 5.7m 测点孔压增大幅度高于其他三个测点，孔压 6d 消散 80％左右；第三遍点夯，埋深 1.6m、3m 的两个测点孔压在夯击时小幅度增大，埋深 5.5m 测点孔压增大幅度较大，孔压 7d 消散 90％左右，埋深 7.6m 测点孔压在夯击时下降；第四遍点夯，埋深 7.6m 测点孔压在夯击时小幅度增大，其他三个测点孔压在夯击时均大幅度提高，并出现峰值，7d孔压消散90％左右；最后满夯，满夯第一天各测点孔压在夯击时均有小幅度增大，第2d～4d孔压在夯击时下降，满夯后第一天，各测点孔压均有小幅度提高，之后，孔压略有下降，逐渐趋于稳定。

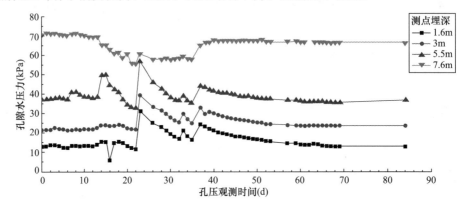

图6.1　采用低能量强夯法施工过程中及施工后孔隙水压力变化曲线

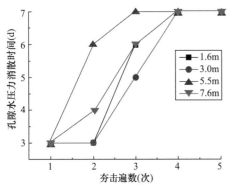

图6.2　强夯实验中不同深度下夯击遍数与孔隙水压力消散时间的关系

综上，在强夯冲击荷载作用下，随着深度的增加，孔隙水压力逐步增加；孔隙水压力随着深度的增加其耗散时间逐步增加；孔隙水压力消散时间随着深度的变化没有明确的关系（见图6.2）。

图6.3为采用低能量强夯结合真空井点降水法在施工过程中及施工后孔隙水压力变化曲线。

图6.3说明：第0d～6d第一次降水；第7d～8d第一遍点夯；第9d～19d第二次降水；第20d～21d第二遍点夯；第21d～25d孔压消散；第26d满夯。工期为27d。

孔压消散80％，深8.4m测点孔压消散50％；第一遍点夯，深8.4m测点孔压有小幅度提高，其他三个测点孔压提高幅度较大；第二次降水，各测点孔压6d消散90％；第二遍点夯，各测点在夯击时孔压均大幅度提高；满夯，各测点在夯击时孔压均有小幅度提高，满夯后，孔压略有下降，逐渐趋于稳定。

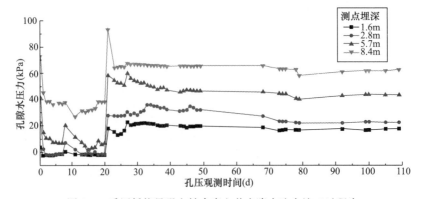

图6.3　采用低能量强夯结合真空井点降水法在施工过程中
及施工后孔隙水压力变化曲线

由两种施工工艺现场实测的孔隙水压力变化曲线可以得出以下结论：饱和软黏土含水率高、孔隙比大、渗透性差，在强夯动力作用下，超静孔隙水压力瞬间升高，且无法迅速消散，极易引发"橡皮土"现象。采用低能量强夯法，孔隙水压力消散较慢，一般 4d～5d 左右孔隙水压力消散 80％左右。低能量强夯结合真空井点降水法区别于传统强夯法的显著特点是：通过设置真空井点降水系统实现主动排水，加速强夯产生的超静孔压的消散和孔隙水的排出，一般 1d～2d 超静孔隙水压力可消散 90％左右，迅速提高了软黏土的固结速率，与单一的强夯法比较而言，施工周期可以缩短 25％。

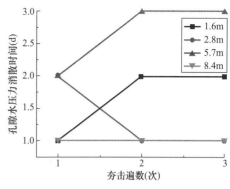

图 6.4　低能量强夯结合真空井点降水实验中不同深度下夯击遍数与孔隙水压力消散时间的关系

图 6.4 中所反映的规律与图 6.2 相似。

2. 土体分层沉降

在 T3-1 区和 T3-2 区各布置一个观测孔，分别为 C9 和 C10，布置在试验区内，距南北两端各 15m 左右、东西两端各 10m 处。每个观测孔竖向布置 4 个观测点，两个孔观测点埋深相同，分别为 2m，3m，5.5m，8m。

不同深度的监测结果如图 6.5 所示。

由图 6.5（a）和图 6.5（b）中埋深 2m、3m 的两个测点沉降观测结果可见：T3-1 区在夯击过程中，土层发生沉降并出现峰值，夯击结束后，由于夯击使孔隙水压力增大，土层沉降发生回弹。前三次夯击后沉降回弹幅度较大，第四遍夯击后沉降回弹幅度较小，满夯后沉降量在小范围内波动变化，逐渐趋于稳定。T3-2 区，第一次降水，土层沉降未发生明显改变；第一次点夯，在夯击过程中土层发生沉降，由于夯击后采用真空井点排水，沉降没有出现回弹现象，沉降量继续增大；第二次点夯和满夯，夯击过程中及夯后沉降量在小范围内波动变化，最后逐渐趋于稳定。

由图 6.5（c）和图 6.5（d）埋深 5.5m、8m 的沉降量观测可见：T3-1 区在夯击过程中，土层发生沉降。夯击结束后，由于夯击使孔隙水压力增大，土层沉降均有明显回弹，最后逐渐趋于稳定。T3-2 区在夯击过程中，土层发生沉降，夯后土层沉降呈波动性变化，最后逐渐趋于稳定。

综上，采用低能量强夯法，在强夯动力作用下，土层发生沉降，孔隙水压力瞬间升高，但孔隙水压力消散较慢，沉降发生回弹。采用低能量结合真空降水法，夯击过程中，土层发生沉降，夯击结束时，孔隙水压力升至最大值，之后孔隙水便开始向外排出，孔隙水压力迅速下降，土体随之产生固结，土层发生明显沉降。单一强夯法与强夯＋真空降水法比较而言，单一强夯法的分层与总沉降量均小于强夯＋真空降水法。

6.2.2　试验检测结果分析

1. 土层物理力学参数变化

将试验前后的各土层物理力学指标进行统计分析后见表 6.1、表 6.2。

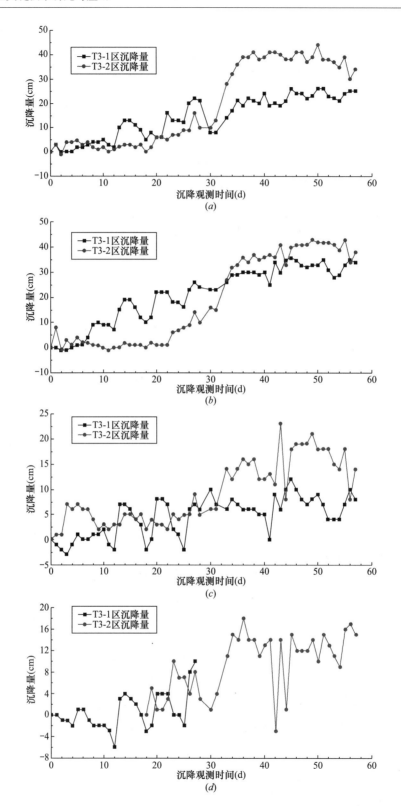

图 6.5　不同深度土体分层沉降曲线

(a) 深 2m 处；(b) 深 3m 处；(c) 深 5.5m 处；(d) 深 8m 处

表6.1

T3-1区土层物理力学参数表

层号	土层名称		含水量	重度	孔隙比	饱和度	黏聚力	内摩擦角	压缩模量	锥尖阻力	侧壁摩擦力	原状土(c_u)	重塑土(c_u)
②	粉质黏土	试验前	33.7	18.3	0.954	96	19	19.5	4.09	0.54	15.31	40.2	18
		试验后	30.9	18.3	0.892	95	22	20.5	4.87	0.83	20.09	40.2	19.1
		改善率	8.31%	0%	6.5%	1.04%	15.79%	5.13%	19.07%	53.7%	31.22%	0%	6.11%
③	淤泥质粉质黏土	试验前	41	17.5	1.158	97	11	16	2.98	0.66	7.79	33.2	11.4
		试验后	40.8	17.5	1.146	97	13	16.5	3.34	0.87	11.09	35.9	14.7
		改善率	0.49%	0%	1.04%	0%	18.18%	3.13%	12.08%	31.82%	42.36%	8.13%	28.95%
③t	粉质黏土	试验前	28.7	18.8	0.821	95	5	33	9.24	1.45	11.94	41.3	17.9
		试验后	26.3	18.8	0.776	91	5	33	9.26	1.73	15.15	55.4	28
		改善率	8.36%	0%	5.48%	4.21%	0%	0%	0.22%	19.31%	26.88%	34.14%	56.42%
④	淤泥质黏土	试验前	49.3	16.9	1.379	98	10	13	2.03	0.6	9.08	35.2	14.0
		试验后	48.3	16.8	1.371	97	12	13	2.05	0.9	11.17	36.5	14.5
		改善率	2.03%	0.59%	0.58%	1.02%	20%	0%	0.99%	50%	23.02%	3.69%	3.57%

表6.2

T3-2区土层物理力学参数表

层号	土层名称		含水量	重度	孔隙比	饱和度	黏聚力	内摩擦角	压缩模量	锥尖阻力	侧壁摩擦力	原状土(c_u)	重塑土(c_u)
②	粉质黏土	试验前	33.7	18.3	0.954	96	19	19	4.09	0.54	15.31	41.6	18
		试验后	31.7	18.3	0.918	94	21	19	4.54	0.69	20.41	47.1	18.9
		改善率	5.93%	0%	3.77%	2.08%	10.53%	0%	11%	27.78%	33.31%	13.22%	5%
③	淤泥质粉质黏土	试验前	41	17.5	1.158	97	11	16	2.98	0.63	7.75	33.2	11.4
		试验后	39.5	17.5	1.130	97	13	17.5	3.69	0.64	7.75	35.3	14.2
		改善率	3.66%	0%	2.42%	0%	18.18%	9.38%	23.83%	1.59%	0%	6.33%	24.56%
③t	粉质黏土	试验前	28.7	18.8	0.821	95	5	33.5	9.24	1.35	10.80	41.3	17.9
		试验后	28.6	18.6			5	33.5	11.18	1.35	10.85	42.9	19.6
		改善率	0.35%	1.06%			0%	0%	21%	0%	0.46%	3.87%	9.5%
④	淤泥质黏土	试验前	49.3	16.9	1.379	98	10	13.5	2.08	0.6	9.08	35.2	14
		试验后	47.7	16.9	1.351	97	13	14	2.29	0.73	8.44	34.2	13.4
		改善率	3.25%	0%	2.03%	1.02%	30%	3.7%	12.81%	21.67%	−7.06%	−2.84%	−4.29%

从表可知：T3-1 区的影响深度达到 15m，其中②、③层土加固效果较为明显，尤其是 c、E_s 等力学指标，都有 15％的提高。T3-2 区的影响深度达到 15m，其中②、③层土加固效果较为明显，尤其是 c、E_s 等力学指标，都有 10％的提高。

2. 静力触探

试验前后的静力触探曲线对比图见图 6.6。

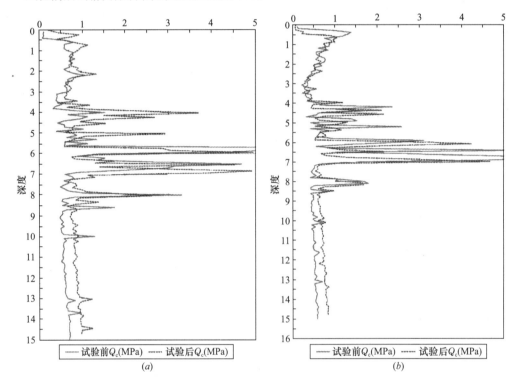

图 6.6　区静力触探测试曲线

(a) JT3-1；(b) JT3-2

T3-1 区采用强夯法对土层加固，第二层淤泥质粉质黏土强夯前后比贯入阻力和土承载力提高 25％，其他土强夯前后比贯入阻力和土承载力提高较低。T3-2 区采用强夯结合真空降水法对土层加固，淤泥质粉质黏土层、黏质粉土层强夯前后比贯入阻力和土承载力提高 15％～40％，加固效果显著。采用两种方法，土层的有效加固深度均为 8m 左右，但采用强夯＋真空降水法，对浅层土加固效果更为显著。

3. 十字板剪切试验

试验前后的十字板抗剪强度曲线对比图见图 6.7。

从图 6.7 可见，从加固前后的十字板强度数据可知：

T3-1 区 9m 以上强度增长达到 20％以上。T3-2 区 9m 以上强度增长达到 10％以上。9m 以下两区的强度均基本无变化。因此，采用强夯法和强夯＋真空降水法加固地基土，对于浅层土，强夯后较强夯前土体不排水抗剪强度有较大幅度提高，加固效果明显；而对深层土，强夯前后土体不排水抗剪强度基本没有改变，加固效果并不明显。

4. 平板荷载试验

试验后采用压重平台反力装置，用 1.0m² 的刚性载荷板对地表的地基承载力进行了测

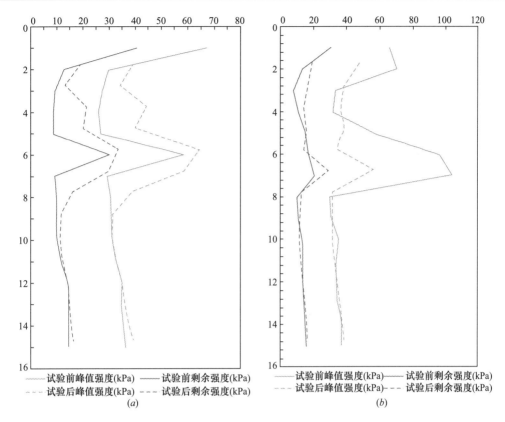

图 6.7　区十字板剪切曲线

(*a*) ST3-1；(*b*) ST3-2

试。试验的复合地基按要求加载至最大试验荷载，各点的 *q-s* 曲线在整个加载过程中均未出现第二拐点；*s*-lg*t* 曲线中各级荷载下的沉降曲线基本平行，无明显向下曲折现象。具体试验成果见表 6.3。从成果表可知，各点的地基极限承载力均不低于 330kPa。

平板载荷试验成果表　　　　　　　表 6.3

序号	点号	最大沉降量 (mm)	最大回弹量 (mm)	回弹率 (%)	最大加载量 (kN)	极限承载力 (kPa)
1	PT3-2	26.68	4.76	17.84	330	不低于 330
2	PT3-1	29.36	4.48	15.26	330	不低于 330

6.2.3　T3-1 区强夯法数值模拟

1. 模型介绍

采用 LS-DYNA 软件进行计算。

（1）模型尺寸

根据已知工程数据建立有限元模型，模型尺寸选择长×宽×高：30m×30m×12m。图 6.8 中左边半边为计算模拟区域，选择 10m 为土体模型计算深度。

（2）荷载作用区域

依照实际强夯的施工方案，采用梅花桩式布点，夯点间距 5m。夯锤直径为 2.5m，为了提高计算精度，夯锤直接夯击处进行网格加密。图 6.9 显示的为 1/4 计算有限元网格模型。整体模型单元 33030 个，节点 36564 个。模型周围按实际条件施加约束条件：底部边界约束其竖向和水平位移，侧面边界约束其水平位移。

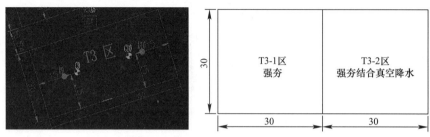

图 6.8　T3-1 施工区域（单位：m）

（3）荷载曲线

本研究将强夯产生的瞬态荷载简化成三角形荷载模型。根据具体施工方案可知：第 1 击能量 500kN·m，第 2 至 5 击能量 1000kN·m，第 6 至 9 击能量 1500kN·m。夯锤最大作用力 P_{max} = 2.6MPa，每个三角波形作用时间取 0.08s。应力荷载曲线简化为不连续的三角波形，如图 6.10 所示。

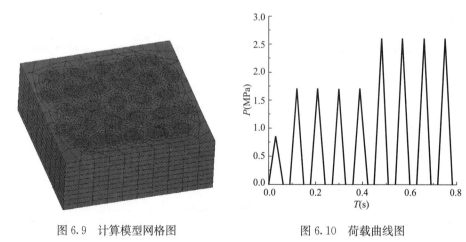

图 6.9　计算模型网格图　　　　　　图 6.10　荷载曲线图

2. 数值模拟夯击

用数值模拟夯击次序，次序图如图 6.11 所示。

3. 沉降分析

连续多点夯击与单点夯击不一样，相邻的夯点的作用区域重叠而产生加强作用，所以选取剖面上连续的 5 个夯点作为分析点。

对所取 5 个夯点连续 9 次夯击并输出其每次夯击后夯点的沉降量。

连续 9 次夯击，每次夯击后各夯点沉降量值，绘制相邻 5 个夯击点的累积沉降曲线如图 6.12 所示。

由图 6.12 可见，相邻 5 个夯击点连续 9 次夯击累计沉降曲线可以得出以下结论：在前几次夯击后，夯点沉降量明显增加，随着夯击次数的增加，夯点沉降量增加幅度减小，最后夯点沉降量逐渐趋于稳定，不再发生明显变化。采用数值模拟夯点沉降，与实际测量的夯点沉降相吻合。

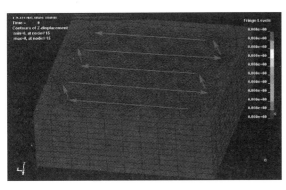

图 6.11　夯击次序图

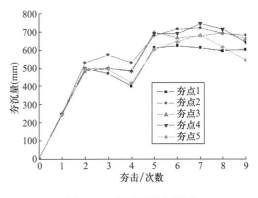

图 6.12　累计沉降曲线图

4. 单点夯击沉降隆起曲线的分析

选取夯击区域中心位置（图 6.13 中红圈标注位置）作为分析点。

根据输出沉降量数据绘制沉降隆起曲线，与实际测量的夯沉隆起曲线进行比较分析，沉降隆起曲线模拟图如图 6.14 所示，实测图如图 6.15 所示。

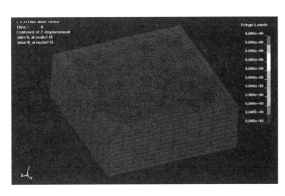

图 6.13　夯点选取位置

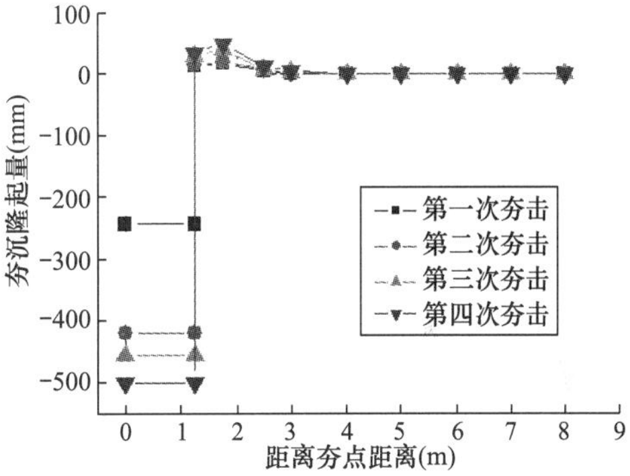

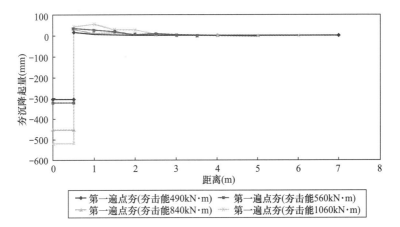

图 6.14　模拟夯沉隆起曲线图

图 6.15　实测夯沉隆起曲线图

由数值模拟结果截图和输出数据曲线可以看出，前 4 次夯击的夯沉量分别为−242mm、−418mm、−455mm 和−499mm，夯沉量主要为前两次夯击形成。夯坑附近土体隆起的主要范围是在夯坑附近 2m 范围内，隆起值是随着夯击次数的增长而增长，土体隆起的最大值为 52mm，距离夯锤锤边 1.45m 处。与实际夯沉曲线图前 4 次夯击的沉降量 −300mm、−320mm、−460mm、−520mm 相比较，数值模拟的土体的沉降变形趋势与实际相符合，数值模拟的沉降结果是合理可信的。

5. 有效加固范围分析

为了研究强夯对土体的加固范围，结果中输出每击后土体中的塑性应变区域，讨论强夯每击后的加固效果和影响范围的变化，塑性应变区域图如图 6.16 所示。

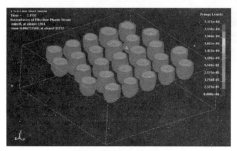
第1遍夯击后塑性应变区

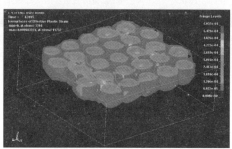
第2遍夯击后塑性应变区

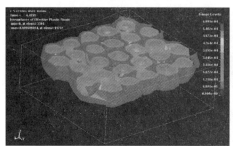
第3遍夯击后塑性应变区

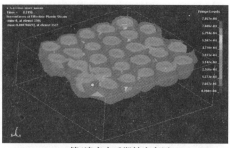
第4遍夯击后塑性应变区

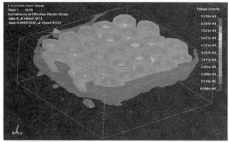
第5遍夯击后塑性应变区

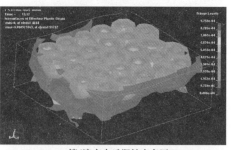
第6遍夯击后塑性应变区

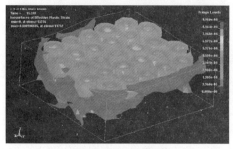
第7遍夯击后塑性应变区

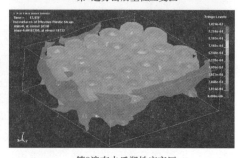
第8遍夯击后塑性应变区

图 6.16 塑性应变区图（一）

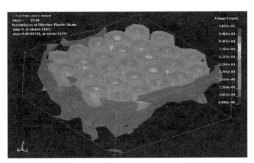

第9遍夯击后塑性应变区

图 6.16　塑性应变区图（二）

从图 6.16 中可以看出：

第 1 击采用的能量为 500kN·m，影响的范围主要为夯锤作用面范围下 3.5m 范围内的土体，影响区域呈半椭球形。

第 2 至 5 击采用夯能为 1000kN·m，夯能增大以后，夯击作用影响范围明显增大，原来不连续的椭球作用区域在第二击以后连接成为一个整体，整体作用范围在每一击后都得到了扩大和互相叠加增强，同时在垂直方向增大了影响深度。在第 5 击过后，塑性影响区域达到地表下 6.3m 范围。

第 6 至 9 击采用的夯能为 1500kN·m，在增大夯能以后，土体的加固范围明显增加，并随着夯击次数增加稳定增长，从第 6 击的 7.0m，增长到第 9 击的 8.5m。

采用有限元法模拟强夯施工得到的有效加固范围与实际静力触探测量得到的有效加固范围相吻合，浅部地基的加固效果较明显，最大影响深度可达 8.0m 左右。

6.3　冲击碾压＋降水试验分析

6.3.1　现场试验监测结果分析

监测点布置：本区布置 2 孔（U11 和 U12），均在试验区内，距南北两端各 25m、东西两端各 10m 处。U11 探头埋置深度为 1.7m、4.2m、6.3m，U12 探头埋置深度为 1.8m、3.8m，6.5m。T4 区孔隙水压力观测孔布置简图如图 6.17 所示。

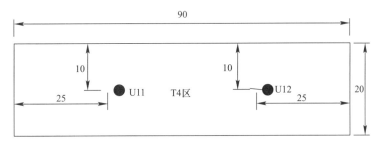

图 6.17　T4 区孔隙水压力观测孔布置简图（单位：m）

孔隙水压力监测结果如图 6.18 和图 6.19 所示。

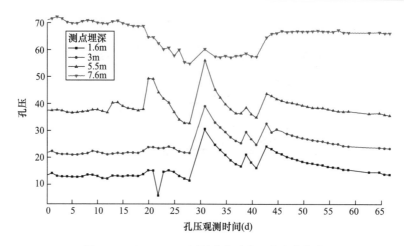

图 6.18　T3-1 区 U9 测量孔孔隙水压力变化曲线

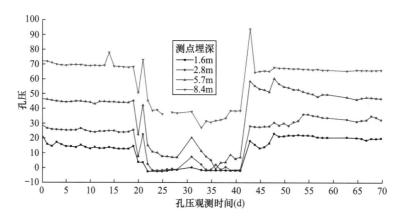

图 6.19　T3-2 区 U10 测量孔孔隙水压力变化曲线

从图 6.18 中可以看出，孔隙水压力随着时间的变化有着显著的变化，根据孔压力的变化将上图分成了 7 个区。A 区，距时间原点（2008.11.26）0d～6d，不同深度土层中的孔压变化不大；B 区，6d～7d，各深度土层中的孔压有小幅度的增加（第一遍点夯，夯击能 1000kN·m）；C 区，7d～20d，孔压没有明显的变化，但 12～13d 孔压有小幅度增加，这是由于 T-1 区施工造成的；D 区，20d，孔压上升（第二遍点夯，夯击能 1500kN·m），并且孔压上升幅度较第一遍点夯大，这孔压的上升幅度与夯击能有关，随着夯击能的增大孔压的上升幅度越大；D 区，21d～28d 孔压有逐渐降低的趋势；E 区，28d～31d，孔压急剧增加，当孔压下降到一定值时孔压下降趋势变缓直至不再有明显变化；F 区，31d～67d，31d～38d 时孔压下降较快，38d～43d 时孔压有较大变化，这是受 T3-1 区施工影响（T3-1 区满夯施工），44d～67d 孔压逐渐变小至正常孔压水平。

从图 6.19 中可以看出，孔隙水压力随着时间的变化有着显著的变化，根据孔压力的变化将上图分成了 7 个区。A 区，距时间原点（2008.11.26）0d～6d，不同深度土层中的孔压变化不大；B 区，6d～8d，各深度土层中的孔压有小幅度的增加（第一遍点夯，夯击能 500kN·m）；C 区，8d～20d，孔压变化基本平稳，其中 12d～13d 孔压有小幅度增加（第二遍点夯，夯击能 1000kN·m）；D 区，20d～21d，孔压上升（第三遍点夯，夯击能

1500kN·m），并且孔压上升幅度较前两遍点夯大；E区，21d～29d孔压有逐渐降低的趋势；E区，29d～31d（第四遍点夯），孔压急剧增加，当孔压下降到一定值时孔压下降趋势变缓直至不再有明显变化；F区，32d～41d，孔压下降；G区，39d～41d时孔压急剧上升（满夯施工）；H区，42d～67d孔压逐渐变小至正常孔压水平。

图6.20、图6.21分别为U11、U12测量孔施工期过程中体内孔隙水压力变化曲线。

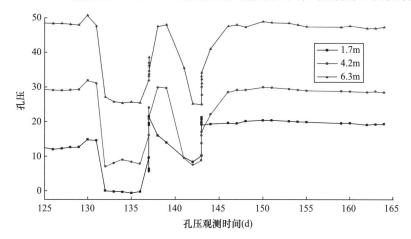

图6.20 施工期过程中体内孔隙水压力变化曲线（T4区U11测量孔）

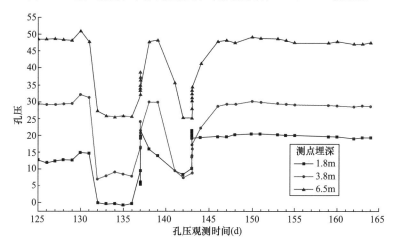

图6.21 施工期过程中体内孔隙水压力变化曲线（T4区U12测量孔）

从图6.20和图6.21中可以看出，孔隙水压力随着时间的变化有着显著的变化，根据孔压力的变化将上图分成了7个区。A区，距时间原点（2008.11.26）125d～129d，不同深度土层中的孔压变化不大；B区，130d～131d，各深度土层中的孔压有小幅度的增加；C区，131d～138d，孔压急剧降低，并逐步趋近一个常值；D区，138d～139d孔压急剧增大；E区，139d～143d，孔压急剧下降，当孔压下降到一定值时孔压下降趋势变缓直至不再有明显变化；F区，143d～150d，143d～147d时孔压急剧增大，147d～150d时孔压增加变得较缓和；G区，150d至今，孔压逐渐趋近于正常值。

综上，A区的孔隙水压力是在正常没有施工扰动条件下的孔隙水压力；B区孔隙水压力有小幅度的起伏可能是受施工机械进场时的振动所影响；C区为第一次降水区，孔隙水压力的急剧减小是因为利用真空泵对 T4 区进行降水，埋深 1.8m 的测点孔隙水压力降低到 0 附近，这说明降水过程的影响范围在 1.8m 以下，埋深 3.8m 测点比埋深为 6.5m 测点的孔压变化幅度稍大；D 区为第一遍冲碾期，冲碾引起的低频压缩波迅速向土体深部传播，引起孔隙水压力迅速提高；E 区为第二次降水期，在井点降水作用下土体内的孔隙水及弱结合水迅速排出，孔隙水压力迅速消散，表现为 E 区孔压急剧下降；F 区为第二遍冲碾期，从图中可以发现第二遍冲碾期的孔压上升幅度比第一遍碾压期的孔压上升幅度要大，这也说明孔压随冲碾次数的增多上升速率变慢；G 区为休止期，在这一时期由于施工期降水的停止，地下水回升，造成孔压增大。

6.3.2 试验检测结果分析

1. 土层物理力学参数变化

将试验前后的各土层物理力学指标进行统计分析后见表 6.4。

从加固前后的物理力学参数可知，除个别指标外，T4 区的物理力学指标无明显变化。

2. 静力触探

试验前后的静力触探曲线对比图见图 6.22。从加固前后的曲线对比可知，前后曲线基本重合，说明加固效果不明显。

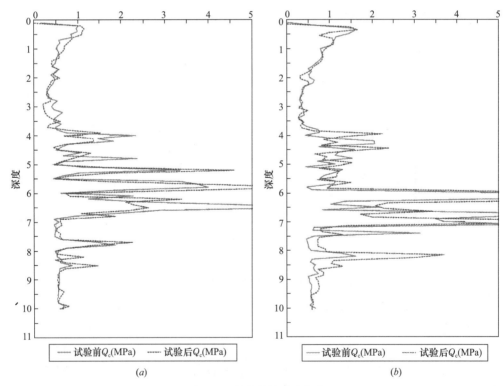

图 6.22 静力触探测试曲线

(a) JT4-1；(b) JT4-2

3. 十字板剪切试验

试验前后的十字板抗剪强度曲线对比图见图 6.23。从加固前后的十字板强度数据可知，10m 以内强度均有所增长，其中 4m 以上效果较好，增长幅度在 20% 以上。

T4区土层物理力学参数表

表6.4

层号	土层名称		含水量	重度	孔隙比	饱和度	黏聚力	内摩擦角	压缩模量	锥尖阻力	侧壁摩擦力	原状土(c_u)	重塑土(c_u)
②	粉质黏土	试验前	34	18.3	0.962	97	20	18.5	4.23	0.54	14.82	41.6	18
		试验后	33.7	18.2	0.960	95	20	21	4.47	0.58	14.83	41.8	22
		改善率	0.88%	0.55%	0.21%	2.06%	0%	13.51%	5.67%	7.41%	0.07%	0.48%	22.22%
③	淤泥质粉质黏土	试验前	41.8	17.5	1.163	98	12	18.5	3.26	0.62	7.02	33.2	11.4
		试验后	40.7	17.5	1.144	97	14	18.5	3.26	0.63	7.12	48.2	23.7
		改善率	2.63%	0%	1.63%	1.02%	16.67%	0%	0%	1.61%	1.42%	45.18%	107.89%
③t	粉质黏土	试验前	29.2	18.6	0.845	93	6	31.5	7.55	1.45	11.94	41.3	17.9
		试验后	27.9	18.6	0.818	92	7	31.6	9.15	2.25	19.98	48.2	23.7
		改善率	4.45%	0%	3.2%	1.08%	16.67%	0.32%	21.19%	55.17%	67.3%	16.7%	32.4%
④	淤泥质黏土	试验前	49.6	16.8	1.401	97	11	11.5	2.1	0.6	8.03	35.2	14
		试验后	46.7	16.8	1.311	97	13	13	2.39	0.6	8.07	35.1	14.1
		改善率	5.85%	0%	6.42%	0%	18.18%	13%	13.81%	0%	0.5%	−0.28%	0.71%

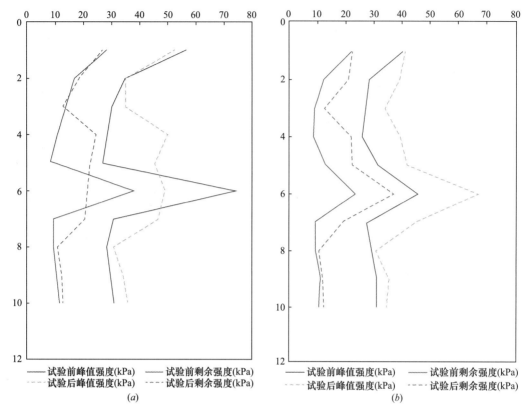

图 6.23 十字板剪切曲线

(*a*) JT4-1；(*b*) JT4-2

4. 平板载荷试验

试验后采用压重平台反力装置，用 $1.0m^2$ 的刚性载荷板对地表的地基承载力进行了测试。试验的复合地基按要求加载至最大试验荷载，各点的 q-s 曲线在整个加载过程中均出现第二拐点，s-$\lg t$ 曲线中的沉降曲线在加载至最大加载量时有明显向下的曲折现象。具体试验成果见表 6.5。从成果表可知，两点的地基极限承载力分别达到了 160kPa 和 200kPa。

T4 区平板载荷试验成果表　　　　　　　　　　　　　　　　　表 6.5

序号	点号	最大沉降量(mm)	最大回弹量(mm)	回弹率(%)	最大加载量(kN)	极限承载力(kPa)
1	PT4-2	107.8	8.95	8.30	220	200
2	PT4-1	104.19	7.86	7.54	180	160

6.3.3　T4 区冲击碾压法数值模拟

1. 数值模拟模型建立

采用 LY-DYNA 数值分析软件建立模型，为了便于网格划分和模拟计算，选取的计算范围为 24m×12m×5m（长×宽×高），并在图中标出碾压施工顺序。整体模型单元 92160 个，节点 99813 个。模型周围按实际条件施加约束条件：底部边界约束其竖向和水平位移，侧面边界约束其水平位移。碾压步骤如图 6.24 中所示，碾压无重叠范围。

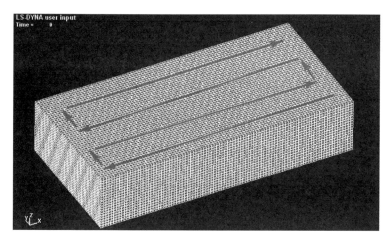

图 6.24   碾压步骤示意图

2. 荷载作用曲线

本文将碾压产生的瞬态荷载简化成恒荷载模型。根据实际冲击轮转动情况计算可知：每转动一周，荷载作用 3 个周期。由压路机重心参数可得冲击轮周长约为 6m，再由冲击轮工作质量 16000kg 和冲击能量 32kJ 计算可得冲击轮碾压一周的荷载曲线如图 6.25 所示。

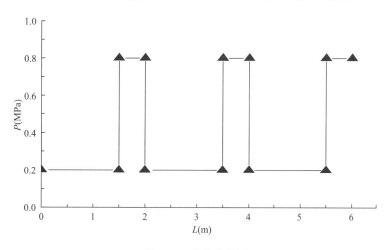

图 6.25   荷载曲线图

3. 数值模拟结果及分析比较

（1）塑性区域

图 6.26 为不同时刻场地在碾压作用下的塑性区域范围，其深度大约为 1.4m。参考有关文献得知 YCT32 型冲击压路机在行驶速度 12km/h 下，冲击压路机的参考压实深度见表 6.6。根据场地类别分析本场地介于一般填土（2.0m）和砂土（1.0m）之间，对比数值模拟结果的 1.4m，其是符合实际的。

（2）有效应力

图 6.27 显示的是在一个碾压循环（冲击轮旋转一周）中场地受压后的有效应力分布云图。

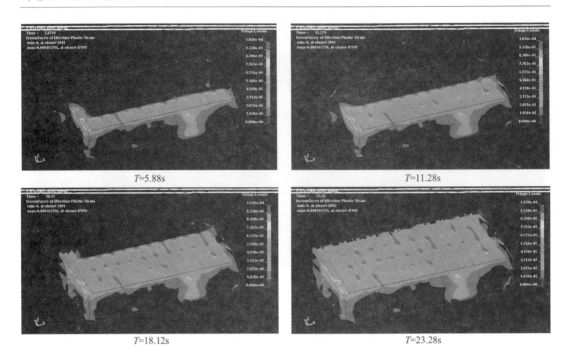

图 6.26　不同时刻塑性区域范围分布图

不同土质压实深度　　　　　　　　　　　　　　　　表 6.6

土壤类别	压实深度（m）	土壤类别	压实深度（m）
挖填土	2.5	黏性土	0.7
一般填土	2.0	煤矸石	0.5
砂土	1.0	铝矾土黏土，泥砂	0.3

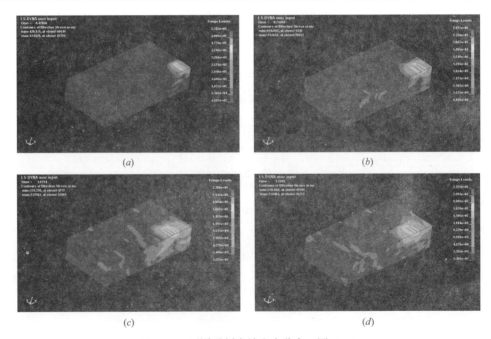

图 6.27　不同时刻有效应力分布云图（一）

(*a*) T=0.48s；(*b*) T=0.72s；(*c*) T=1.08s；(*d*) T=1.20s；

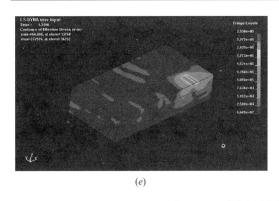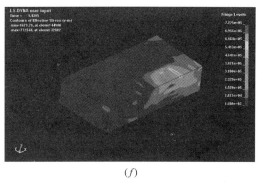

(e)　　　　　　　　　　　　　　　(f)

图 6.27　不同时刻有效应力分布云图（二）
(e) T=1.32s；(f) T=1.44s

　　图 6.27（a）可以看出冲击轮与土壤接触面有效应力最大，应力并向周围传递。此时冲击轮的滚动角与地面接触，接触作用面最小，这时候可以看成"冲击"。随着冲击轮的向前滚动冲压，土壤被冲击轮挤压开来，此时冲击轮的冲击面与土壤相接触，接触面增大，这时候可以看成"碾压"。

　　图 6.27（b）～（f）中可以很明显的看到冲击轮前后被挤压的土壤受到有效应力增大。从以上有效应力云图可以看出，冲击轮对场地的应力作用范围在 4m 左右。参考对比相关资料（冲击压实技术应用于四川攀田高速公路项目路基补强试验报告）中冲击压路机的压实影响深度，如图 6.28 所示。

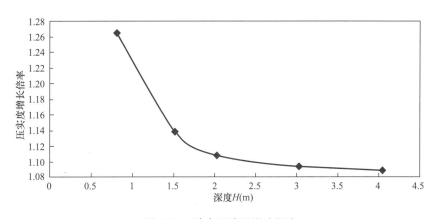

图 6.28　冲击压路机影响深度

　　综上，数值模拟结果与实际结果相符合，碾压的有效影响深度能达到 4m 左右。

6.4　两种软基处理方法的综合指标评价

　　几种软基处理方法的综合指标评价参见表 6.7。

两种处理方法综合指标评价表   表 6.7

处理方法	处理后沉降（mm）	施工工期	施工影响范围		地基承载力提高（加固前后）	环境污染情况	
			水平向	竖直向			
强夯＋降水法	地表沉降2m深沉降500mm	110d	加固区20m以内	处理深度6m～8m	9m以上效果较好，增加幅度在17%～25%，以下不明显	噪声、粉尘污染	其他说明
冲击碾压＋降水法		70d	无	处理深度3m～4m	4m以上效果较好，增长幅度在20%以上，以下不明显	需要碾压机械，有粉尘污染	

6.5 本章小结

通过分析项目地基特点，选取和项目地基相似的场地进行试验。得出：

（1）在强夯冲击荷载加固后土体的物理力学性质均有不同程度的提高，影响深度达到15m，各点的地基极限承载力均不低于330kPa。与单一的强夯法比较而言，施工周期可以缩短25%，总沉降量更大。采用强夯法和强夯结合真空降水法加固地基土，对于浅层土，强夯后较强夯前土体不排水抗剪强度有较大幅度提高，加固效果明显；而对深层土，强夯前后土体不排水抗剪强度基本没有改变，加固效果并不明显。

（2）冲碾造成的瞬时孔隙水压力逐渐增大，但当冲碾到一定遍数之后瞬时孔隙水压力不再增大。加固前后的物理力学指标无明显变化，加固效果不明显。从加固前后的十字板强度数据可知，10m以内强度均有所增长，其中4m以上效果较好，增长幅度在20%以上，地基极限承载力分别达到了160kPa和200kPa。

第7章 不同地基处理方式的环境影响及技术经济评价

7.1 概述

目前，不同地基处理方式对周围建筑物及环境的影响研究很少，各种处理方式的环境影响程度还不十分清楚。而这在软基加固设计及施工时都必须仔细分析，认真研究，以避免工程事故，减少损失。因此，研究真空预压对周围环境的影响具有重要的工程价值。另一方面，经济合理的地基处理方式是大面积场地形成的一个尤为关键的问题。不同处理方案具有不同的处理效果和经济费用，如何正确选择技术可靠、经济合理、安全适用的场地形成地基处理方案亦具有重要的理论和现实意义。本章选择川沙 A-1 地块开展试验性施工，对不同地基处理方式的环境影响及技术经济作出评价。

7.2 场地工程地质概况

川沙 A-1 地块范围内地层为第四纪全新世至上更新世长江三角洲滨海平原型沉积土层，主要由黏性土、粉性土及砂土组成。按地层沉积时代、成因类型及其物理力学性质指标的差异，场地土层自上而下可分：

① 素填土，场地地表一般分布有厚度为 0.5m～1.5m 左右的填土，局部地表为以建筑垃圾为主的杂填土，其下部为素填土；

场地浅部填土以下沉积有俗称"硬壳层"的第②层褐黄—灰黄色粉质黏土；

第③层灰色淤泥质粉质黏土、第③夹层灰色黏质粉土夹淤泥质粉质黏土及第④层灰色淤泥质黏土；

第⑤层灰色黏性土埋深约 16.5m～19.0m，根据土性差异从上往下可分为：第⑤$_1$ 层灰色黏土、第⑤$_3$ 层灰色粉质黏土及第⑤$_4$ 层灰绿色粉质黏土，其中第⑤$_3$、⑤$_4$ 层分布于古河道沉积区且厚度及层面起伏较大；

场地东部正常沉积区第⑥层暗绿—草黄色粉质黏土层顶埋深约 24.5m～27.6m；

第⑦层草黄—灰色粉（砂）性土层顶埋深约 26.8m～30.3m；场地西部受古河道切割缺失第⑥层土，第⑦层粉（砂）性土层顶起伏大，层顶埋深约 30.0m～51.0m。

从物理力学性质指标看，③和④层含水量高，渗透性差，压缩性高，强度低，且层厚较厚，是软土地区典型的软弱土层，完成固结需要的时间长。从变形特性和力学特性上分析，③和④层是真空预压需要处理的主要土层；其中第③层淤泥质粉质黏土中夹黏质粉土层，该夹层透水性好，进行真空预压时应设置有效的闭气措施，因此密封墙搅拌桩深度应穿透该夹层，以保证能够真空预压的处理效果；第④层淤泥质黏土的强度在浅部土层中最低，压缩性最高，且厚度较大，埋深较深（层底达 16m 左右），因此排水板穿透此层时，可加速该层的固结，真空预压的效果能够得到明显提升。根据大量工程经验，上海地区③和④层淤泥质土的抗剪强度低，稳定性差，并具有较高灵敏度，因此打设塑料排水板可能造成扰动，从而产生沉降和造成土的强度降低。第⑤层相对于上覆土层而言，强度较大，埋深较深，真空预压在此层中的影响已较小。

7.3 对周围环境变形的影响评价

7.3.1 加固区外土体位移规律的现场监测数据分析

1. 地块监测内容

试验性施工中对川沙 A-1 地块进行了预压加固，施工过程中由于工期紧张，部分地块在真空预压的同时铺设了三条雨污水管线进行交叉施工。三条主要管线距离密封墙的距离分别为 16m、20m、34m。为了研究真空预压对周围环境的影响，对 18 号地块加固区外进行了监测试验。地块的监测布置如下：

（1）沉降监测：垂直密封墙布设 2 排监沉降断面，每个断面 5 个测点，测点距离密封墙的距离分别为 1m、6m、16m、20m、34m，编号为 D1～D10。每个测点分别测试 4 个不同深度的沉降，具体深度见图 7.1，不同深度分别代表地表、管线顶、管线底、10m 处。编号规则如下，如 D1 处由浅到深四个点编号分别为 D1-1、D1-2、D1-3、D1-4，以此类推，对于地表以下沉降采用钻孔法埋设深层沉降标进行测试。

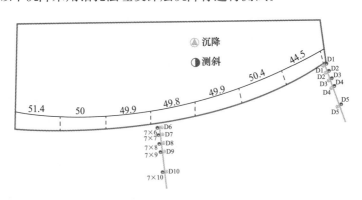

图 7.1 18 号场地外监测点平面布置图（单位：m）

（2）土体深层侧向位移观测：垂直密封墙布设 2 排测斜孔，监测点距离密封墙的距离分别为 1m、6m、16m、20m、34m，编号为 CX1～CX10，具体位置见图 7.2。埋设深度为 20m，采用钻孔法埋设。

2. 加固区外土体沉降分析

在 18 号试验区加固区外共布设 2 个地表沉降断面，其中距离密封墙 16m、20m、34m，

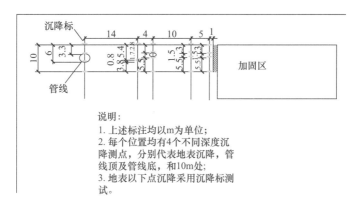

图 7.2 18 号场地外监测点剖面布置图

深度 3m～5m 为今后的绝大部分管线的位置，为了表述方便，下面对这部分位置简称主要管线位置处，同时部分管线今后会进入场地，故在距离密封墙 1m 和 6m 处也可能分布有管线，为了表述方便，下面对这部分位置简称邻近加固区管线位置处。18 号场地 4 月 28 日开始测试初值，6 月 7 日停止抽真空，停泵前共测试 38 次。下面将离密封墙不同的距离和不同土体深度的土体停止抽真空前最后一次沉降汇总如图 7.3 所示，邻近加固区管线土体沉降及加固区内土体沉降时程曲线见图 7.4。

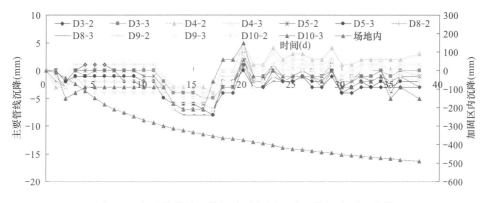

图 7.3 主要管线处土体沉降及加固区内土体沉降时程曲线

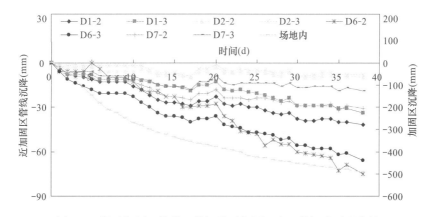

图 7.4 邻近加固区管线土体沉降及加固区内土体沉降时程曲线

通过图 7.3 可见：

（1）真空预压对距密封墙 16m 以外土体的影响均在 10mm 以内；

（2）随着抽真空时间增长，加固区内土体沉降不断增加，但是加固区外的土体沉降没有增加的趋势，不是一直随着加固区内土体沉降增大而增大。

通过图 7.4 可见：

（1）真空预压对邻近场地位置管线附近土体的影响较大，最大值达到 75mm；

（2）随着抽真空时间增长，加固区内土体沉降不断增加，加固区外 6m 范围内的土体沉降随之增加。

3. 加固区外土体水平位移分析

18 号场地 4 月 28 日开始测试初值，6 月 7 日停止抽真空。总体来说，TX3 处受到施工的干扰水平位移为 -10.93mm 超过了 10mm，其余点的水平位移最大为 8.22mm，可以看出真空预压对主要管线位置附近土体的影响均在 10mm 以内（TX3 受到一定的施工影响）。为了分析真空预压对周围土体深层水平位移的影响，绘制了水平位移随深度的曲线，见图 7.5、图 7.6。从图可见：

（1）真空预压对邻近加固区位置管线附近土体的影响较大，水平位移最大值达到 -115mm；

（2）随着抽真空时间增长，加固区内土体水平位移不断增加，加固区外 6m 范围内的土体水平位移随之增加。

（3）真空预压对 16m 范围的以外的土体的水平位移方面的影响，从深处到浅部是逐渐增加的，基本线性增加（除了个别测斜孔浅部受外界干扰）；

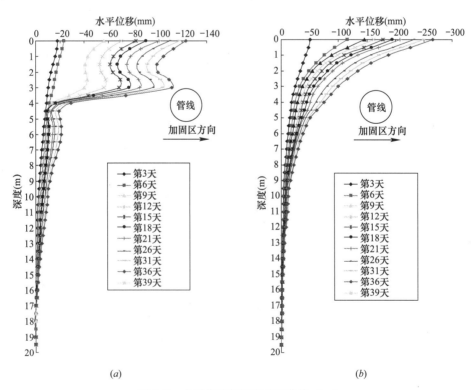

(a) (b)

图 7.5 水平位移与深度关系曲线（一）

(a) TX1（离密封墙 1m）；(b) TX6（离密封墙 1m）

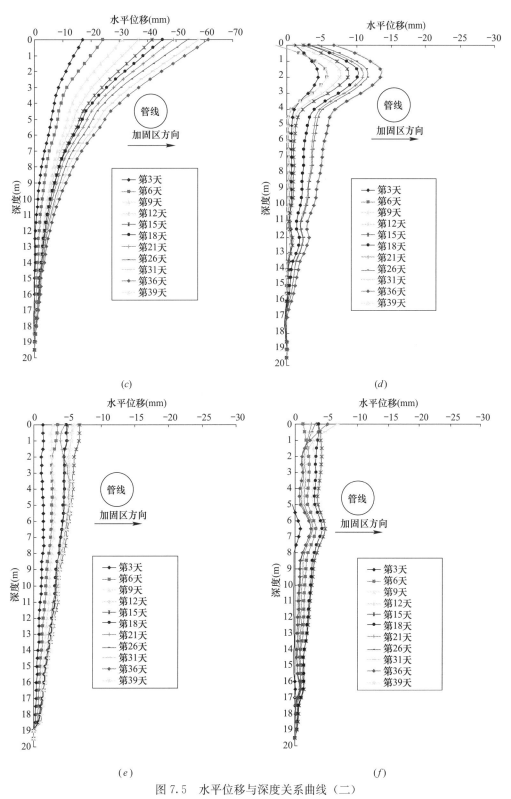

图 7.5　水平位移与深度关系曲线（二）

(c) TX7（离密封墙 6m）；(d) TX3（离密封墙 16m）；

(e) TX8（离密封墙 16m）；(f) TX4（离密封墙 20m）

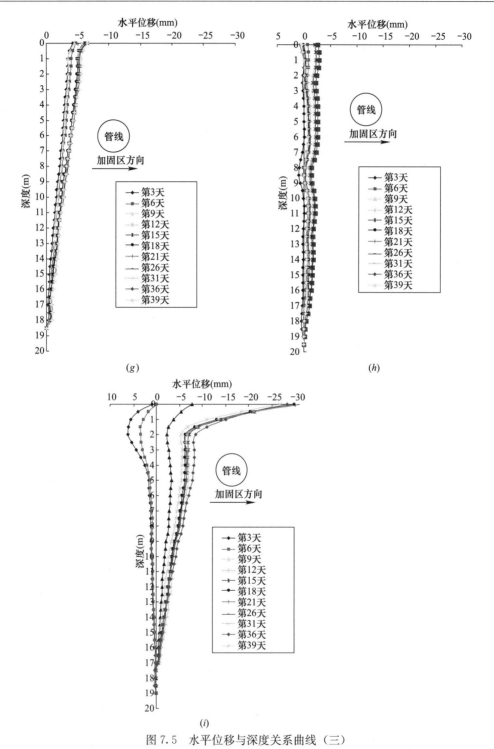

图 7.5　水平位移与深度关系曲线（三）

（g）TX9（离密封墙 20m）；（h）TX5（离密封墙 34m）；（i）TX10（离密封墙 34m）

（4）TX3 和 TX10 这两个测斜孔附近在测试期间受地面施工的影响，从曲线图中可以看出地面施工主要影响 4m 以上的范围，对管线有一定的影响。今后施工时应注意对管线的影响；

（5）随着抽真空时间增长，加固区内土体沉降不断增加，加固区 16m 外的主要管线处土体水平位移刚开始有一定增加，但抽真空 15d 后，加固区内土体继续沉降，但是主要管线处土体水平位移基本维持不变。

7.3.2　对周围环境变形影响的数值模拟分析

1. 数值分析本构模型

数值计算采用软件为 Z-soil，以弹性模型的本构关系进行分析，该模型基于广义胡克定律的线弹性理论，该理论形式简单，参数较少，物理意义明确，而且在工程界有着广泛深厚的基础，广泛应用于许多工程领域中。

在弹性模型中，只需要两个材料常数即可描述其应力应变关系，即 E 和 v，其应力应变关系可表示为：

$$\left.\begin{aligned}
\varepsilon_x &= \frac{1}{E}\left[\sigma_x - v(\sigma_y + \sigma_z)\right] \\[4pt]
\varepsilon_y &= \frac{1}{E}\left[\sigma_y - v(\sigma_x + \sigma_z)\right] \\[4pt]
\varepsilon_z &= \frac{1}{E}\left[\sigma_z - v(\sigma_x + \sigma_y)\right] \\[4pt]
\gamma_{xy} &= \frac{2(1+v)}{E}\tau_{xy} \\[4pt]
\gamma_{yz} &= \frac{2(1+v)}{E}\tau_{yz} \\[4pt]
\gamma_{zx} &= \frac{2(1+v)}{E}\tau_{zx}
\end{aligned}\right\}$$

(7.1)

将固结理论与弹性本构模型进行耦合，即得到建立在弹性理论基础上的 Biot 固结方程，加之适当的边界条件，即可进行数值解析。

2. 模型的空间布置

根据真空预压试验场地的特点，模型对称性地取地块的一半进行模拟，又由于排水板间距 1.1m，加固区尺寸取为 44m×44m；密封墙 1.5m 宽，密封墙外延 35m 为外围影响区；由于过大的计算节点会导致计算不能进行，排水板按矩形布置以减少节点数。

3. 参数选取

模型参数是根据钻孔 Z03 的地层情况从勘察报告中选取的。在此基础上考虑到排水板涂抹效应和弹性参数的选取，对土层的渗透系数及弹性变形模量进行了换算。数值模型土层及密封墙计算参数取值如表 7.1 所示。

模型计算参数取值　　　　　　　　　　　　　　表 7.1

层号	名称	层厚 (m)	变形模量 E_0 (kPa)	重度 γ (kN/m³)	初始孔隙比 e_0	黏聚力 c (kPa)	内摩擦角 φ (°)	径向渗透系数 k_{ha} (cm/s)	插板区水平向渗透系数 k_{hp} (cm/s)	竖向渗透系数 k_v (cm/s)
①	填土	0.80	935	17.4	1.209	13	13.5	1.24e-07	2.37e-08	8.58e-08
②	粉质黏土层	1.60	1620	18.4	0.928	20	19.0	1.31e-07	2.50e-08	7.71e-08

层号	名称	层厚 (m)	变形模量 E_0 (kPa)	重度 γ (kN/m³)	初始孔隙比 e_0	黏聚力 c (kPa)	内摩擦角 φ (°)	径向渗透系数 k_{ha} (cm/s)	插板区水平向渗透系数 k_{hp} (cm/s)	竖向渗透系数 k_v (cm/s)
③	淤泥质粉质黏土层	2.00	1115	17.6	1.123	12	17.5	2.26e-07	4.31e-08	1.10e-07
③	黏质粉土层	1.90	3863	18.7	0.821	5	33.0	9.45e-05	1.80e-05	5.73e-05
③	淤泥质粉黏土层	2.70	1483	17.6	1.123	12	17.5	2.26e-07	4.31e-08	1.10e-07
④	淤泥质黏土层	9.30	1308	16.8	1.392	10	12.5	1.36e-07	2.60e-08	6.19e-08
⑤₁	黏土层	7.70	2368	17.4	1.209	13	13.5	1.24e-07	2.37e-08	8.58e-08
⑤₃₋₁	粉质黏土夹粉性土	10.00	4175	17.4	1.209	18	20.5	1.31e-07		7.71e-08
⑤₃₋₂	粉质黏土	4.30	4050	18	0.998	19	19.5	1.31e-07		7.71e-08
	密封墙		500	13	1			1.0e-08		1.0e-08

4. 边界条件

(1) 初始条件：在进行真空预压处理前，各单元结点的超静孔隙水压力和初始位移均为0。

(2) 位移边界条件：地基表面为自由变形。考虑到周围土的相互作用，设定底部边界竖向及水平位移均为0，左侧（即加固区中线位置）根据对称原理水平位移为0，右侧边界的水平位移为0。

(3) 孔压边界：塑料排水板及地表砂垫层处所有结点的孔隙水压力设为−80kPa，影响区表面孔隙水压力设为0，认为是透水的。其他边界的孔压未知。

其中排水板用相同长度的直线模拟，排水板加压方式由于是−80kPa的边界条件，只能采用exist function，即瞬时存在−80kPa的孔压。又因为土层采用的是弹性模型（该模型理论形式简单，参数较少，物理意义明确且较适合真空预压的加载情况），对处理区的覆水荷载不能恰当地模拟，故未在处理区表面加15kPa左右的覆水荷载。

整个模型如图7.6所示。

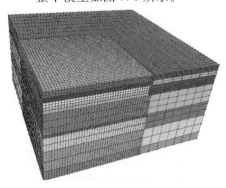

图7.6 模型概况

5. 模拟结果与监测资料对比

通过Z-soil软件对试验区进行的数值模拟，预压结束后的变形图如图7.7、图7.8所示。由图可以看出，在抽真空的作用下土体产生的变形是向土体内侧收缩变形，不会使土体产生失稳破坏，影响区的地表也不会隆起。加固区沉降明显，而由于密封墙的作用，影响区的沉降较小，有利于施工快速安全地进行，对周围环境影响较小。

试验区中点分层沉降监测数据曲线和模拟曲线对比见图7.9、图7.10。

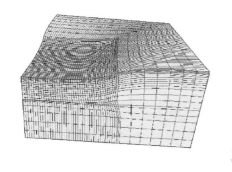

图 7.7　预压结束后地块总体变形图

图 7.8　地块变形云图

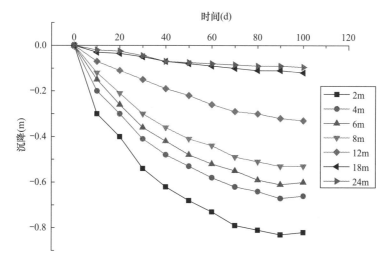

图 7.9　试验区中心分层沉降监测数据曲线图

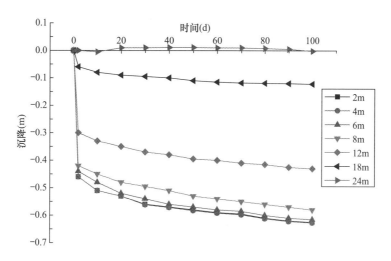

图 7.10　试验区中心分层沉降模型曲线图

　　图中可见，由于负压没有施加过程而是瞬时赋予的，模型未能模拟真空预压前期的抽真空过程，而是从稳压一段时间后开始模拟。其中 2m 到 8m 的地层沉降量较大，2m 地层的分层沉降量更为突出，但由于模型未施加表面荷载，2m的地层分层沉降较实际小；12m地层沉降量在0.3m左右，分层沉降量大；而18m到30m的地层沉降就较小，模型及实际曲线中18m地层都有0.1m左右沉降，而24m到30m的地层沉降小于0.1m，由于模拟中负压消散较明显，该范围地层模型中沉降尤其小。

试验区孔压的监测数据曲线及模拟数据曲线见图7.11、图7.12。

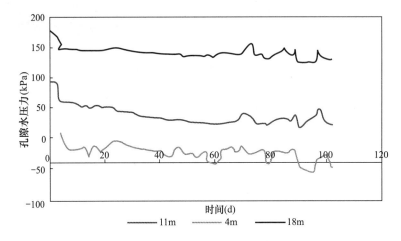

图7.11 试验区中心孔压监测曲线图

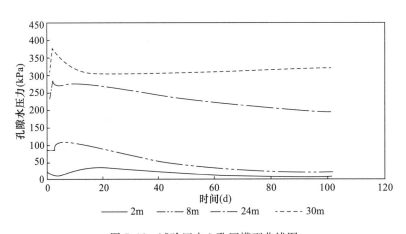

图7.12 试验区中心孔压模型曲线图

图中可见，在0时刻都是静止土压力，但由于模型前期负压过程过快，土体水头下降较明显，上部土体由于有浮重度到湿重度的转化而对下部土体产生堆载作用，从而模拟曲线前期会有一段孔压上升过程。监测曲线上部土体的孔压是先降低一段时间再在一定的孔压值上下浮动，模拟曲线则在降压后维持基本稳定，而在18m以下的土体，孔压浮动较少，下降一段时间就基本维持稳压，这与实际曲线也较切合。

综上所述，本次数值模拟在地表沉降、分层沉降以及分层孔压的数据均能较好地模拟真空预压的抽真空稳定后的固结过程，处理后的结果也较切合实际，能较准确地模拟出大面积真空预压的处理效果，从而为大面积真空预压处理对周围环境的影响的研究提供有力的理论支撑和依据。

7.3.3　小结

（1）距离加固区越近沉降越大，距离加固区越远沉降越小；场地中间对外围影响大，场地边角影响小。随抽真空时间增长，加固区内土体沉降不断增加，加固区外的土体沉降有增加的趋势，但不是一直随着加固区内土体沉降增大而增大。

（2）真空预压对土体的水平位移的影响，从深处到浅部逐渐增加。随着抽真空时间增长，加固区 16m 外的主要管线处土体水平位移刚开始有一定增加，但抽真空 15d 后，加固区内土体继续沉降，主要管线处土体水平位移基本维持不变。距离加固区越近水平位移越大，距离密封墙 1m 处水平位移达到－115mm。

（3）孔隙比、泊松比、渗透系数较小的周边土体受加固区的影响较小，变形模量对周边土体的变形影响较为显著，变形模量较大时周边的土体变形较小。选择更加经济的黏土搅拌桩密封墙，可以减少周边地块的土体变形。

7.4　对单桩承载力的影响评价

深厚软土地基的桩基承载力一直是学术研究的热点，也是设计人员关心的问题。近几年来，通过现场载荷试验、室内模型试验、离心机试验、数值模拟等多个手段，该问题的研究有了较大进展。

由于"场地形成工程"概念的提出，川沙 A-1 地块在试验性施工后场地条件在建（构）筑物施工前已有了很大提高，在该场地上进行工程建设，其地下部分的设计，如桩基的设计如果还沿用以往的设计思路和设计参数，那么必定会影响工程的经济效益，因此有必要探究大面积场地形成地基处理对桩基承载力的影响，以期应用于今后的场地形成地基处理工程。

川沙 A-1 地块在真空预压处理后，对三个大区域进行了一系列单桩竖向抗压静载荷破坏性试桩试验。各个区域的破坏性试桩的情况汇总见表 7.2。根据这些桩的数据进行处理前和处理后单桩承载力的计算。

川沙 A-1 地块各破坏试桩情况汇总表　　　　　　　　表 7.2

区域	地质单元	塑料排水板插打深度（m）	间距（m）	桩号	桩型	桩长（m）	桩径（mm）	试桩打入到试桩试验的日期（d）
1	正常沉积区	16.5	1.2	S2	PHC	39	500	63
				S3	PHC	39	500	56
				S6	PHC	39	500	42
				S9	PHC	40	500	50
				S10	PHC	40	500	46
2	古河道/正常沉积区	18.5	1.2	1 号	方桩	22	400	29
				2 号	方桩	25	400	35
				3 号	方桩	22	400	32

续表

区域	地质单元	塑料排水板插打深度（m）	间距（m）	桩号	桩型	桩长（m）	桩径（mm）	试桩打入到试桩试验的日期（d）
3	正常沉积区	14.5	1.4	T1	方桩	27	350	35
				T2	方桩	27	350	48
				T3	方桩	27	350	51
				T4	方桩	27	350	55
				T5	方桩	27	350	57
				T6	方桩	27	350	59
				T7	方桩	27	350	65
				T8	方桩	27	350	62
				T9	方桩	27	350	67

1. 处理前后单桩竖向承载力设计值对比

采用经验法计算场地处理前后单桩竖向承载力并对计算结果进行对比，表明场地形成地基处理后的单桩承载力设计值平均提高率为8.6%，见表7.3。

为了便于实际工程中单桩承载力设计值的计算，依据上文分析结果，提出一个经验参数法单桩竖向承载力修正系数 ξ，即修正的经验参数法计算的单桩竖向承载力设计值为：$R_{dk}=\xi \cdot R_d$，建议实际工程中取 $\xi=1.1\sim1.2$。

经验参数法计算承载力结果比较表　　表7.3

区域	地块	经验参数法计算承载力设计值		提高率（%）
		处理前（kPa）	处理后（kPa）	
1	S2	1783	1912	7.2
	S3	1783	1912	7.2
	S6	1783	1912	7.2
	S9	1857	1982	6.7
	S10	1857	1982	6.7
2	1号	388	460	18.6
	2号	487	559	14.8
	3号	388	460	18.6
3	T1	571	608	6.5
	T2	571	608	6.5
	T3	571	608	6.5
	T4	571	608	6.5
	T5	571	608	6.5
	T6	571	608	6.5
	T7	571	608	6.5
	T8	571	608	6.5
	T9	571	608	6.5
平均值				8.6
标准差				4.3
变异系数				0.50

注：提高率＝（处理后－处理前）/处理前

2. 处理前后总侧摩阻力计算结果对比

川沙 A-1 地块桩基打设较深，一般达到⑤₁ 层以下，真空预压对该深度土层影响微弱，故可认为真空预压处理前后桩底土层的极限端阻力不变。因此真空预压前后桩的总侧摩阻力变化对单桩承载力的改善起着决定性作用。

表 7.4 为不同计算处理前后总侧摩阻力比较表。

总侧摩阻力提高率计算对比表　　　　　　　　　　　　表 7.4

区域	桩径	古典经验公式法			经验参数法			双桥静力触探法		
		处理前 (kN)	处理后 (kN)	提高率 (%)	处理前 (kN)	处理后 (kN)	提高率 (%)	处理前 (kN)	处理后 (kN)	提高率 (%)
1	500PHC	711.2	990.0	39.2	742	967.6	30.4	1258.1	1393.9	10.8
2	400 方桩	528.9	813.1	53.7	733	821.6	12.1	1357.6	1458.2	7.4
3	350 方桩	474.5	759.9	60.1	686	815.5	18.9	1049.1	1023.7	-2.4

注：提高率=（处理后－处理前）/处理前

古典经验公式法计算的真空预压前和预压后的侧摩阻力结果相差较大，其中 1 区域土体深度 24m 内单桩的侧摩阻力在预压后提高了 39.2%，2 区域土体深度 22m 内单桩的侧摩阻力在预压后提高了 53.7%，3 区域土体深度 24m 内单桩的侧摩阻力在预压后提高 60.1%。

经验参数法计算的结果表明，1 区域土体深度 24m 内单桩的侧摩阻力在预压后提高 30.4%，2 区域土体深度 24m 内单桩的侧摩阻力在预压后提高 12.1%，3 区域土体深度 24m 内单桩的侧摩阻力在预压后提高了 18.9%。

双桥静力触探法计算 1 区域土体深度 24m 内单桩的侧摩阻力在预压后提高 10.8%，2 区域土体深度 24m 内单桩的侧摩阻力在预压后提高 7.4%，3 区域土体深度 24m 内单桩的侧摩阻力在预压后提高了 -2.4%，可能为数据异常。

因此，川沙 A-1 地块真空预压后在深度 24m 范围内单桩的侧摩阻力得到了较大提高，场地形成地基处理对桩基承载力的提高效果良好。

3. 处理后端阻比计算结果对比

对采用经验参数法计算的端阻比和采用延伸线法计算的端阻比进行对比。图中可见二者结果相差较大，经验参数法计算处理后端阻比是 p-s 延伸线法计算端阻比的 10 倍。分析其原因可能如下：

（1）在场地形成地基处理后随着桩间土体性质的改良，桩间土的侧摩阻力得到了较大提高；

（2）由于桩底土体埋深较深，受场地形成地基处理影响小，端阻力改善微弱。因此场地形成地基处理后端阻比减小，与经验参数法计算结果有较大差异。

7.5　不同地基处理方式的技术经济评价

1. 工期

真空预压前期沉降远大于堆载预压，即在相同的工期，真空预压加固效果要好于堆载预压，这主要是因为堆载预压填筑需要时间和间歇期，真空预压荷载则可以一次性施加。荷载施加结束越早，则前期沉降越快，达到设计沉降的工期也就越短，真空预压具有快速加固的特点。

2. 成本

真空预压法的经济成本要小于填筑 6.5m 的堆载预压。表 7.5 列出了川沙 A-1 地块的真空＋覆水预压和堆载预压这两种软基处理方法的每平方米处理单价和施工工期。从表中可见，两者消除沉降的幅度相近，基本上可视为加固效果比较接近。但是这是堆载 6.5m 与单纯抽真空的加固效果的对比，6.5m 高的填土按照 30 元/m³ 的填筑价格及 10 元/m³ 的卸载价格，则堆载预压单价为 260 元/m²。此处尚未考虑达到预压效果后堆载的卸载成本，如果考虑卸载成本，堆载预压成本将更高。真空预压抽 4 个月的市场价格一般为 70 元/m²。由于两种预压法都需要打设塑料排水板、铺设砂垫层，因此这两部分造价都列入上表。在本场地，真空预压造价比堆载预压要节省 190 元/m²。

两种软基处理方法的造价、工期及加固效果比较表 　　　　表 7.5

试验概况 处理方法	每平方米处理单价	处理后消除的沉降（mm）	施工工期
真空＋覆水预压 （按抽真空 4 个月计算）	70 元/m² （不含打设塑料排水板和铺设 砂垫层费用）	827	130d
堆载预压 （6.5m 高填土）	260 元/m² （不含打设塑料排水板和铺设 砂垫层费用）	817	150d

3. 污染控制

真空预压法对环境的粉尘等污染远小于堆载预压。真空预压施工过程会抽出大量地下水，同时有一定的射流泵噪声，堆载预压则需要大量地运土车。真空与堆载相比，无弃土和地基稳定问题，较好地解决了一般堆载施工的缺陷，质量比较容易控制，造价低，耗能少，材料省，无噪声，无污染。

在对周围环境影响方面，真空预压水平位移是向内的，堆载预压水平位移是向外挤出的。真空预压的影响范围达到加固区外 20m，堆载预压则达到加固区外 50m。相对来说，堆载预压对周围建筑的影响更大一些。

4. 加固效果

（1）真空预压

将设计的软基加固用真空预压结构，真空预压＋覆水试验的加固效果明显，其影响深度范围可达 24m，其中 16m 以上有较明显的变化。场地地表最终沉降量呈现中间略大、周围略小的特点。土体水平位移和位移速率与荷载大小有明显的相关性。随着抽真空开始，位移量和位移速率增大；加载停止后，显著减小。覆水加载后，3m 以下土体较覆水前发生向试验区外的位移，体现了真空预压和堆载（覆水）预压效果的叠加作用。土体加固前后的室内及现场试验结果对比表明，加固后土体的物理力学性质均有不同程度的提高。原地面 8m 以上的土层，十字板强度有较大幅度的提高，提高幅度达到 20%～60%，形成了强度较好的硬壳层。地基极限承载力达到了 275kPa。根据实测数据预估了未来的沉降及最终沉降量，通过三个月的真空＋覆水预压后平均固结度达到 85%，有限元程序计算结果验证了实测和计算结论。

（2）堆载预压

堆载预压地基的沉降特征与堆载施工工况密切相关，在堆载开始后的一段时间内，地表沉降相对显著，沉降速率较大，而后的沉降曲线趋于平缓。至卸载时，场地地表最终沉降量最大为 867mm，最小为 662mm，平均为 745mm。呈现中间略大、周围略小的特点。卸载后，地表发生一定的回弹，实测最大回弹量为 50mm，最小回弹量为 36mm。堆载预压影响深度可达 24m，其中 20m 以上有较明显的变化。在大约地下 5m 以上的土体朝向试验区的水平方向产生了位移，而在地下约 5m 至地下 30m 的范围内，土体朝试验区外的方向产生了位移。至卸载时，土体最大水平位移均发生在地表。距离试验区 5m 处的水平位移分别为 56.6mm 和 70.6mm。土体加固前后的室内及现场试验结果对比表明，加固后土体的物理力学性质均有不同程度的提高。原地面 8m 以上的土层，十字板强度有较大幅度地提高，提高幅度达到 20%～40%，形成了强度较好的硬壳层，地基极限承载力达到了 270kPa。根据实测数据预估了未来的沉降及最终沉降量，通过四个月的堆载预压，平均固结度达到了 82%，达到了设计要求和试验目的，有限元程序计算结果验证了实测和计算结论。

（3）强夯和振动碾压

强夯荷载作用下，土体加固前后的室内及现场试验结果对比表明，加固后土体的物理力学性质均有不同程度的提高，影响深度达到 15m，各点的地基极限承载力均不低于330kPa。强夯法对提高淤泥质粉质黏土和黏质粉土抗剪强度效果较为明显，淤泥质粉质黏土峰值强度平均提高 20%。饱和软黏土在强夯动力作用下，超静孔隙水压力瞬间升高，且无法迅速消散，从而极易引发"橡皮土"现象。低能量强夯结合真空井点降水法通过设置真空井点降水系统实现主动排水，能迅速提高软黏土的固结速率，与单一的强夯法比较而言，施工周期可以缩短 25%，总沉降量更大。采用强夯法和强夯结合真空降水法加固地基土，对于浅层土，强夯后较强夯前土体不排水抗剪强度有较大幅度提高，加固效果明显；而对深层土，强夯前后土体不排水抗剪强度基本没有改变，加固效果并不明显。

随着冲碾时间的延长（等同于冲碾遍数的增大），冲碾造成的瞬时孔隙水压力逐渐增大，但当冲碾到一定遍数之后瞬时孔隙水压力不再增大。加固前后的物理力学指标无明显变化，加固效果不明显。从加固前后的十字板强度数据可知，10m 以内强度均有所增长，其中 4m 以上效果较好，增长幅度在 20% 以上，地基极限承载力分别达到了 160kPa 和200kPa。数值模拟结果进一步印证了试验的结论。

5. 施工适宜性

（1）真空预压法和堆载预压法

① 堆载预压对地基的天然抗剪强度有一定的要求，必须控制加荷速率，一般荷载是要分级施加的；真空预压对地基的天然抗剪强度没有要求，可连续抽真空至最大真空度。真空预压作用下的土体是等向固结的，因而真空预压过程中，地基土体的强度和稳定性不断增长，不存在失稳的可能性，从而迅速预压至较高的荷载，加快施工进度。

② 真空预压是利用大气压力加固软土地基，无堆载预压所要求的大量预压材料，也不必为缺少弃渣场地而烦恼，对上海这样缺少预压材料和弃渣场地的地区此方法显得更为

优越。真空预压由于不需要预压材料，可以使施工现场文明整洁、减小施工干扰。

③ 真空预压时，在真空吸力的作用下，土体中的密闭气泡易排出，使土体的渗透性提高，固结过程加快。

④ 堆载预压加固地基时，土体大都发生侧向挤出变形，而真空预压与此相反，加固土体发生侧向收缩变形。所以二者发生同样的垂直变形时，真空预压法加固的土体的密实度更高。另外，由于真空预压中的真空度在整个加固区范围内是均匀分布的，因此加固后的土体，其垂直变形在整个区域比堆载预压加固的要均匀，而且平均沉降量要大。

（2）强夯结合真空井点降水加固法

① 强夯时夯锤从高处落下冲击地面，夯击能以冲击波的形式传入地下深处。土颗粒在初始负压下更易发生相互错动，土体的结构发生改变，同时又使得孔隙水压力随之上升。此刻由强夯冲击产生的附加应力完全转化成超孔隙水压力，冲击波作用时间很短，几乎是在竖向位移刚刚开始便结束了，夯击能便在这一瞬间以冲击波的形式由地表传入地下深处。冲击波在向下传递的过程中逐渐衰减，并且逐渐转化为应力波，应力波向下传递直到降为零后停止。

② 夯锤落下的同时冲击波作用在土体上，土层便在冲击波和真空负压的双重作用下产生纵向压缩，横向膨胀，土颗粒重新排列。由于强冲击波的作用，在夯锤底部一定范围内的土强度相对很小，故这里的变形主要以塑性变形为主，弹性变形只占到很小的一部分，可以忽略。这便是土体在强夯接触的瞬间便会产生较大沉降量的原因。由于土颗粒之间的调整需要一定的时间，故土体的变形便滞后于冲击应力。

③ 砂土的透水性较好，每次夯击时形成的超孔隙水压力能够较快地消散，孔隙水压力不会叠加；而黏性土透水性差，虽然存在初始负压的作用但每次夯击时形成的孔隙水压力在下次夯击前仍不能达到完全消散的状态，多次夯击形成的超孔隙水压力会叠加并且逐步地升高。超孔隙水压力升高后，对于不变的上覆土层重量，颗粒的有效应力相应地减小，孔隙水压力升高到上覆土层重量时，上覆土层重量全部由孔隙水来承担，此时上层即发生液化，土骨架的有效强度降低为零。超孔隙水压力在黏性土中消散较为缓慢，土体强度随着超孔隙水压力的消散而逐渐增强。土体在强夯后的强度有一个逐渐增强的过程，便是强夯时效性的体现。

（3）振动冲碾法

① 压实力是同吨位静碾的 10 倍，是同吨位振动压路机的 3 倍～4 倍。以不同速度（10km/h～15km/h）运动时，其对地面的冲击力近似可转换为 1800kN～5000kN。

② 随着碾压中基础密实度的提高，其影响深度也逐渐增大，垂直影响深度可达 1m 以上，水平影响可达 5m～10m。

③ 碾压时不必开挖移土，也可分层压实和补强压实。由于其影响深度大，铺层厚度可达 0.4m～1.0m。

④ 工作速度为 10km/h～15km/h，压实产量分别可达 1500m³/h～1850m³/h，而传统压实机械工作速度为 3km/h～5km/h，压实产量约为 250m³/h（同吨位比较）。

⑤ 具有检测性。工作时，强大的冲击力作用于地面，较易发现未被压实、基础下有空洞及橡皮路面，对施工质量进行检查控制。

6. 真空预压相较于堆载预压的不足

（1）真空预压加固深度小于填筑高度较大的堆载预压。如川沙 A-1 地块，堆载预压填筑高度 6.5m，加固深度可达 25m，真空预压加固深度为 18m。且堆载预压在加固深度范围比真空预压加固效果要均匀，真空预压加固效果越接近地表，加固效果越好，相对地较深处加固效果较差。如果地基加固后直接施加较大的建筑物荷载，真空预压加固区需要慎重设计、计算，或者新建建筑物需采用桩基础。

（2）真空预压加固效果受大气压力限制，最大施加真空荷载通常小于 95kPa。堆载预压理论上则无此限制。在需要较大预压荷载的情况，可以考虑真空-堆载联合预压法。

综合上述分析，在加固效果相近的情况下，从工期及造价方面考虑，在本场地采用真空预压法要优于堆载预压法。

7. 强夯＋真空降水法的优势

单一强夯法由于没有采取排水措施，孔隙水压力消散周期长，工期长；强夯＋真空降水法由于采取了排水措施，孔隙水压力消散快，从而施工周期短，与单一强夯法比较而言，工期可缩短 25%，冲击碾压法的工期较短，在试验中仅为单一强夯法的 50%。

实验中，强夯法与强夯＋真空降水法的有效加固深度可达 8m，冲击碾压法的有效加固深度为 3m～4m，仅为强夯法与强夯＋真空降水法有效加固深度的 50% 左右。单一强夯法与强夯＋真空降水法比较而言，单一强夯法的分层与总沉降量均小于强夯＋真空降水法。

通过上述分析，强夯＋真空降水法具有工期相对较短、有效加固深度大的优点；冲击碾压法虽然施工周期短，但有效加固深度小。在实际工程中，可根据所需要加固深度与工期情况，选择适当的施工方法。

综上所述，排水固结法是处理软基的有效方法之一，可以解决地基的沉降和稳定性问题，而且造价较低。使用排水固结法时，由于排水体施工的扰动，软基的总沉降量得到增加。真空预压法的经济成本低，且对环境的粉尘等污染小，无弃土和地基稳定问题，较好地解决了一般堆载施工的缺陷，质量比较容易控制，造价低，耗能少，材料省，无噪声，无污染。

7.6　本章小结

为避免工程事故，减少损失，在软基加固设计及施工时都必须仔细分析研究真空预压对周围环境的影响。本章分析了川沙 A-1 地块中不同地基处理方式的环境影响及技术经济指标，探讨了不同地基处理方式对地块施工的影响。得到如下的结论：

真空预压前期沉降速率快，堆载预压前期沉降速率慢，真空预压具有快速加固的特点。堆载预压加固效果影响深度大于真空预压。在对周围环境影响方面，真空预压水平位移是向内的，堆载预压水平位移是向外挤出的，堆载预压对周围建筑的影响更大一些。堆载预压在加固深度范围比真空预压加固效果要均匀，真空预压加固效果越接近地表，加固效果越好，相对地较深处加固效果较差。真空预压加固效果受大气压力限制，最大施加真空荷载通常小于 95kPa。堆载预压理论上则无此限制。在需要较大预压荷载的情况，可以考虑真空-堆载联合预压法。强夯加固地基可以解决好浅层地基土密实度和均匀性问题，并达到了提高土基强度的目的。单一强夯法由于没有采取排水措施，孔隙水压力消散周期长，工期长。强夯＋真空降水法由于采取了排水措施，孔隙水压力消散快，从而施工周期短，并且具有有效加固深度大的优点。冲击碾压法虽然施工周期短，但有效加固深度小。

排水固结法是处理软基的有效方法之一，可以解决地基的沉降和稳定性问题，而且造价较低。使用排水固结法时，由于排水体施工的扰动，软基的总沉降量得到增加。真空预压法的经济成本低，且对环境的粉尘等污染小，无弃土和地基稳定问题，较好地解决了一般堆载施工的缺陷，质量比较容易控制，造价低，耗能少，材料省，无噪声，无污染。对超大面积深厚软基处理而言，真空预压法是较为有效的处理方法之一，可以很好地缩短工期，经济效益和社会效益都很明显。

第8章 场地形成沉降变形计算方法研究

8.1 概述

在众多的地基处理方法中，排水固结法较为适合用于大面积深厚软土地基加固处理，它也是目前沿海地区，特别是东南沿海地区场地形成工程较为常用的软土地基处理方法。对于表层新近进行过淤泥或软黏土吹填的软基场地，深厚软土地基潜在的不良影响是不可忽略的。由于深厚软基具有诸多不良工程特性，同时具有欠固结特性，在对其进行处理时必须采取有效的工程措施，加快土层的固结，将工后沉降量减少到允许范围，以保证建（构）筑物建成后的正常使用，而排水固结法正是处理这类地基的首选方案，包括了堆载预压法、真空预压法以及真空-堆载联合预压法。

现行地基沉降计算方法主要有三大类，分别是以分层总和法为代表的压缩模量法、以弹性力学的沉降解为算法的弹性法和以现代本构理论和数值法为基础的有限元等数值方法。但是计算结果均难以令人满意。另一方面，排水固结法应用于大面积深厚软基场地形成工程的时间较短，理论和试验研究落后于工程实践，尚未形成成熟的理论和设计方法。故而，本章结合大面积深厚软土地基处理试验的相关研究，总结排水固结法（真空预压法、堆载预压法）的加固机理，并结合真空预压法、堆载预压法的地基固结特性提出大面积场地形成软土地基处理沉降计算方法。

8.2 排水固结法的加固机理与特征

8.2.1 堆载预压法的加固机理与特征

堆载预压排水预压法以土料、块石、砂料或建筑物本身作为荷载，对被加固的地基进行预压。软土地基在此附加荷载作用下，产生正的超静水压力。经过一段时间后，超静水压力逐渐消散，土中有效应力不断增长，地基土得以固结，产生垂直变形，同时强度也得到提高。有时为了缩短加固时间，加快加固的进程，在地基中打设了一定深度的砂井、袋装砂井或塑料排水板一类的垂直排水通道。

图 8.1 (a) 为正常固结土地基用堆载排水预压法进行加固时的情形，土体中 A、B、C 三点加固前处于 k_0 应力状态，如图 8.1 (b) 所示，由外荷载产生的附加应力如图 8.1 (c) 所示。加固前，与 k_0 应力状态相应的应力圆可用图 8.2 中的 D 圆表示，与其对应的强度可近似用其平均有效应力 $p_0' = 1/2(\sigma_{10}' + \sigma_{30}')$ 所对应的强度 τ_0 （图 8.2 中的 E 点）来表示。

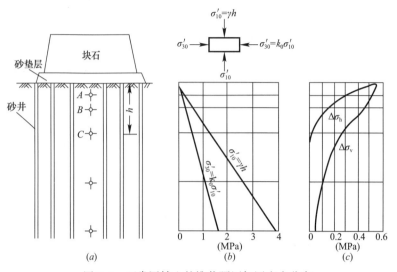

图 8.1 正常固结土的堆载预压加固应力分布

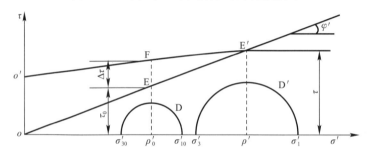

图 8.2 堆载预压法加固地基强度的增长原理

采用堆载预压法进行加固时，当土中形成的超静水压力消散完毕后，土体主固结完成，相应的有效应力圆移到 D′ 位置，此时有：

$$\sigma_1' = \sigma_{10}' + \Delta\sigma_v' \tag{8.1}$$

$$\sigma_3' = \sigma_{30}' + \Delta\sigma_h' \tag{8.2}$$

$$p' = 1/2(\sigma_1' + \sigma_3') = p_0' = 1/2(\sigma_v' + \sigma_h') \tag{8.3}$$

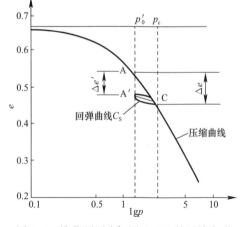

图 8.3 堆载预压法加固地基土的压缩变形

D′ 圆的圆心 p' 对应的强度为 τ，土体的强度由 E 点移到 E′ 点，可见土体的强度有了提高。当外荷载卸去以后，被加固的土体由正常固结状态变成超固结状态，土体中的强度沿超固结强度包线 O′E′ 返回到 F 点。F 点和 E 点相比，具有较高的抗剪强度，因此，经过预压加固土体的强度得到了提高。

从变形看（图 8.3），加荷载后土体中应力由 p_0' 发展到 p'，孔隙比发生 Δe 的变化。卸载后应力又返回到 p_0'，变形由 C 点沿回弹曲线回到 A′ 点，扣除回弹之后，土体的压缩量为 $\Delta e'$。若再受荷，土体沿再压缩曲线 A′C 发展，

直至荷载超过 p' 后才沿初始压缩曲线发展。加固过程中，土体的固结是与土中超静孔隙水压力的消散紧密相关的。在土层较厚、渗透性较差的软土地基中，垂直排水通道能加速超静水压力的消散，加快土体的固结进程，减小了建筑物在使用期间的沉降变形和差异沉降。

8.2.2　真空预压法的加固机理与特征

用真空预压法加固软弱土地基时，施加的不是实际重物，而是把大气作为荷载，在抽气前，薄膜内外都受大气压力作用，土体孔隙中的气体与地下水面以上都是处于大气压力状态（图 8.4）；抽气后，薄膜内砂垫层中的砌体首先被抽出，其压力逐渐下降至 p_n，薄膜内外形成一个压力差 Δp，使薄膜紧贴于砂垫层上，这个压差称为"真空度"。砂垫层中形成的真空度，通过垂直排水通道逐渐向下延伸，同时真空度又由垂直排水通道向其四周的土体传递与扩展，引起土中孔隙水压力降低，形成负的超静孔隙水压力。所谓负的超静孔隙水压力是指孔隙中形成的孔隙水压力小于原大气状态下的孔隙水压力，其增量值是负的，从而使土体孔隙中的气和水发生由土体向垂直排水通道的渗流，最后由垂直排水通道汇至地表砂垫层中被泵抽出。在堆载预压法中，虽然也是土中孔隙的水向垂直排水通道汇集，然而两者引起土中水发生渗流的原因却有本质的不同。真空排水预压法是在不施加外荷载的前提下，降低垂直排水通道中的孔隙水压力，使之小于土中原有的孔隙水压力，形成渗透所需的水力梯度；而堆载排水预压法却是通过施加外荷载，增加总应力，增加软土中孔隙水压力，并使之超过垂直排水通道中的孔隙水压力，使土中的水向垂直排水通道汇流。

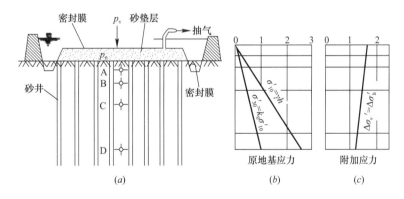

图 8.4　真空预压法加固软土地基的应力分布

从太沙基的有效应力原理来看，真空排水预压法加固的整个过程是在总应力没有增加，即 $\Delta\sigma=0$ 的情况下发生的。加固中降低的孔隙水压力就等于增加的有效应力，即：

$$\Delta\sigma' = -\Delta u \qquad (8.4)$$

土体就是在该有效应力作用下得到加固的。

从以上分析可以看出，垂直排水通道在真空预压法中，不仅起着垂直排水、减小排水距离、加速土体固结的作用，而且起着传递真空度的作用。"预压荷载"在这里是通过垂直排水通道向土体施加的，垂直排水通道在这里起着双重作用。

从有效应力路径分析来看，加固前地基中原有的应力状态如图 8.1（b）和图 8.4（b）

所示，平均应力为：

$$p'_0 = 1/2(\sigma'_{10} + \sigma'_{30})\qquad(8.5)$$

加固时地基土体中增加的有效应力为 $\Delta\sigma'$，由于孔隙水压力是一个球应力，所以在各个方向均增加 $\Delta\sigma'$，因此：

$$\sigma'_3 = \sigma'_{30} + \Delta\sigma'\qquad(8.6)$$

$$\sigma'_1 = \sigma'_{10} + \Delta\sigma'\qquad(8.7)$$

其有效应力圆由 D 位置向右移到 D′（图 8.5），平均应力增加到：

$$p' = p'_0 + \Delta\sigma'\qquad(8.8)$$

但应力圆的半径没有变化。当加固结束、"荷载"卸除后，地基土的强度沿超固结包络线退到 F 点，与原有强度相比，增加了 $\Delta\tau$，所以加固后土体强度亦有了提高。

在堆载预压法的加固过程中，地基土孔隙里产生正的超静水压力，这已被大量的现场量测结果所证实。

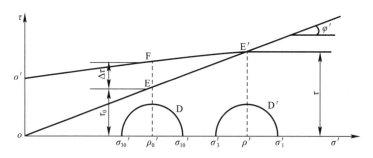

图 8.5　真空预压加固软土强度增长原理

8.2.3　堆载预压法和真空预压法的加固机理的异同

图 8.6 为堆载预压和真空预压的固结进程（改自 Indraratna，2010），从图中可以看出，堆载荷载施加后，初始孔隙水压力立刻增加，之后随着土体有效应力的增加，超静孔隙水压力逐渐减小。而在真空预压中，总应力随着真空荷载的施加保持不变，相对于堆载预压，真空预压由于不需要考虑稳定性问题，真空荷载可在短时间内迅速施加至设计值，因此预压时间可显著减少。另外，在相同工况下，真空预压的费用约为堆载预压的 70%。

总体来说，两者的加固机理总结如下：

（1）在堆载预压中，土体中的总应力是增加的；而在真空预压中，总应力是没有增加的；

（2）在堆载预压中，土体孔隙中形成的孔隙水压力增量是正值，即超静孔隙水压力是正值；而在真空预压中，土体孔隙中形成的孔隙水压力增量是负值，即是小于静水压力的值；

（3）在堆载预压中，土体有效应力的增长是通过正的超静孔隙水压力的消散来实现的，而且随着超静水压力逐步消散为零，有效应力增加达到最大值；而在真空预压中，土体有效应力的增长是靠形成的超静孔隙水压力来实现的，随着负的超静孔隙水压力的增大、有效应力也逐渐增大，一旦负的超静孔隙水压力发生"消散"，则有效应力随之降低，当负的超静水压力"消散"为零时，土体中形成的有效应力则亦降低为零。

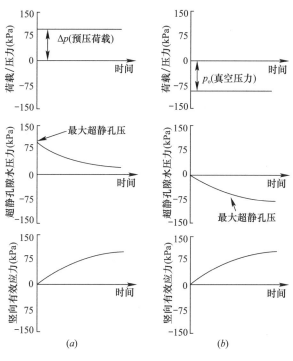

图 8.6　固结过程（改自 Indraratna，2010）

（a）堆载预压；（b）真空预压

（4）在堆载预压中，土体加载后形成的有效应力与上部施加的荷载大小有关，而且在垂直向和水平向上大小一般是不同的，当加固完成后，上部荷载没有移去，则土中有效应力的增加依然存在，土体总有效应力是增大的。而在真空预压中，土体有效应力的增加至最大值，理论上最大为一个大气压，一般都低于此值，由于有效应力的增加是依赖于孔隙水压力的降低来实现的，所以，土体加固过程中有效应力增加值在垂直、水平及各个方向上都是相同的，并且随着加固过程的结束，"荷载"亦消失，加固过程中形成的有效应力亦随之消失，土体中总有效应力恢复到原有水平，所以，经真空预压加固过的土体会处于超固结状态。

8.3　堆载预压场地形成地基沉降特性研究

8.3.1　堆载预压地基变形分析

现行《建筑地基基础设计规范》基于 Boussinesq 弹性解进行沉降计算，且不考虑非均质地基参数沿深度的变化特性，与大面积荷载下地基变形情况存在差异，其理论计算的沉降与工程实测情况明显不符，容易造成地基处理工期的延长和成本的浪费。因此，亟待开展大面积荷载作用下非均质地基沉降计算理论的研究。

本节将基于广义 Gibson 地基模型，考虑地基土体模量有随深度变化的非均质性，开展大面积荷载下地基沉降计算方法研究，求解在大面积均布荷载作用下地基中心点的竖向位移解析解，并基于小应变理论提出压缩层厚度的改进计算方法，以期更好地指导实际工程中大面积荷载下的地基沉降计算问题。

1. 最终沉降分析

（1）基本假定

大面积均布荷载在无限大区域内，满足轴对称的条件，因此，本书将其转化为轴对称问题进行求解，并采用广义 Gibson 地基的假定条件：

① 土体为弹性体；

② 土颗粒是不可压缩的；

③ 土体的剪切模量随深度呈线性变化：

$$G_i(z) = G_i(0) + mz, \quad m > 0, \quad i = 1,2 \tag{8.9}$$

其中，m 为模量变化系数，z 表示相邻土层的厚度；

④ 两层土体接触面处：

$$G_1(0)/m_1 = G_2(0)/m_2 \tag{8.10}$$

⑤ 上下层截面处，垂直和水平位移连续；

⑥ 无限深度处，应力和位移均为 0。

（2）控制方程

基于广义 Gisbon 地基的剪切模量假定 $G(z) = G(0) + mz$，轴对称物理方程可以表示为：

$$\left.\begin{aligned}
\sigma_\rho &= 2G(z)\left(\frac{\partial u_\rho}{\partial \rho} + \alpha\theta\right) \\
\sigma_\varphi &= 2G(z)\left(\frac{u_\rho}{\rho} + \alpha\theta\right) \\
\sigma_z &= 2G(z)\left(\frac{\partial w}{\partial z} + \alpha\theta\right) \\
\tau_{z\rho} &= G(z)\left(\frac{\partial w}{\partial \rho} + \frac{\partial u_\rho}{\partial z}\right)
\end{aligned}\right\} \tag{8.11}$$

式中，$G(z)$ 为地基土体剪切模量，是随深度变化的连续函数；$\alpha = \dfrac{\mu}{1-2\mu}$ 为弹性系数。

不考虑体力的影响，平衡方程表示为：

$$\left.\begin{aligned}
\frac{\partial \sigma_\rho}{\partial \rho} + \frac{\partial \tau_{z\rho}}{\partial z} + \frac{\sigma_\rho - \sigma_\varphi}{\rho} &= 0 \\
\frac{\partial \tau_{z\rho}}{\partial \rho} + \frac{\partial \sigma_z}{\partial z} + \frac{\tau_{z\rho}}{\rho} &= 0
\end{aligned}\right\} \tag{8.12}$$

根据朱向荣等的推导结果，得到的控制方程为：

$$\left(\frac{\mathrm{d}^2}{\mathrm{d}q^2} + \frac{2}{q}\frac{\mathrm{d}}{\mathrm{d}q} - \xi^2\right)\left(\frac{\mathrm{d}^2}{\mathrm{d}q^2} - \xi^2\right)\bar{w} = 0 \tag{8.13}$$

根据微分方程理论，可以将上式降为二阶微分方程。根据 Pajapakse（1990）提出的上式通解为：

$$\bar{w}(\xi, z) = e^{-\xi q}[A + D\omega_4(q)] + e^{\xi q}[B + C\omega_3(q)] \tag{8.14}$$

$$\bar{u}(\xi, z) = e^{-\xi q}[A + D\omega_2(q)] + e^{\xi q}[B + C\omega_1(q)] \tag{8.15}$$

上两式中，

$$\omega_1(q) = -\left[e^{-2\xi q}Ei(2\xi q) + \ln(\xi q)\right] \tag{8.16a}$$

$$\omega_2(q) = -\left[e^{2\xi q}Ei(-2\xi q) + \ln(\xi q)\right] \tag{8.16b}$$

$$\omega_3(q) = e^{-2\xi q}Ei(2\xi q) - \ln(\xi q) \tag{8.16c}$$

$$\omega_4(q) = e^{-2\xi q}Ei(-2\xi q) - \ln(\xi q) \tag{8.16d}$$

式中，A、B、C、D 为 ξ 的任意函数；Ei 为指数积分：$Ei(-x) = -\int_x^\infty e^{-t}t^{-1}\mathrm{d}t$。

式（8.14）和式（8.15）即为一般轴对称问题的广义 Gibson 基地土体各位移在 Hankel 变换域内的表达式。其中 A、B、C、D 可以根据具体的边界条件确定，对各边界条件进行 Hankel 变换，代入上述各式中求解。

（3）解析解求解

对于大面积荷载下的垂直位移分量，由于附加应力的传递非决定性因素，本文求解侧重于得到相应方程位移解。取土性参数 $\beta = G(0)/m$，其值随着地表土层剪切模量的增大而增大，且分层土体性质差异越小，其值越大。大面积均布荷载作用下地基模型的边界条件为：

① 当 $z=0$，$|x|>0$ 时，$\sigma_x = 0$；

② 当 $z=0$，$|x|<b$ 时，$\sigma_z = -q$；

③ 当 $z=0$，$|x|>b$ 时，$\sigma_z = 0$；

④ 当 $z \to \infty$ 时，σ_x，$\sigma_z \to 0$。

根据控制方程（8.14）计算得到垂直位移公式为：

$$w(x,z) = \frac{q}{G(0)}\mu(x,z) \tag{8.17}$$

其中：

$$\mu(x,z) = \frac{1}{2\pi}\int_0^\infty e^{-\xi z} \frac{\sin(b\xi)\cos(x\xi)}{\xi^2} \cdot \frac{1 + \xi\beta F(\xi\beta) - \xi\beta F(\xi y)}{\xi\beta e^{2\xi\beta}Ei(-2\xi\beta) + \dfrac{1}{2\xi\beta} + 1}\mathrm{d}\xi \tag{8.18a}$$

$$F(\tau) = e^{2\tau}Ei(-2\tau) - \log\tau \tag{8.18b}$$

$$y = z + \beta \tag{8.18c}$$

因此，在荷载中心点下的地表沉降可表示为：

$$\mu(0,0) = \frac{1}{2\pi}\int_0^\infty \frac{\sin(b\xi)}{\xi^2} \cdot \frac{1}{\xi\beta e^{2\xi\beta}Ei(-2\xi\beta) + \dfrac{1}{2\xi\beta} + 1}\mathrm{d}\xi \tag{8.19}$$

（4）计算方法的应用

工程应用中，建议采用丁洲祥提出的方法来确定各层地基的压缩模量：

$$E_{si} = D_i + E_i z + C_i \gamma'^2 z^2 \tag{8.20}$$

式中，

$$D_i = A_i + 2B_i p_{i-1} - 2B_i\gamma' z_{i-1} + C_i(p_{i-1} - \gamma' z_{i-1})^2 \tag{8.21a}$$

$$E_i = 2[B_i\gamma' + C_i(p_{i-1} - \gamma' z_{i-1})\gamma'] \tag{8.21b}$$

$$C_i = B_i^2 / A_i \qquad (8.21c)$$

当 C 忽略不计时，分层 Gibson 地基的参数为：

$$E_{s0i} = D_i \qquad (8.22a)$$

$$m_i = E_i \qquad (8.22b)$$

$$\alpha_i = E_i / D_i \qquad (8.22c)$$

得到各分层的 Gibson 地基参数后，再根据公式（8.19）计算得出分层沉降 s_i，压缩层厚度可按照《建筑地基基础设计规范》GB 50007—2011 中采用的应变控制法进行计算，各层 s_i 之和即为总沉降。

2. 压缩层厚度分析

压缩层厚度的计算一直是沉降计算的难点和关键点之一，传统的压缩层厚度计算方法均以荷载范围较小的建筑地基为考虑对象，并不能完全适用于大面积堆载预压下的场地形成地基处理。建筑地基基础下一定深度内受集中荷载影响，土体变形较大，附加应力随深度衰减较快。而在场地形成地基处理的过程中，大面积的均布荷载施加于天然地基上，土体变形较为均匀，附加应力的衰减虽较一般建筑地基要慢，但实际工程中的土体应变仍在一定的深度范围内收敛于有限值，根据经典的 Boussinesq 弹性理论解计算得到的压缩层厚度将远大于实际值。因此，对于大面积堆载预压的压缩层厚度计算，应考虑地基深部土体在荷载作用下的应变小于常规建筑荷载下地基土体应变的问题。

夏正中曾用一个固定的有效压缩应力值来衡量变形是否明显，随着应力及应变的变化，相关土体模量是随之连续变化的，因而可以考虑小应变影响，对压缩模量随深度变化的计算公式附加一个应变参量：

$$E_s = a (z+b)^m (\delta)^{-n} \qquad (8.23)$$

其中，a、b 为拟合参数；δ 为小应变阈值参数；m 为地基变形模量沿深度变化的非线性影响系数；n 为小应变影响因数，$n=1$ 时表明模量与应变呈双曲线性变化；ε_0 为小应变阈值，即在该应变值以下将发生明显的小应变现象。

$$\delta = \begin{cases} 1 & \varepsilon > \varepsilon_0 \\ \varepsilon / \varepsilon_0 & \varepsilon \leqslant \varepsilon_0 \end{cases} \qquad (8.24)$$

Gibson 提出在 Gibson 非均质地基中的两种极限情况，即广义 Gibson 地基与完全弹性地基两者应力场差别并不大，因而当研究半空间弹性体时，在施加无限均布荷载条件下，可以用完全弹性地基应力场进行压缩层厚度的估算，根据土力学完全弹性地基特性，当所施加的荷载面积无限大时，地基中的附加应力值不随深度改变：

$$\varepsilon = \frac{p}{a (z+b)^m \delta^{-n}} \qquad (8.25)$$

为方便计算，可改写 δ 的形式为 $\delta = (\varepsilon / \varepsilon_0)^t$

$$t = \begin{cases} 0 & \varepsilon > \varepsilon_0 \\ 1 & \varepsilon \leqslant \varepsilon_0 \end{cases} \qquad (8.26)$$

其中：$\varepsilon = \dfrac{\beta}{(z+b)^a}$，$\alpha = \dfrac{m}{(1-nt)}$，$\beta = \left(\dfrac{\varepsilon_0^n p}{a} \right)^{\frac{1}{1-nt}}$。

简单考虑，当地表大面积均布荷载产生的附加应力传递到一定深度时，整个地基下卧层均处于小应变的计算门槛值之内，此时 $\alpha = m/(1-n)$，对于指定土层，m、n、a、ε_0、

p、t 均为固定值，因而 α、β 也为固定值。

根据介玉新等的研究结果，按上述积分形式进行积分，则：

$$s = \frac{\beta}{1-\alpha}(z+b)^{1-\alpha} \big|_0^z = \frac{\beta}{\alpha-1}\left(\frac{1}{b^{\alpha-1}} - \frac{1}{(z+b)^{\alpha-1}}\right) \tag{8.27}$$

显然，若 $m+n>1$，则 $\alpha>1$，那么上式在 $z \to \infty$ 时，会收敛于有限值：

$$s_\infty = \frac{\beta}{\alpha-1} \cdot \frac{1}{b^{\alpha-1}} \tag{8.28}$$

当地基压缩模量随深度线性增加（$m=1$）时，此时地基模型即为典型广义 Gibson 地基，此时只要考虑小应变影响，则 $n>0$，$m+n>1$，此时的沉降即应收敛于有限值。

把某一深度 z 以内的压缩量作为总沉降量，其与 s_∞ 的误差为：

$$\varphi = \frac{s_\infty - s}{s_\infty} = \frac{b^{\alpha-1}}{(z+b)^{\alpha-1}} \tag{8.29}$$

由此可得：

$$z = (\varphi^{\frac{1}{1-\alpha}} - 1)b \tag{8.30}$$

其中 $\alpha = m/(1-n)$。

当给定误差率时即可求得满足误差要求的压缩层深度。z 和 m 的值越大，则压缩模量随深度变化越快，压缩层厚度越小，其中 $m=0$ 时表明地基为均质地基；n 值越大，则小应变现象越明显，压缩层厚度就越小，$n=0$ 时表示不考虑小应变的影响。由于模量随深度变化形式的拟合过程会存在一定误差，因而可根据实测数据进行经验系数修正。Clayton 和 Heymann 研究了正常固结软黏土的刚度折减规律，对变形模量比与应变的关系按照式（8.23）进行幂函数拟合，可得 $n=0.45$；根据 Cheng 及 Dasari 的研究，n 可取 $0.4 \sim 0.5$。

为了利用室内压缩试验的成果进行压缩层厚度的计算，本书提出一个转换深度 z_0 的概念，即按照实际土层的自重应力分布情况，将室内压缩试验的压力段 p_i 转换为对应自重应力下的土层深度 z_0，转换公式如下：

$$z_0 = z_i + \frac{p_i - \sum_0^i \gamma_i \cdot (z_i - z_{i-1})}{\gamma_{i+1}} \tag{8.31}$$

其中，p_i 为 e-p 压缩曲线上的压力值；z_i 为自重应力小于压力段 p_i 的土层深度；γ_i 为对应土层的天然重度。

根据式（8.31）得到转换深度 z_0 后，建立 z_0 与 E_s 的关系，再根据式（8.23）进行拟合，即可得到拟合参数 a、b 的取值，再通过式（8.30）即可求出大面积荷载作用下的地基压缩层厚度。

8.3.2 堆载预压地基沉降特性分析

1. 土性变化的影响

为了直观地表现地基沉降与地基压缩性状之间的变化规律，利用式（8.19）绘制沉降系数 μ 与模量变化系数 m 的关系曲线图（见图 8.7）。由图 8.7 可以看出，地基沉降与地基土压缩性状的变化联系紧密，尤其当地基剪切模量随深度的变化系数 $m<0.5$ 时，其对沉降影响较大。若采用土层的初始模量值或平均模量值进行简化计算，将可能造成较大的

计算误差。

2. 沉降系数的影响

由式（8.19）可知，沉降系数 μ 是关于荷载宽度 b 及土性参数 β 的函数。β 表征了地基的压缩性状，β 值越小，土体压缩性越高，土层分布越复杂。分别取 $b=10\text{m}$，50m，100m，200m，300m 五种情况绘制 μ-β 曲线图（见图 8.8）。

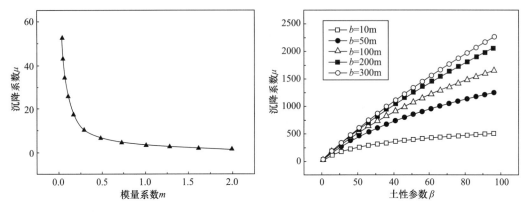

图 8.7　沉降系数 μ 与模量变化系数 m 关系图　　图 8.8　不同荷载宽度 b 下的 μ-β 关系图

从图 8.8 可以看出，当荷载宽度增大时，沉降系数 μ 随之迅速增大，也即地基沉降显著增大；当 $b>100$ 并继续增大荷载宽度时，沉降系数 μ 的增加幅度降低，也即沉降增加幅度显著降低。由此可以看出：当荷载宽度在某个范围以内变化时，沉降值会随着荷载宽度 b 的增大而迅速增大；当荷载宽度 b 超过一定值时，继续增加荷载作用宽度 b，沉降增加幅度减小。

8.4　真空预压场地形成地基固结特性研究

国内外学者在真空预压固结理论方面做了许多的工作。董志良建立了较为完善的打穿软土层的砂井地基固结解析理论；谢康和建立了 Barron 等应变条件下的双层理想井地基固结理论；龚晓南等基于多孔介质和真空渗流场理论，提出了真空预压加固地基的机理；Xu Yugeng 等推导了真空-堆载联合预压下的单井固结解析解。

地下水位的变化问题是真空预压加固机制研究的重要内容，很多学者对此课题开展了广泛的理论和试验研究。董志良建立了真空预压加固地基地下水位及测管水位高度的理论分析方法与计算公式；朱建才等对现场监测结果的分析表明，用水位计所测得的地下水位基本能反映真空状态下的地基中的实际水位情况；明经平等分析了不同水流边界和不同渗透性的地基土在真空预压处理中地下水位变化的可能情况；张攻新等推导出在某点真空表反映的真空度值与孔压计反映的孔压差的理论关系式；周琦等的分析结果表明，真空预压初期加固区内地下水位下降较快，之后处于相对稳定下降状态，停止抽真空后地下水位快速回升。

地下水位的下降必将导致真空预压处理过程中浅部土体产生非饱和区。邱青长等的研究表明，不同外界条件下真空吸力可引起水、空气或气液两相对流，真空预压地基的非饱和带类似于群井抽水地基的非饱和带，真空预压期间只有地下水相对压强为 0 的压力面以上的流体才有真空度，零压力面以下土体中只存在孔隙压力降低，流体不存在真空度，真空预压地基中流体的真空度与孔隙压力降低是两个完全不同的概念；因此理论分析与现场测试结果表明，采用气液两相流解释真空预压地基地下水位以上流体的流动是合理的；并且随着真空预压施工面积的增大，加固区中心地下水位的降深也越大，非饱和区对加固区固结沉降的影响也越大。

8.4.1　基本假定

非饱和土体由骨架、孔隙水、孔隙气共同承担外部荷载，由于孔隙气的存在，随着土体饱和度的不同、气相连通性的差异，土体承担荷载以及产生固结变形的机制也不同。对于真空预压过程中地下水位线以上的具有较高饱和度的非饱和土（$S_r > 80\%$），由于水相占据大孔隙，气相的流动主要是跟随水的流动，因此可以将孔隙气、水看成具有可压缩性的混合流体，于是该部分非饱和土可近似看作土骨架与混合流体的两相体。

假设土体的渗透系数、压缩系数、有效应力系数均为常数，土体为单向排水，根据真空预压的荷载施加原理，在总应力不变的情况下，Bishop 有效应力原理式可表示为：

$$\Delta\sigma' = -\chi\Delta u_w - (1-\chi)\Delta u_a \tag{8.32}$$

该式表示骨架应力增量包括两部分：水压消散引起的有效应力 $-\chi\Delta u_w$ 和气压消散引起的有效应力 $-(1-\chi)\Delta u_a$，χ 为 Bishop 有效应力系数，$\chi = S_r/(0.6+0.4S_r)$，S_r 为饱和度，水压变化引起的体积压缩 Δe_w 是水压消散对应的骨架应力增量 $-\chi\Delta u_w$ 所引起的，不受气压影响，于是可建立水气混合流体方程：

$$u_m = (1-\chi)u_a + \chi u_w \tag{8.33}$$

有效应力原理式（8.32）可写成：$\sigma = \sigma' + u_m$，该形式与饱和土的有效应力原理式相一致。

8.4.2　控制方程

根据上述假定，参考曹雪山、殷宗泽提出的非饱和土固结简化计算模型，混合流体的连续性方程为：

$$\frac{\partial\varepsilon_v}{\partial t} = -\frac{k_m}{\gamma_m}\left(\frac{\partial^2 u_m}{\partial r^2} + \frac{1}{r}\frac{\partial u_m}{\partial r}\right) + \frac{\partial\varepsilon_{vl}}{\partial t} \tag{8.34a}$$

$$\frac{\partial\varepsilon_{vl}}{\partial t} = \frac{1}{B_m}\frac{\partial u_m}{\partial t} \tag{8.34b}$$

式中，u_m 为超静混合流体压力；k_m 为混合流体的渗透系数，取 $k_m = \dfrac{2k_{wu}}{S_r}$；$k_{wu}$ 为土的渗透系数，$k_{wu} = k_w\dfrac{1+e_0}{1+e}\left(\dfrac{S_e}{e_0}\right)^3$；$k_w$ 为饱和土的渗透系数；γ_m 为混合流体的重度，$\gamma_m = S_r\gamma_w$；$\dfrac{\partial\varepsilon_{vl}}{\partial t}$ 为残存孔隙流体的压缩量；B_m 为混合流体的体积压缩模量。

根据土体中水量与混合流体流量的变化建立水的连续性方程：

$$k_w\left(\frac{\partial^2 u_w}{\partial r^2} + \frac{1}{r}\frac{\partial u_w}{\partial r}\right) = k_m\left(\frac{\partial^2 u_m}{\partial r^2} + \frac{1}{r}\frac{\partial u_m}{\partial r}\right) \tag{8.35}$$

根据上述基本方程以及平衡微分方程可得:

$$\frac{\partial \varepsilon_v}{\partial t} = -\frac{k_m}{\gamma_m}\left(\frac{\partial^2 u_m}{\partial r^2} + \frac{1}{r}\frac{\partial u_m}{\partial r}\right) + \frac{1}{B_m}\frac{\partial u_m}{\partial t}, \quad r_s < r \leqslant r_e \tag{8.36a}$$

$$\frac{\partial \varepsilon_v}{\partial t} = -\frac{k_{ms}}{\gamma_m}\left(\frac{\partial^2 u_m}{\partial r^2} + \frac{1}{r}\frac{\partial u_m}{\partial r}\right) + \frac{1}{B_m}\frac{V u_m}{\partial t}, \quad r_w \leqslant r \leqslant r_s \tag{8.36b}$$

$$\frac{\partial \bar{u}_m}{\partial r} - \frac{1}{a_v}\frac{\partial \varepsilon_v}{\partial r} = -P_0 \tag{8.36c}$$

Childs 和 Collis-George 通过试验证明，通过非饱和土的水流速与水力梯度呈线性比例关系，Dracy 定律也适用于非饱和土，Fredlund 也证明了这一点。于是单位时间砂井中混合流体的流量:

$$\partial q = \pi r_w^2 \partial V = \pi r_w^2 k_p \partial I = \pi r_w^2 \frac{k_p}{\gamma_m}\frac{\partial^2 u_p}{\partial z^2}\mathrm{d}z \tag{8.37}$$

任一深度 z 处，从土体中沿井周流入砂井的水量等于砂井中向上渗流的增量，则:

$$\frac{\partial^2 u_p}{\partial z^2} = -\frac{2k_{ms}}{\gamma_m k_p}\frac{\partial u_m}{\partial r}\bigg|_{r=r_w} \tag{8.38}$$

8.4.3 方程求解

假定分析模型为轴对称模型，以真空预压等效砂井（塑料排水板）的地表中心为原点，建立 r-z 坐标系，则非饱和区求解的定解条件为:

① $r=r_e$ 时，$\dfrac{\partial u_m}{\partial r}=0$;

② $r=r_w$ 时，$u_m=u_p$;

③ $z=0$ 时，$u_p=-P_0$;

④ $z=h$ 时，$u_p=u_p'$，$u_m=u_w$，$k_{ms}\dfrac{\partial u_m}{\partial z}=k_{ws}\dfrac{\partial u_w}{\partial z}$，$k_m\dfrac{\partial u_m}{\partial z}=k_w\dfrac{\partial u_w}{\partial z}$;

⑤ $t=0$ 时，$\bar{u}_m=0$。

其中，u_w 为饱和区土体中的超静孔隙水压力，u_p' 为饱和区排水板中的超静孔隙水压力，h 为饱和区深度，H 为排水板长度，k_{ms} 为涂抹区混合流体的渗透系数，k_w 为涂抹区饱和土的渗透系数，r_e、r_s 和 r_w 分别为等效砂井的影响区、涂抹区及等效半径，$-P_0$ 为地表瞬时施加的真空压力值。

由式（8.37a）得:

$$\frac{\partial}{\partial r}\left(r\frac{\partial u_m}{\partial r}\right) = \frac{\gamma_m}{k_m}\cdot r\left(\frac{1}{B_m}\frac{\partial u_m}{\partial t} - \frac{\partial \varepsilon_v}{\partial t}\right) \tag{8.39}$$

对式（8.40）两边关于 r 积分得:

$$r\frac{\partial u_m}{\partial r} = \frac{\gamma_m}{2k_m}\cdot r^2\left(\frac{1}{B_m}\frac{\partial u_m}{\partial t} - \frac{\partial \varepsilon_v}{\partial t}\right) + C_1 \tag{8.40}$$

利用定解条件① $r=r_e$ 时，$\dfrac{\partial u_m}{\partial r}=0$，可得:

$$C_1 = \frac{\gamma_m r_e^2}{2k_m}\left(\frac{\partial \varepsilon_v}{\partial t} - \frac{1}{B_m}\frac{\partial u_m}{\partial t}\right) \tag{8.41}$$

代入式（8.40）得:

$$\frac{\partial u_{\mathrm{m}}}{\partial r} = \frac{T_{\mathrm{m}}}{2} \cdot \left(\frac{r_{\mathrm{e}}^2}{r} - r \right), \quad r_{\mathrm{s}} < r \leqslant r_{\mathrm{e}} \tag{8.42}$$

其中，$T_{\mathrm{m}} = \dfrac{\gamma_{\mathrm{m}}}{k_{\mathrm{m}}} \left(\dfrac{\partial \varepsilon_{\mathrm{v}}}{\partial t} - \dfrac{1}{B_{\mathrm{m}}} \dfrac{\partial u_{\mathrm{m}}}{\partial t} \right)$。

由式（8.36b）积分得：

$$r \frac{\partial u_{\mathrm{m}}}{\partial r} = -\frac{1}{2} \cdot r^2 T_{\mathrm{s}} + C_1' \tag{8.43}$$

其中，$T_{\mathrm{s}} = \dfrac{\gamma_{\mathrm{m}}}{k_{\mathrm{ms}}} \left(\dfrac{\partial \varepsilon_{\mathrm{v}}}{\partial t} - \dfrac{1}{B_{\mathrm{m}}} \dfrac{\partial u_{\mathrm{m}}}{\partial t} \right)$。

利用定解条件②$r = r_{\mathrm{s}}$ 时，$r \dfrac{\partial u_{\mathrm{m}}}{\partial r} \big|_{r=r_{\mathrm{s}}} = -\dfrac{1}{2} T_{\mathrm{s}} \cdot r_{\mathrm{s}}^2 + C_1' = \dfrac{1}{2} T_{\mathrm{m}} \cdot R_{\mathrm{s}}$，可得：

$$C_1' = \frac{1}{2} T_{\mathrm{m}} \cdot R_{\mathrm{s}} + \frac{1}{2} T_{\mathrm{s}} \cdot r_{\mathrm{s}}^2 \tag{8.44}$$

代入式（8.43）得：

$$\frac{\partial u_{\mathrm{m}}}{\partial r} = \frac{1}{2} T_{\mathrm{s}} \cdot \left(\frac{r_{\mathrm{s}}^2}{r} - r \right) + \frac{1}{2} T_{\mathrm{m}} \cdot \frac{R_{\mathrm{s}}}{r}, \quad r_{\mathrm{w}} \leqslant r \leqslant r_{\mathrm{s}} \tag{8.45}$$

其中，$R_{\mathrm{s}} = r_{\mathrm{e}}^2 - r_{\mathrm{s}}^2$。

对式（8.45）积分得：

$$u_{\mathrm{m}} = \frac{T_{\mathrm{s}}}{2} \cdot \left(r_{\mathrm{s}}^2 \ln r - \frac{r^2}{2} \right) + \frac{T_{\mathrm{m}}}{2} \cdot R_{\mathrm{s}} \ln r + C_2 \tag{8.46}$$

利用定解条件②$r = r_{\mathrm{w}}$ 时，$u_{\mathrm{m}} = u_{\mathrm{p}}$，可得：

$$\frac{1}{2} T_{\mathrm{s}} \cdot \left(r_{\mathrm{s}}^2 \ln r_{\mathrm{w}} - \frac{r_{\mathrm{w}}^2}{2} \right) + \frac{1}{2} T_{\mathrm{m}} \cdot R_{\mathrm{s}} \ln r_{\mathrm{w}} + C_2 = u_{\mathrm{p}} \tag{8.47}$$

$$u_{\mathrm{m}} = \frac{T_{\mathrm{s}}}{2} \cdot \left(r_{\mathrm{s}}^2 \ln \frac{r}{r_{\mathrm{w}}} - \frac{r^2 - r_{\mathrm{w}}^2}{2} \right) + \frac{T_{\mathrm{m}}}{2} \cdot R_{\mathrm{s}} \ln \frac{r}{r_{\mathrm{w}}} + u_{\mathrm{p}}, \quad r_{\mathrm{w}} \leqslant r \leqslant r_{\mathrm{s}} \tag{8.48}$$

对式（8.41）积分得：

$$u_{\mathrm{m}} = \frac{1}{2} T_{\mathrm{m}} \cdot \left(r_{\mathrm{e}}^2 \ln r - \frac{1}{2} r^2 \right) + C_2' \tag{8.49}$$

利用定解条件 $r = r_{\mathrm{s}}$ 时，

$$u_{\mathrm{m}} \big|_{r=r_{\mathrm{s}}} = \frac{T_{\mathrm{m}}}{2} \cdot \left(r_{\mathrm{e}}^2 \ln r_{\mathrm{s}} - \frac{1}{2} r_{\mathrm{s}}^2 \right) + C_2' = \frac{T_{\mathrm{s}}}{2} \cdot \left(r_{\mathrm{s}}^2 \ln \frac{r_{\mathrm{s}}}{r_{\mathrm{w}}} - \frac{R_{\mathrm{sw}}}{2} \right) + \frac{T_{\mathrm{m}}}{2} \cdot R_{\mathrm{s}} \ln \frac{r_{\mathrm{s}}}{r_{\mathrm{w}}} + u_{\mathrm{p}}$$

可得：

$$u_{\mathrm{m}} = \frac{T_{\mathrm{m}}}{2} \cdot \left[r_{\mathrm{e}}^2 \ln \frac{r}{r_{\mathrm{w}}} - \frac{r^2 - r_{\mathrm{s}}^2}{2} - L_{\mathrm{s}} \right] + \frac{T_{\mathrm{s}}}{2} \cdot \left(L_{\mathrm{s}} - \frac{R_{\mathrm{sw}}}{2} \right) + u_{\mathrm{p}}, \quad r_{\mathrm{s}} < r \leqslant r_{\mathrm{e}} \tag{8.50}$$

其中，$R_{\mathrm{sw}} = r_{\mathrm{s}}^2 - r_{\mathrm{w}}^2$，$L_{\mathrm{s}} = r_{\mathrm{s}}^2 \ln \dfrac{r_{\mathrm{s}}}{r_{\mathrm{w}}}$。

地基中任一深度的平均孔压可表示为：

$$\bar{u}_{\mathrm{m}} = \frac{1}{\pi (r_{\mathrm{e}}^2 - r_{\mathrm{w}}^2)} \left(\int_{r_{\mathrm{w}}}^{r_{\mathrm{s}}} 2\pi r u_{\mathrm{m}} \mathrm{d}r + \int_{r_{\mathrm{s}}}^{r_{\mathrm{e}}} 2\pi r u_{\mathrm{m}} \mathrm{d}r \right) \tag{8.51}$$

将式（8.48）与式（8.50）代入式（8.51）解得：

$$\bar{u}_{\mathrm{m}} = T_{\mathrm{s}} \cdot \left(\frac{L_{\mathrm{e}} r_{\mathrm{s}}^2}{2 R_{\mathrm{w}}} - \frac{R_{\mathrm{w}} + 2 r_{\mathrm{s}}^2}{8} \right) + T_{\mathrm{m}} \cdot \left(\frac{L_{\mathrm{e}} R_{\mathrm{s}}}{2 R_{\mathrm{w}}} - \frac{R_{\mathrm{s}}}{4} \right) + u_{\mathrm{p}} \tag{8.52}$$

其中，$T_{\mathrm{m}} = \dfrac{\gamma_{\mathrm{m}}}{k_{\mathrm{m}}} \left(\dfrac{\partial \varepsilon_{\mathrm{v}}}{\partial t} - \dfrac{1}{B_{\mathrm{m}}} \dfrac{\partial u_{\mathrm{m}}}{\partial t} \right)$，$T_{\mathrm{s}} = \dfrac{\gamma_{\mathrm{m}}}{k_{\mathrm{ms}}} \left(\dfrac{\partial \varepsilon_{\mathrm{v}}}{\partial t} - \dfrac{1}{B_{\mathrm{m}}} \dfrac{\partial u_{\mathrm{m}}}{\partial t} \right)$，$R_{\mathrm{w}} = r_{\mathrm{e}}^2 - r_{\mathrm{w}}^2$，$R_{\mathrm{s}} = r_{\mathrm{e}}^2 - r_{\mathrm{s}}^2$，

$R_{\mathrm{sw}} = r_{\mathrm{s}}^2 - r_{\mathrm{w}}^2$，$L_{\mathrm{e}} = r_{\mathrm{e}}^2 \ln \dfrac{r_{\mathrm{e}}}{r_{\mathrm{w}}}$，$L_{\mathrm{s}} = r_{\mathrm{s}}^2 \ln \dfrac{r_{\mathrm{s}}}{r_{\mathrm{w}}}$。

至此求出了 u_{m} 与 $\bar{u}_{\mathrm{m}}$，但包含未知函数 T_{m}、T_{s} 与 u_{p}。

于是由式（8.45）求式（8.38）并整理得：

$$\frac{\partial^2 u_{\mathrm{p}}}{\partial z^2} = \frac{K}{B_{\mathrm{m}}} \frac{\partial u_{\mathrm{m}}}{\partial t} - K \cdot \frac{\partial \varepsilon_{\mathrm{v}}}{\partial t} \tag{8.53}$$

其中，$K = \dfrac{k_{\mathrm{ms}} R_{\mathrm{s}} + k_{\mathrm{m}} R_{\mathrm{sw}}}{k_{\mathrm{m}} k_{\mathrm{p}} r_{\mathrm{w}}}$。

由式（8.36c）可得：

$$\frac{\partial \varepsilon_{\mathrm{v}}}{\partial t} = - m_{\mathrm{v}} \frac{\partial \bar{u}_{\mathrm{m}}}{\partial t} \tag{8.54}$$

其中，m_{v} 为体积压缩系数。

结合式（8.52）和式（8.54）得：

$$- m_{\mathrm{v}} \frac{\partial \bar{u}_{\mathrm{m}}}{\partial t} - \frac{1}{B_{\mathrm{m}}} \frac{\partial u_{\mathrm{m}}}{\partial t} = \beta (\bar{u}_{\mathrm{m}} - u_{\mathrm{p}}) \tag{8.55}$$

其中，$\beta = \dfrac{8 k_{\mathrm{m}} k_{\mathrm{ms}} R_{\mathrm{w}}}{4 \gamma_{\mathrm{m}} k_{\mathrm{m}} L_{\mathrm{e}} r_{\mathrm{s}}^2 - \gamma_{\mathrm{m}} R_{\mathrm{w}} k_{\mathrm{m}} (R_{\mathrm{w}} + 2 r_{\mathrm{s}}^2) + \gamma_{\mathrm{m}} R_{\mathrm{s}} k_{\mathrm{ms}} (4 L_{\mathrm{e}} - 2 R_{\mathrm{w}})}$。

由式（8.53）和式（8.54）得：

$$\frac{\partial^2 u_{\mathrm{p}}}{\partial z^2} = \frac{K}{B_{\mathrm{m}}} \frac{\partial u_{\mathrm{m}}}{\partial t} + K \cdot m_{\mathrm{v}} \frac{\partial \bar{u}_{\mathrm{m}}}{\partial t} = - K \beta (\bar{u}_{\mathrm{m}} - u_{\mathrm{p}}) \tag{8.56}$$

令：$u_{\mathrm{p}}(z,t) = \displaystyle\sum_{k=0}^{\infty} A_1 \sin \left(\frac{M}{H} z \right) \mathrm{e}^{-\lambda t} - P_0$，$k = 0, 1, 2, \cdots, M = \dfrac{2k+1}{2} \pi, k = 0, 1, 2, \cdots$，并

代入式（8.56）得：

$$\bar{u}_{\mathrm{m}} = \sum_{k=0}^{\infty} \frac{M^2 + K \beta H^2}{K \beta H^2} A_1 \mathrm{e}^{-\lambda t} \sin \left(\frac{M}{H} z \right) - P_0 \tag{8.57}$$

利用函数系 $\sin \left(\dfrac{M}{H} z \right)$ 在 [0，H] 上的正交性，则：

$$\int_0^H \sin \left(\frac{M}{H} z \right) \bar{u}_{\mathrm{m}} \mathrm{d}z = \frac{M^2 + K \beta H^2}{K \beta H^2} \frac{A_1 H}{2} \mathrm{e}^{-\lambda_1 t} - \frac{H P_0}{M} \tag{8.58}$$

$$\int_0^H \bar{u}_{\mathrm{m}} \sin \left(\frac{M}{H} z \right) \mathrm{d}z = - \frac{H}{M} \bar{u}_{\mathrm{m}} \cos \left(\frac{M}{H} z \right) \Big|_0^H = \frac{H}{M} \bar{u}_{\mathrm{m}} \tag{8.59}$$

解得：

$$\bar{u}_{\mathrm{m}} = \frac{M^2 + K \beta H^2}{K \beta H^2} \frac{A_1 M}{2} \mathrm{e}^{-\lambda_1 t} - P_0 \tag{8.60}$$

由定解条件⑤$t = 0$ 时，$\bar{u}_{\mathrm{m}} = 0$，可求得：

$$A_1 = \sum_{k=0}^{\infty} \frac{2 K \beta H^2 P_0}{M (M^2 + K \beta H^2)}$$

代入式（8.60）得：

$$\bar{u}_{\mathrm{m}} = \sum_{k=0}^{\infty} A_2 \mathrm{e}^{-\lambda t} \sin \left(\frac{M}{H} z \right) - P_0 \tag{8.61}$$

其中，$A_2 = \sum\limits_{k=0}^{\infty} \dfrac{2P_0}{M}$。

代入式（8.55）得：

$$\frac{\partial u_m}{\partial t} = \sum_{k=0}^{\infty} B_m e^{-\lambda t} \sin\left(\frac{M}{H}z\right)\left[\beta(A_1 - A_2) + A_2 m_v \lambda\right], \quad r_w \leqslant r \leqslant r_s \tag{8.62}$$

至此，非饱和区的求解还剩未知数 λ 未求出。

于是对式（8.62）两边积分得：

$$u_m = -\frac{e^{-\lambda t}}{\lambda} \sum_{k=0}^{\infty} B_m \sin\left(\frac{M}{H}z\right)\left[\beta(A_1 - A_2) + A_2 m_v \lambda\right] + C \tag{8.63}$$

对 z 求导得：

$$\frac{\partial u_m}{\partial z} = -\frac{M e^{-\lambda t}}{H\lambda} \sum_{k=0}^{\infty} B_m \cos\left(\frac{M}{H}z\right)\left[\beta(A_1 - A_2) + A_2 m_v \lambda\right] \tag{8.64}$$

为了确定非饱和区的未知参数 λ，接下来对饱和区进行求解，假设饱和区与非饱和区的等效砂井（塑料排水板）参数一致，则饱和区的定解条件为：

① $r = r_e$ 时，$\dfrac{\partial u_w}{\partial r} = 0$；

② $r = r_w$ 时，$u_w = u_p'$；

③ $z = h$ 时，$\bar{u}_m = \bar{u}_w$，$k_{ms}\dfrac{\partial u_m}{\partial z} = k_{ws}\dfrac{\partial u_w}{\partial z}$，$\dfrac{\partial u_p}{\partial z} = \dfrac{\partial u_p'}{\partial z}$，$k_m\dfrac{\partial u_m}{\partial z} = k_w\dfrac{\partial u_w}{\partial z}$，$\dfrac{\partial \bar{u}_m}{\partial z} = \dfrac{\partial \bar{u}_w}{\partial z}$；

④ $t = 0$ 时，$\bar{u}_w = 0$；

⑤ $z = H$ 时，$\dfrac{\partial u_p'}{\partial z} = 0$；

设 $z' = z - h$，则饱和区（$h \leqslant z < H$）的解为：

$$u_w = \begin{cases} -u_p \sum\limits_{k=0}^{\infty} e^{-B_r t} \dfrac{2A}{M} \sin\left(\dfrac{M(z-h)}{H-h}\right) + u_p, & r_w \leqslant r \leqslant r_s \\[2mm] -u_p \sum\limits_{k=0}^{\infty} e^{-B_r t} \dfrac{2B}{M} \sin\left(\dfrac{M(z-h)}{H-h}\right) + u_p, & r_s \leqslant r \leqslant r_e \end{cases} \tag{8.65}$$

其中：$A = -\dfrac{k_w B_r}{K_{ws}\lambda' F_a}\left(\ln\dfrac{r}{r_w} - \dfrac{r^2 - r_w^2}{2r_e^2}\right) + \dfrac{\lambda' - B_r}{\lambda'}$，$B_r = \dfrac{8C_h}{d_e^2}\left(F_a + \dfrac{8}{M^2}\dfrac{n^2-1}{n^2}G\right)$，$d_e = 2r_e$，$B = \dfrac{B_r}{\lambda' F_a}\left[\ln\dfrac{r}{r_s} - \dfrac{r^2 - r_s^2}{2r_e^2} + \dfrac{K_w}{K_{ws}}\left(\ln s - \dfrac{s^2-1}{2n^2}\right)\right] + \dfrac{\lambda' - B_r}{\lambda'}$，$n = r_e/r_w$，$C_h = k_w E_s/\gamma_w$，$\lambda' = \dfrac{8C_h}{d_e^2 F_a}$，$G = (K_w/K_p)\left(\dfrac{H-h}{d_w}\right)^2$。

当 $z = h$ 时，由 $k_{ms}\dfrac{\partial u_m}{\partial z} = k_{ws}\dfrac{\partial u_w}{\partial z}$ 求得：

$$\lambda = \frac{B_m \beta}{\left(\dfrac{k_{ws}}{k_{ms}} + k_{ms}B_m m_v\right)K\beta\dfrac{H^2}{M^2} + B_m m_v} \tag{8.66}$$

于是 u_p 未知数全部解出：

$$u_p(z,t) = \frac{2K\beta H^2 P_0}{M(M^2 + K\beta H^2)} \sum_{k=0}^{\infty} e^{-\lambda t} \sin\left(\frac{M}{H}z\right) - P_0, \quad k = 0,1,2\cdots \tag{8.67}$$

可得到非饱和区最终解（$0 \leqslant z < h$）：

$$u_{\mathrm{m}} = \begin{cases} \sum_{k=0}^{\infty} \dfrac{MP_0\beta C\mathrm{e}^{-\lambda t}}{M^2 + K\beta H^2}\sin\left(\dfrac{M}{H}z\right) - P_0, & r_{\mathrm{w}} \leqslant r \leqslant r_{\mathrm{s}} \\[4mm] \sum_{k=0}^{\infty} \dfrac{MP_0\beta D\mathrm{e}^{-\lambda t}}{M^2 + K\beta H^2}\sin\left(\dfrac{M}{H}z\right) - P_0, & r_{\mathrm{s}} < r \leqslant r_{\mathrm{e}} \end{cases} \tag{8.68}$$

其中：$C = \dfrac{\gamma_{\mathrm{m}}}{k_{\mathrm{ms}}}\left(r_{\mathrm{s}}^2\ln\dfrac{r}{r_{\mathrm{w}}} - \dfrac{r^2 - r_{\mathrm{s}}^2}{2}\right) + \dfrac{R_{\mathrm{s}}\gamma_{\mathrm{m}}\ln\dfrac{r}{r_{\mathrm{w}}}}{k_{\mathrm{m}}} + \dfrac{2KH^2}{M^2}$,

$D = \dfrac{\gamma_{\mathrm{m}}}{k_{\mathrm{m}}}\left(r_{\mathrm{e}}^2\ln\dfrac{r}{r_{\mathrm{w}}} - \dfrac{r^2 - r_{\mathrm{s}}^2}{2} - L_{\mathrm{s}}\right) + \dfrac{\gamma_{\mathrm{m}}}{k_{\mathrm{ms}}}\left(L_{\mathrm{s}} - \dfrac{R_{\mathrm{sw}}}{2}\right) + \dfrac{2KH^2}{M^2}$。

8.4.4 简化计算方法

通过上文的推导，已经得到了真空预压时非饱和区与饱和区地基中的平均超静混合流体压力和超静孔隙水压力的解析解。在以上研究成果的基础上，根据有效应力原理，即可求出真空预压下地基的平均固结度。

任一时刻 t、深度 z 处，PVD 处理区地基土的径向平均固结度：

$$U_{\mathrm{m}} = 1 - \sum_{k=0}^{\infty} \frac{2}{M}e^{-\lambda t}\sin\left(\frac{M}{H}z\right), \quad 0 \leqslant z < h \tag{8.69}$$

$$U_{\mathrm{w}} = 1 - \sum_{k=0}^{\infty} \frac{2}{M}e^{-B_{\mathrm{r}}t}\sin\left(\frac{M}{H}z\right), \quad h \leqslant z \leqslant H \tag{8.70}$$

PVD 处理区地基的平均固结度为：

$$\bar{U}_1 = 1 - \sum_{k=0}^{\infty} \frac{2He^{-B_{\mathrm{r}}t}}{M^2(H-h)}\cos\left(\frac{Mh}{H}\right) + \sum_{k=0}^{\infty} \frac{2He^{-\lambda t}}{M^2 h}\left[\cos\left(\frac{Mh}{H}\right) - 1\right] \tag{8.71}$$

Hart 等提出了软土层底面不排水条件下的未打穿砂井地基平均固结度的近似计算公式：

$$\bar{U} = \rho_{\mathrm{w}}\bar{U}_1 + (1 - \rho_{\mathrm{w}})\bar{U}_2 \tag{8.72}$$

式中，ρ_{w} 为贯入比，$\rho_{\mathrm{w}} = H/H'$，H 为 PVD 处理区的地基深度，H' 为真空预压处理区地基的总厚度；$\bar{U}_1$ 为 PVD 处理深度范围内的土层平均固结度；$\bar{U}_2$ 为 PVD 处理区以下未打穿地基下卧层的平均固结度。在 Hart 法中，单面排水条件下竖井排水的距离一律取 H'。

国内常用的简化计算方法与 Hart 法非常相似，仅在排水距离的取值上有所不同：在单面排水条件下，PVD 处理范围和未打穿范围内的土层排水距离为其土层厚度；在双面排水条件下，PVD 处理范围和未打穿范围内的土层排水距离为土层厚度的一半。

未打穿砂井地基的平均固结度改进方法中 $\bar{U}_1$ 的计算方法与 Hart 法相同，但在计算 $\bar{U}_2$ 时，所取的排水距离为：

$$H'' = (1 - a\rho_{\mathrm{w}})H_{\mathrm{s}} \tag{8.73}$$

其中，在单面排水条件下，取 $H_{\mathrm{s}} = H'$；在双面排水条件下，取 $H_{\mathrm{s}} = H'/2$。

在工程实践中，Hart 法应用广泛，众多学者提出的简化公式多基于 Hart 法得出。因此，对于大面积真空预压的地基平均固结度计算，仍采用近似计算式（8.72），对于 PVD 处理深度范围内的土层平均固结度 $\bar{U}_1$，采用式（8.71）进行计算；PVD 未打穿部分的土体平均固结度的计算方法采用只考虑竖向渗流的一维固结理论。

8.5　沉降变形影响因素的数值模拟研究

根据第 4 章、第 5 章真空预压和堆载预压试验场地（T1、T2 试验区）建立三维数值模拟，以评价真空预压与堆载预压应用于大面积深厚软基场地形成工程的处理效果，并对地基变形规律、影响因素以及对周围环境的影响等方面进行研究。T1、T2 场地概况详见第 4 章、第 5 章相关内容。

8.5.1　三维数值模拟模型的建立

对真空预压和堆载预压的三维数值模拟采用 ABAQUS 数值模拟软件。图 8.9 为数值模型的三维有限元网格图，考虑到试验区块的对称性，模型采用四分之一的区域进行模拟。真空预压与堆载预压的模型土层宽度分别为 90m 和 60m，土层厚度均为 40m，分别有 220720 和 115520 个三维实体孔压单元，8 节点单元。塑料排水板为实体单元，长度均为 20m。为了简化三维网格，塑料排水板采用 52mm×52mm 的横截面，间距为 1.02m 的矩形分布，以保证每个排水板的等效直径和渗透面积与现场试验相一致。

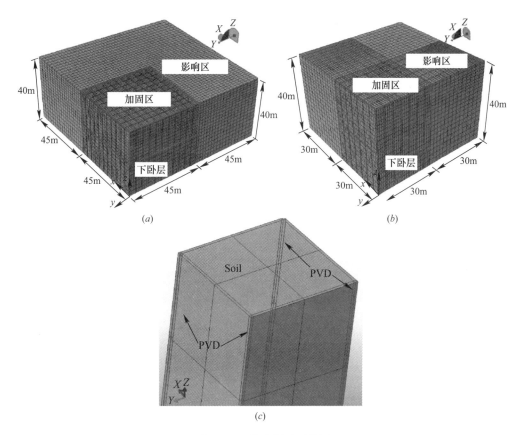

图 8.9　三维有限元网格图
(*a*) T1 真空预压区；(*b*) T2 堆载预压区；(*c*) PVD 加固区单元

145

T1 和 T2 区的三维数值模型的边界条件均如下：底部边界固定无位移；4 个侧面边界的水平位移为 0，竖向位移无限制；底部和 4 个侧面边界处均假定为无渗流。此外，T2 区的地表孔隙水压力设定为 0 以模拟砂垫层的作用。

8.5.2 材料参数

在数值模拟分析中，地基土体假定为线弹塑性材料，采用莫尔-库伦强度准则。塑料排水板的模量假定与周围土层相一致。考虑到由于原位应力、井阻、长期蠕变的影响，塑料排水板在现场试验中的透水能力比出厂值要低，排水板的渗透系数假定为 540m/d（相当于材料出厂值的 25%）。塑料排水板的模量假定与周边土体相一致。表 8.1 为数值模拟中各土层材料的参数，数据基本来源于室内试验的结果，泊松比基于上海市典型土层的数值来确定。密封墙的作用为降低边界土体的渗透系数以减小真空度在边界处的损失，在分析中密封墙的渗透系数假定为 1×10^{-8} cm/s，密封墙的模量假定与周边土体相一致以简化计算。

材料参数表   表 8.1

土层	E (MPa)	υ	γ (kN/m³)	e_0	k_v (10^{-7}m/d)	k_h (10^{-7}m/d)	c' (kPa)	φ' (°)
①素填土	2.00	0.30	17.4	1.209	7.41	2.05	20	16.0
②粉质黏土	4.23	0.35	18.4	0.928	9.33	11.30	20	19.0
③淤泥质粉质黏土	3.00	0.43	17.6	1.123	9.33	19.50	12	17.5
③$_t$黏质粉土	8.56	0.35	18.7	0.821	726.00	816.00	5	33.0
③淤泥质粉质黏土	3.00	0.45	17.6	1.123	9.33	19.50	12	17.5
④淤泥质黏土	2.03	0.45	16.8	1.392	4.37	11.70	10	12.5
⑤$_1$黏土	2.84	0.35	17.4	1.209	11.00	10.70	13	13.5
⑤$_3$粉质黏土	4.53	0.35	18.0	1.209	9.33	10.70	18	20.5

注：E—弹性模量；υ—泊松比；γ—重度；e_0—初始孔隙比；k—渗透系数；c'—有效黏聚力；φ'—有效摩擦角。

8.5.3 数值模型的验证与分析

将三维数值模拟计算结果与现场试验监测数据进行对比分析。

1. 地表沉降

图 8.10 为现场监测与数值模拟计算的地表沉降历时曲线图，从图中可以看出，监测值与三维数值模拟的计算结果较为吻合。由于真空预压区的真空荷载是在较短的时间内施加至设计值，加载过程对沉降的影响不如堆载预压那么明显。在 T2 区的每个加载阶段，地表沉降首先表现出快速增加，随后随着土体的固结，沉降速率逐渐降低。在预压结束时，T1 区中心点地表沉降的监测值与数值模拟值分别为 892mm 和 870mm，T2 区中心点地表沉降的监测值与数值模拟值分别为 1050mm 和 1058mm。Asaoka 提出了通过现场监测数据推导最终沉降值的方法，依据 Asaoka 法，T1 和 T2 区的最终沉降分别为 938mm 和 1120mm，因此，在预压结束时，T1 区和 T2 区的平均固结度分别为 95.1% 和 93.8%，真空预压与堆载预压在预压结束时达到了相近的固结度，但真空预压的预压时间减少了近30d。

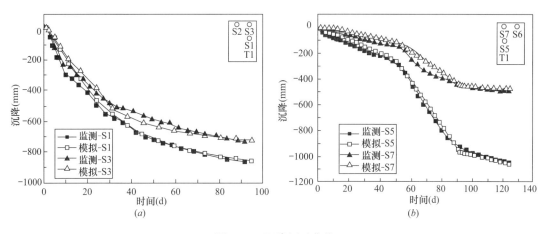

图 8.10　沉降历时曲线
(a) T1 区；(b) T2 区

从图 8.10 可以看出，在相同的等效固结压力下，真空预压下土体的固结速率明显较堆载预压大，真空预压加固区内土体的不均匀沉降也明显小于堆载预压。由于在真空预压的加载过程中土体无剪切破坏而失稳的可能，真空荷载可以快速的施加，相反，堆载预压需分级加载以避免较大的不排水剪切变形导致的土体破坏失稳。由于真空预压下的土体固结几乎是等向变形，T1 区的不均匀沉降显著减小。

2. 分层沉降

图 8.11 为数值模拟计算与现场试验监测得到的 T1 和 T2 区分层沉降对比图，从图中可以看出，三维有限元的计算结果与现场监测值较为吻合，主要的压缩区域出现在地表到排水板底部之间的土层。这主要是由于塑料排水板所打穿的土层是该地区主要的压缩层，即淤泥质粉质黏土与淤泥质黏土层，并且塑料排水板的打设显著加速了该区域土体的固结速率。

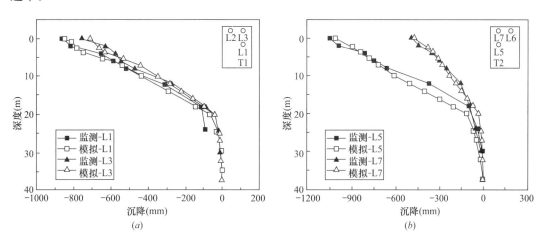

图 8.11　分层沉降曲线
(a) T1 区；(b) T2 区

图 8.12 为数值模拟的预压结束时各处理区各层土的压缩应变，从图中可以看出 T1 区各层土的应变均较 T2 区小。在这里定义一个压缩应变比，即 T1 区和 T2 区各对应土层的

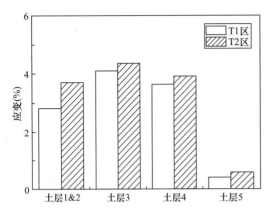

图 8.12 数值模拟的各层土压缩应变

压缩应变之比，土层①&②、土层③、土层④、土层⑤的压缩应变比分别为 0.76、0.94、0.93 和 0.71。土层⑤由于在插打排水板深度以下，在抽真空时间有限的情况下，真空度在深厚低渗透性的下卧土层中并不能有效地向深部土体传递，因此⑤层土体的压缩应变比最小。所有土层的平均压缩应变比为 0.87，这与工程中常用的相同荷载水平下真空预压与堆载预压的沉降比取值 0.9 相一致。

3. 周边位移

图 8.13 为 T1 和 T2 区预压结束时数值模拟与现场监测的土体侧向位移对比图。负的侧向位移值代表着土体朝向加固区内的方向移动，也即正的侧向位移值代表着土体朝向加固区外的方向移动。整体来看，真空荷载的施加引起了周边土体向加固区内的水平位移，堆载荷载的施加引起了周边土体向加固区外的水平位移。如图 8.13 (a) 所示，在 T1 区，土体位移朝向加固区内，数值模拟计算结果与监测值较为吻合。最大的侧向位移发生在地表，且随着深度的增加迅速衰减。根据现场监测数据，真空预压的侧向位移影响深度约为 18m，小于数值模拟的计算结果。由于数值模型并未考虑加固区边界向内位移而可能产生的地表开裂情况，导致水平向的有效应力可以较现场试验传递至更深的土层中。

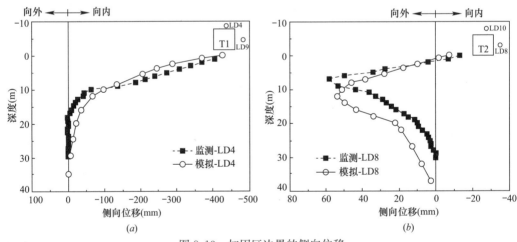

(a)   (b)

图 8.13 加固区边界的侧向位移

(a) T1 区；(b) T2 区

从图 8.13 (b) 可以看出，T2 区外围的侧向位移规律与 T1 区外围截然不同。在地表处，土体朝向加固区内位移，但随着深度的增加，位移逐渐朝向加固区外发展。朝向加固区外的最大侧向位移出现在地表以下 8m 左右，并随着深度的继续增加而逐渐减小。地表的堆载增加了土体中的水平应力，当应力超过了土体的抗剪强度时，土体深部就会发生圆弧状破坏，导致土体深部侧向位移发生了转向。最大的侧向位移发生位置即为潜在的滑动面穿过的位置。

4. 孔隙水压力

图 8.14 为 T1 和 T2 区 11m 和 24m 深度处的超静孔隙水压力监测值与数值模拟计算

结果的历时曲线对比图，三维数值模拟的计算结果与现场监测的数据较为吻合。T2 区的最大超静孔隙水压力约为 20kPa，相当于总堆载荷载的 20% 左右，说明塑料排水板的打设有效地加快了超静孔隙水压力的消散。

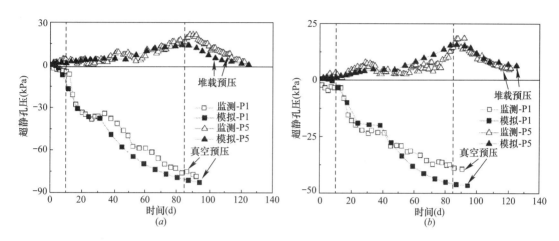

图 8.14　中心点超静孔隙水压力历时曲线

（a）11m 深度处；（b）24m 深度处

在真空预压的过程中，真空膜下的真空度在第 10d 时加至 −85kPa，而土体中的超静孔隙水压力出现了明显的响应滞后现象。由于软土层的渗透系数较小，真空度向土体深处的传递需克服较大的阻力，即使打设有塑料排水板，地表施加的真空荷载在施工结束时仍未有效传递至塑料排水板底部以下的土体中。

在堆载预压过程中，超静孔隙水压力在地表荷载施加至最大值（85d）以后仍在继续增长，Kabbaj 等也报道过在 Berthiervill 填土试验现场量测到的在施工结束的某段时间内孔隙水压力升高和有效应力减小的现象。李军世和孙钧认为，孔隙水压力的增长是由土层内部的黏性蠕变效应所引起的：在接近排水面的土层表面，其孔隙水首先排出，而土层内部的孔隙水来不及排出，从而使土体体积保持不变，这意味着土层内部的土体处于应力松弛状态，于是，其有效应力随时间而减小，孔隙水压力上升，而这种孔隙水压力上升的现象与 Mandel-Cyrer 效应可能为同一力学机制所控制，且孔隙水压力的增长不是无限度的。

同时还提到了次固结系数越大，孔隙水压力的增长也越大，并且，这种增长所持续的时间也越长，从而再次说明，蠕变是引起孔隙水压力增长的主要原因。综上所述，将堆载预压区产生孔压滞后的现象归结为：荷载施加过快导致深部土体屈服或者滑移，从而使土体的结构性发生改变，土体有效应力在短时间内有所降低，孔隙水承担的荷载短时间内持续增加，从而导致超静孔压在荷载施加至最大值后仍继续增加一段时间。

图 8.15 为 T1 区中心点预压结束时超静孔

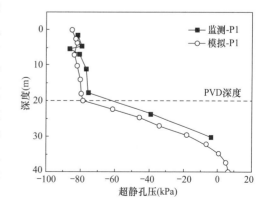

图 8.15　T1 区超静孔压沿深度分布曲线

隙水压力分布的监测与数值模拟对比曲线图，数值模拟结果与监测值较为吻合。超静孔压在塑料排水板插打深度内几乎保持稳定，与地表施加的真空荷载相近，在塑料排水板以下10m深度处超静孔压迅速衰减至0。

8.5.4 讨论

1. 不同地基处理方式的水平向影响范围

图8.16为三维数值模拟计算得到的T1和T2加固区外围水平位移沿中轴面的变化情况。从图8.16可以看出，在地表处和9m深度处，真空预压所产生的水平位移绝对值均比堆载预压大。在堆载预压时，靠近加固区的土体朝向加固区内移动，但是随着与加固区距离的增加，土体逐渐开始朝向加固区外的方向移动。而在9m深度处，整个加固区外围的土体均被由堆载预压引起的水平应力推向加固区外。总体来说，真空预压的水平位移影响范围较堆载预压大。这可以解释为被动土压力系数较静止土压力系数大，导致土体向内收缩的水平土压力相较导致土体向外移动的水平土压力要小。

图8.17为T1区外围水平位移随时间变化曲线图，监测值与数值模拟值较为吻合。从图8.17中可以看出，在真空预压的加载过程中，加固区外围的土体均朝向加固区内发展，且随着预压时间的增加，水平位移逐渐增大。虽然真空预压区外围的水平位移较大，但由于其位移方向均朝向加固区内，所以并不会出现土体失稳破坏现象。

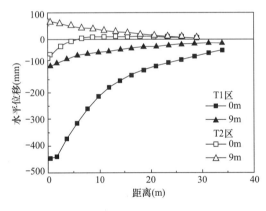

图8.16 加固区外围水平位移随距离变化曲线

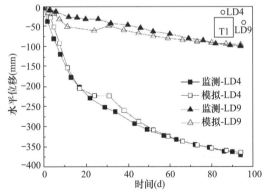

图8.17 加固区外围水平位移随时间变化曲线

由于真空预压和堆载预压的作用机理不同，其加固区外的土体应力状态也有较大的区别。在真空预压的作用下，加固区外土体土压力系数将会减小，而堆载预压的作用将会引起周边土体土压力系数的增加。因此，在真空预压的影响下，加固区外土体的土压力系数在主动土压力系数（K_a）与静止土压力系数（K_0）之间；在堆载预压的影响下，加固区外土体的土压力系数在被动土压力系数（K_p）与K_0之间。图8.18为数值模拟计算出的加固区外9m深度处的土压力系数随着与加固区边界不同距离的变化曲线。K_0的值由数值模型的初始应力状态计算得到，K_a的值根据经典朗肯土压力理论 $[K_a=\tan^2(45°-\varphi'/2)]$ 计算得到。从图8.18可以看出，堆载预压加固区边界处的土体土压力系数大于K_0，并且离加固区越远的土体，其土压力系数先增后减，并逐渐向K_0靠近。而在真空预压加固区边界处的土体，其土压力系数接近K_a，并且离加固区越远的土体，其土压力系数逐渐增加，并向K_0靠近。

2. 不同地基处理方式竖向影响范围

图 8.19 为 T1 加固区外地表竖向位移随时间变化的曲线。由图 8.19 可以看出，在真空预压的影响下，加固区外地表出现了随时间增加而增大的沉降，且离加固区越近，沉降值越大，这间接反映了在真空预压处理过程中，土体是向加固区内收缩变形的。图 8.20 为 T2 加固区外地表竖向位移随时间变化的曲线，出现了与 T1 区不同的竖向位移方式。受堆载预压的影响，在近加固区的地表出现了随时间增加而增大的沉降；而在较远的地表则出现了向上隆起的位移，且位移值随着堆载荷载的增加而逐步增加，当加固区内停止加载时，地表位移逐渐趋于稳定。这表明在堆载预压时，堆载区的地基深部由于水平附加应力的增加出现了潜在剪切滑动面，依据 Bishop 条分法进行估算，滑动面的位置穿过距离加固区 7.9m 的地表处，这与数值模拟的结果较为吻合（见图 8.21），于是在离加固区更远的区域出现了地表向上隆起的现象。

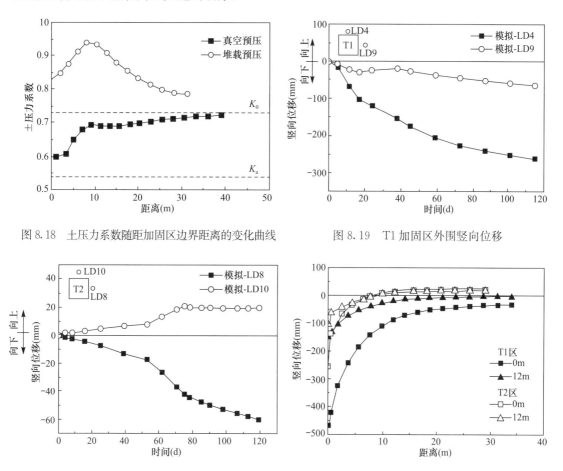

图 8.18　土压力系数随距加固区边界距离的变化曲线　　　图 8.19　T1 加固区外围竖向位移

图 8.20　T2 加固区外围竖向位移　　　图 8.21　加固区外围不同深度处竖向位移对比曲线

图 8.21 为三维数值模拟的预压结束时加固区外围不同深度处竖向位移对比曲线，从图中可以看出，T1 区的竖向位移明显较 T2 区大，但 T1 加固区外的竖向位移均表现为土体沉降，且随着深度的增加以及离加固区距离的增加，沉降值迅速减小。而 T2 区在距加固区 7.8m 的位置出现了竖向位移方向的反转，该点也即深部土体潜在滑动面穿过的位置，与上文的分析相吻合。

3. 密封墙的作用

为保证真空预压试验区的处理效果,在 T1 加固区的四周打设有双轴泥浆搅拌桩作为密封墙。为了研究密封墙在真空预压过程中所起到的作用,在 T1 区数值模型的基础上建立了无密封墙的模型。图 8.22 为预压结束时有密封墙和没有密封墙条件下的超静孔压沿深度的分布曲线。从图 8.22 可以看出,在密封墙深度范围内,加固区内靠近密封墙的土体中的超静孔压与中心区域的超静孔压基本一致,而边界处的超静孔压在密封墙深度以下迅速衰减。

图 8.23 为 T1 区中轴面上不同深度处在预压结束时的超静孔压分布情况。从图 8.23 同样可以看出,超静孔压在靠近加固区边界的位置时迅速减小,且没有密封墙时超静孔压的衰减区域更大,且衰减更快,尤其是在密封墙底部深度 10m 以下的区域,这说明密封墙有效的减小了加固区周边土体对加固区的影响,保证了真空预压的加固效果。

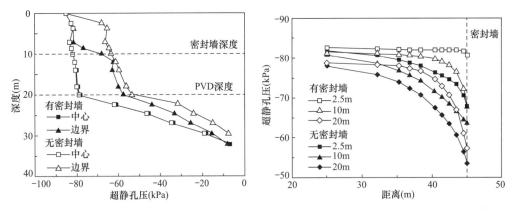

图 8.22　密封墙对超静孔压沿深度分布的影响　　图 8.23　密封墙对超静孔压沿中轴面分布的影响

为了更加清楚地表现密封墙的作用,图 8.24 展示了数值模拟计算出的预压结束时有密封墙和没有密封墙条件下的超静孔压云图,可以看出在有密封墙的情况下,密封墙深度范围内的土体中负的超静孔压几乎与地表施加的真空度一致(-85kPa),而负的超静孔压在密封墙深度以下以球状向外传播。而在没有设置密封墙的模型中,预压结束时负的超静孔压在加固区边界处沿深度迅速衰减,由此可以看出,密封墙对于减弱真空预压边界处的真空度损失有很重要的作用。

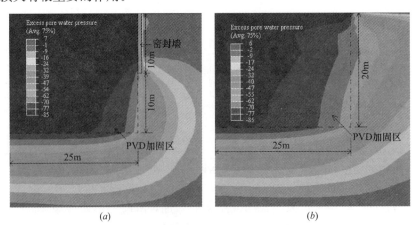

图 8.24　密封墙对孔压影响的云图(单位:kPa)

(a) 有密封墙;(b) 无密封墙

图 8.25 和图 8.26 分别为 T1 加固区外围在预压结束时有密封墙和没有密封墙条件下的水平位移和竖向位移的分布规律图。从图 8.25 可以看出在 0m 和 12m 深度处，没有密封墙条件下的水平位移为有密封墙条件下的一半左右，而从图 8.26 可以看出，在没有密封墙条件下的地表竖向位移明显比有密封墙时的要大。由于密封墙减弱了真空预压边界处的真空度损失，保证了加固区内的土体固结效果，因此加固区内的土体较大的固结收缩导致了更大的土体侧向位移。由于真空度的水平向传递，加固区外的土体也会产生一定的固结沉降，而密封墙的作用限制了这部分位移，因此在有密封墙的情况下，加固区外围的地表竖向位移相应减小了。

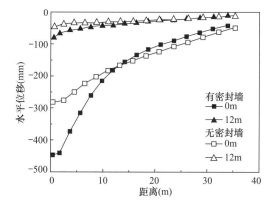

图 8.25　密封墙对加固区外围水平位移的影响

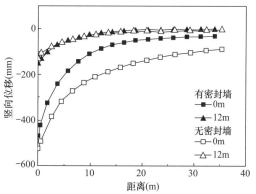

图 8.26　密封墙对加固区外围竖向位移的影响

4. 真空度在下卧层的传递规律

真空预压的影响深度目前还存在很大的争议，根据上文的研究，地表抽真空的影响范围在 30m 左右，也即排水板插打深度以下 10m 左右的位置，这与目前工程实际中的主流观点相一致。为了研究真空度在塑料排水板插打深度以下（以下简称"下卧层"）的传递规律，以 T1 区的数值模型为基础，将真空荷载的施加时间延长至 10 年，以观察真空度是否会传递至更深的土体中。

图 8.27 为加固区中心点的真空度在下卧层随时间的传递曲线。从图 8.27 可以看出，负的超静孔压在加载 90d 过后并未保持稳定，负压继续在土体中向下传递。在荷载施加 1 年时，排水板插打范围内土体的真空度已全部达到地表施加的真空荷载（－85kPa），下卧层的负压水平也较第 90d 时有了明显的提高。而当荷载施加时间达到 10 年时，地表所施加的真空荷载已传递至模型的底部，在整个下卧层土体中均达到了接近地表施加的真空荷载（－85kPa）。由此可以看出，理论上只要地表抽真空不断的进行，其负压荷载会逐渐传递至排水板以下更深的土层，而实际工程中可能达到的效果仍需继续研究。

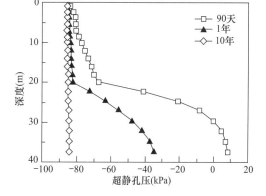

图 8.27　真空度在下卧层随时间的传递规律

为了更清楚地表现出真空荷载在下卧层中的传递规律，图 8.28 绘制了真空度在下卧层随时间的传递规律云图，从图中可以看出，负的超静孔压在向下卧层的传递过程中也是逐层向下的，只要真空荷载的施加时间足够长，负的超静孔压就可以向更深层的土体中传递。因此真空预压的影响深度与加载时间密切相关，在真空预压的设计中，需要注意真空预压的沉降计算深度与真空荷载施加时间的关系，尤其是塑料排水板深度以下的土体沉降计算。不过即使荷载施加时间达到了 10 年，地表真空荷载（—85kPa）也不能有效的传递至下卧层的所有区域，自密封墙位置以下依旧出现了超静孔压的衰减，在排水板的深度以下区域衰减尤为明显。这也一定程度地表现了竖向排水通道（PVD）与密封墙在真空预压过程中所起到的作用。

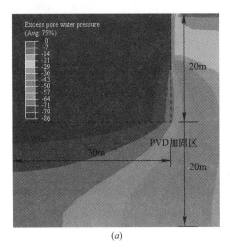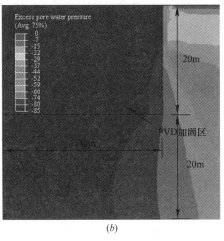

图 8.28　真空度在下卧层随时间的传递规律云图（单位：kPa）

(a) 加载 2 年后；(b) 加载 10 年后

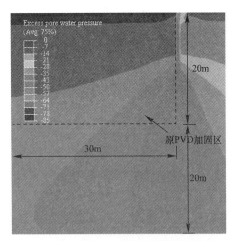

图 8.29　无塑料排水板下真空度施加
10 年时分布云图（单位：kPa）

为了更加直观地表现竖向排水通道（PVD）在真空预压中所起到的作用，在 T1 区数值模型的基础上不设置塑料排水板，直接在地表施加真空荷载。图 8.29 为荷载施加 10 年时的超静孔压分布云图。从图 8.29 可以看出，在无竖向排水通道的情况下，即使地表真空荷载施加了 10 年之久，真空度依旧不能有效地向深部土体传递，只在地表 3m 范围内有较高的真空度水平，大大影响了土体的固结速率。这也证明了如果需要保证真空荷载在下卧层中有效传递，竖向排水通道的打设极为关键。

在真空预压的现场试验中，可以通过孔压监测数据来计算土体的平均固结度（Chu and Yan, 2005），即最终的孔压曲线与初始的孔隙水压力线之差为地表施加的真空度值，该假设与图 8.28 (b) 的模拟结果相一致。根据平均固结度的定义，其可以表示为：

$$\bar{U} = 1 - \frac{\int \left[u_t(z) - u_s(z) \right] \mathrm{d}z}{\int \left[u_0(z) - u_s(z) \right] \mathrm{d}z} \tag{8.74}$$

其中，$u_0(z)$ 为 z 深度处的初始孔隙水压力，$u_t(z)$ 为 z 深度处预压结束时的孔隙水压力，$u_s(z)$ 为 z 深度处的最终孔隙水压力。图 8.30 为基于孔压数据的固结度计算图，由于监测点数量有限，各个监测点之间的孔压值以线性的简化方法来计算。如图 8.30 所示，式（5.1）中表示闭合区域 a-c-d 的面积，表示闭合区域 a-c-e-b 的面积，由此可得到基于孔压监测数据的平均固结度计算值。通过计算，在预压结束时 PVD 深度以上的土体达到了 91.4% 的平均固结度，PVD 以下的土体平均固结度为 27.9%，这表明了 PVD 对加快真空预压下的土体固结速率起到了决定性的作用，这与前述的分析结果相吻合。

5. 附加应力传递规律

在真空预压过程中，附加应力的增加由孔压的降低而产生，而在堆载预压过程中，附加应力的增加是由总应力的增加而产生。图 8.31 为 T1 和 T2 区不同位置处由真空荷载与堆载荷载引起的附加应力传递曲线。从图 8.31 可以看出在两个区块的侧边处，由真空荷载引起的附加应力相对于由堆载预压引起的附加应力仍处于较高的水平，这也造成了真空预压的地表差异沉降较堆载预压更小，而堆载预压的优势在于其产生的附加应力能更加有效地向塑料排水板以下的深部土体传递，而真空度向下卧层的传递则需要较长的时间。

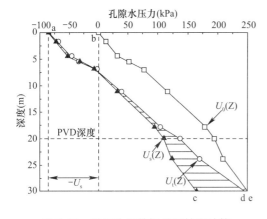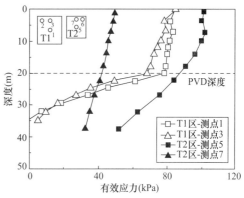

图 8.30　基于孔压数据的固结度计算　　图 8.31　不同位置处有附加力传递曲线

8.6　本章小结

本章对软土地区场地形成工程沉降计算方法进行了研究，主要结论可归纳如下：

（1）通过大面积堆载预压下地基沉降计算方法的研究，在考虑地基参数随深度变化的非均质性的情况下，求解出了大面积均布荷载作用下地基中心点的竖向位移解析解，并提出了实用的沉降计算方法；考虑大面积荷载作用下地基深部土体的应变特性，提出了实用的压缩层厚度改进计算方法；

（2）基于混合流体的非饱和土固结简化计算模型，推导了浅部非饱和情况下的真空预压固结解析解（考虑了井阻与涂抹作用），提出了大面积真空预压应用于场地形成地基处理的设计方法，包括固结度和沉降的计算方法，绘制了不同工况下的固结度进程查阅图以便工程设计人员使用；

（3）在真空预压的影响下，加固区外土体的土压力系数在主动土压力系数与静止土压力系数之间；在堆载预压的影响下，加固区外土体的土压力系数在被动土压力系数与静止土压力系数之间；

（4）真空预压与堆载预压的超静孔压传递均出现了一定的响应滞后现象，但其产生的机理并不一致。在真空预压过程中，超静孔压在塑料排水板插打深度范围内几乎保持稳定，而在塑料排水板以下的土体中迅速衰减；真空预压加载 10 年后，整个土体中的超静孔压几乎与地表施加的真空度值相当；真空预压的影响深度与真空荷载施加时间密切相关，需要在设计时的沉降计算中予以考虑；

（5）密封墙对于减弱真空预压边界处的真空度损失有很重要的作用。在有密封墙的计算模型中，负的超静孔压在密封墙深度范围内几乎与地表施加的真空荷载相同（−85kPa），负的超静孔压在密封墙深度以下以球状向外传播；而在没有设置密封墙的模型计算中，预压结束时负的超静孔压在加固区边界处沿深度迅速衰减。

第9章　场地形成工程技术标准研究

9.1　概述

随着城市建设用地供给需求的增大，大规模的围栏填海造地等工程日益增多，地基处理技术研究范围有由小范围处理逐步向大面积、超大面积深厚软基处理的发展趋势，而国内外相关研究成果不多，尤其缺乏指导实际工程的理论体系。本章基于工程实践和理论研究成果，提出了场地形成的概念，形成了包括场地形成地基处理方法选择、控制指标以及处理效果评价方法等内容的场地形成理论体系，制定的场地形成工程技术规范为类似工程的实施提供了依据。

9.2　场地形成地基处理基本理论体系

9.2.1　场地形成工程总流程

场地形成在国内尚属全新的概念，其既有场地平整的工作内容，也需要进行地基处理以满足工程使用的普遍要求。国内尚无先例可循，现有的技术标准也与超大面积深厚软基在设计理念、技术标准和设计计算等方面存在明显的差异，基于场地形成工程的实践与部分科研成果，总结整理出包括场地形成工程的勘察、设计、施工及验收等过程的总流程图（见图9.1）。

首先根据场地的地质条件，对场地形成时不适宜建筑的土壤和地下障碍物进行清除，然后进行地基处理，以促进短期沉降、减少长期沉降、限制不均匀沉降，以达到场地拟建建筑物长期稳定性所需要的地基强度和承载力，并通过填筑达到交地时所需要的标高。需要注意的是，场地形成工程实施过程中，其内部的拟建建筑物尚属于创意阶段，无法根据拟建建筑物的具体位置和性质进行有针对性的设计，因此宜根据使用功能的不同划分相应的处理等级。

该流程图将有助于完善场地形成工程的基本理论体系，为场地形成概念在我国的推广应用奠定基础。

9.2.2　处理工法选择标准

1. 常用地基处理方法在场地形成工程中的应用

传统的软土地基处理方法受到了设备进场困难、排水效果不明显、换填石料造价成本

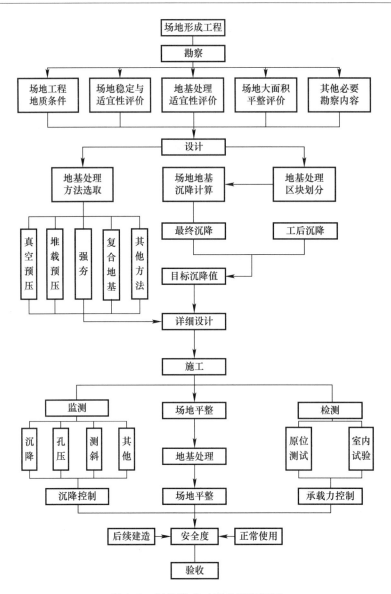

图 9.1　场地形成工程总流程框图

高等各方面的限制，必须因地制宜，从质量、工期和造价等方面综合考虑，寻求一种适用于场地形成工程的软基处理方法，以适应于大面积场地形成工程的发展要求。针对大面积深厚软土地基的特性，目前常用的场地形成地基处理方法主要有以下几种：①排水固结法，如堆载预压、真空预压、真空联合堆载预压法；②复合地基法，目前最常用的是采用搅拌桩（旋喷桩）将水泥、生石灰、粉煤灰等可结凝的材料通过施工机械和要加固场地的土体掺合在一起，形成有较高强度水泥（石灰）土桩的复合地基；③强夯动力排水固结法，即结合了动力固结法和排水固结法，包括了组合锤法、高能级强夯、强夯置换法等；④暗浜与障碍物清除后的填筑以及地基处理后的场地填筑采用分层碾压法施工。

　　传统的复合地基法适用于处理表层新近进行过淤泥或软黏土吹填的大面积软土地基场地。为满足场地形成工程对地基稳定性控制与沉降控制双重标准的要求，组合型复合地基成为浅层场地形成地基处理工程的首选方法，如长-短桩复合地基、长板-短桩复合地基和劲芯搅拌桩复合地基等。采用组合型复合地基的好处在于通过合理配置各种桩型可以同时实现多项地基处理的目的。

当场地形成工程中深厚软土地基潜在不良影响不可忽略时，由于处理面积极大，复合地基法因其成本较高、工期较长等原因不宜采用。有工程曾采用粉喷桩法处理，但处理后在淤泥层中根本找不到成型的水泥土桩，处理失败率较高。而采用低能量大面积强夯能解决上述问题，但对于淤泥性质的吹填土，该方法不一定有效。由于深厚软基具有诸多不良工程特性，同时具有欠固结特性，在对其进行处理时必须采取有效的工程措施，加快土层的固结，将工后沉降量减少到允许范围，以保证建（构）筑物建成后的正常使用，而排水固结法正是处理这类地基的首选方案。下面将结合本章的研究成果，对真空预压与堆载预压各自的优势进行总结。

（1）真空预压法

真空预压法是在总应力不变的条件下，使孔隙水压力减少，有效应力增加，土体强度增长。对于在持续荷载下体积会发生很大压缩和强度会增长的土，且又有足够时间进行预压时，这种方法特别适用。但是在真空预压边缘，由于真空度会向外部扩散，其加固效果不如中部，为了使预压区加固效果比较均匀，预压区应大于处理边线，但这样导致其沉降对周边有一定影响，所以要有一定安全距离，距离较近时应采取保护措施。

真空预压处理地基时，要设置竖向排水系统，因竖向排水系统能将真空度从砂垫层中传至土体，并将土体中的水通过其抽至砂垫层然后排出，若不设置，无法起到上述作用就达不到加固目的。

真空预压的效果和膜内真空度大小关系很大，真空度越大，预压效果越好，如真空度不高，处理效果将受到较大影响。就此，国内一般采用黏土泥浆搅拌桩，密封性能好，搅拌桩桩身强度低于周边土体强度。

真空预压所用的塑料排水板的排水能力与排水板受到的侧向土压力、板的挠度及排水板内的水头损失有关，塑料排水板的选择应根据型号、性能、打设深度、间距、地基处理深度等综合确定，保证竖向排水能力满足设计要求。

水平排水垫层往往采用的是散体材料中的粗砂，其抵抗不均匀变形的能力差，在预压荷载作用下若地基的不均匀变形过大，则水平排水垫层很可能断开而不连续，其排水性能也就失效，导致地层中的孔隙水无法顺利排出，可通过加垫层厚度或减小不均匀变形等措施来解决。

同时，为了保证真空度，必须采用抗老化性能好、韧性好、抗穿刺能力强的密封膜。

对于预压工程，什么情况下可以卸载，这是工程上很关心的问题，实际工程中建议采用目标沉降值和沉降速率综合判定。具体建议指标如下：

1）目标沉降值≥700mm 区域满足以下两点中的任意一点即达到卸载标准。

① 沉降观测点达到该区块的目标沉降值；

② 沉降观测点未达到该区块的目标沉降值，但在预压时间（真空度达到 80kPa 后）超过 90d 后，连续 5d 的实测平均沉降速率≤1.5mm。

2）目标沉降值＜700mm 区域达到该区块的目标沉降值，沉降观测点达到目标沉降值的设计原则：

① 一个区块中所有沉降观测点沉降值的平均值不小于该区块的目标沉降值；

② 一个区块中85%沉降观测点的沉降值均不小于该区块的目标沉降值；

③ 一个区块中所有沉降观测点的沉降值不小于该区块的目标沉降值的80%；

④ 一个区块中小于目标沉降值的观测点应是随机分布的，且小于目标沉降值的任意两点不得相邻。

就真空预压而言，有以下几个优势：

① 工期更短

从加固机理方面考虑，堆载预压通过增加地基中的总应力，使地基产生超静孔隙水压力，因此堆载预压对地基的天然抗剪强度有一定的要求，必须严格控制加荷速率，一般荷载是要分级施加的；而真空预压是在总应力保持不变的条件下，通过降低孔隙水压力，增加有效应力从而使地基强度增长，因此真空预压作用下的地基土体由于是等向固结，施工过程中对其天然抗剪强度没有要求，可连续抽真空至最大真空度。在真空预压施工过程中，土骨架孔隙间的封闭气泡较堆载预压更容易排出，从而施工进度较快；

② 均匀沉降更小

对于大面积场地形成工程来说，不均匀沉降是一个很重要的控制指标。由于受堆载荷载的放坡以及土体中应力扩散的影响，堆载预压区的中心点与靠近边界附近存在较大的不均匀沉降；而真空预压过程中由于土体等向固结，其不均匀沉降显著减小；

③ 成本更低

真空预压法的经济成本要小于总荷载相近情况下的堆载预压。剔除塑料排水板、砂垫层等两种工法都需要的部分，真空预压法施工3个月的价格约为60元/m²～80元/m²，而不考虑卸载的情况下，100kPa堆载的价格已超过200元/m²。且真空预压无需大量的预压材料，也不必单独设置弃渣场地，非常适合沿海发达地区的大面积地基处理。

（2）堆载预压法

堆载预压则是通过增加土体的总应力，并使超静水压力消散来增加其有效应力，使土体压缩和强度增长，这种方法特别适用于超载预压处理。在堆载预压过程中，地基因排水固结增加强度的同时，剪应力也相应增加。如后者大于前者，则可导致土体的剪切破坏。因此，加载速率应与土的强度增长相适应。

堆载预压的设计，实际上在于合理安排排水系统和加压系统的关系，使地基在受压过程中排水固结，增加强度，以满足工程对沉降的要求。同时，合理设计监测系统，通过监测数据指导施工，做到动态化设计和信息化施工。

对于缺少砂料的地区，以及吹填土强度极低、含水率极高、呈流塑状态时，可采用无砂垫层的堆载预压法进行处理。对于沉降有严格限制的工程，应采取超载预压处理，可减少处理工期，减少工后沉降量。工程应用时应进行试验性施工，在保证整体稳定的条件下实施。施工时，严格控制加载速率，防止地基发生剪切破坏或产生过大的塑性变形。

现有的固结理论计算公式都是假设荷载是一次瞬时施加的，对逐渐加荷条件下地基的固结度计算则需要经过修正，建议采用改进的高木俊介法进行修正。对竖向排水体未穿透受压土层时，竖向排水体范围土层平均固结度与竖向排水体以下土层的平均固结度相差较大，预压期间所完成的固结变形量也因之相差较大，不宜按整个受压土层平均计算而应分别计算。

堆载预压有以下几个优势：

① 短期内加固深度更深

在总荷载与施工时间相近的情况下，堆载预压的加固深度大于真空预压。在塑料排水板的插打深度范围内的土体中，真空预压与堆载预压区的总附加应力相近，而在塑料排水板深度以下的土体中，真空预压区的附加应力相对于堆载预压区显著下降，故堆载预压在加固深度范围内的加固效果比真空预压要均匀。若地基加固后直接施加较大的建筑物荷载，真空预压加固区需要慎重设计、计算，或者增加施工的时间以增大预压影响深度，或者新建建筑物需采用桩基础等措施；

② 周边位移更小

堆载预压对周边环境的影响区域显著小于真空预压；

③ 理论上无荷载大小限制

真空预压加固效果受大气压力限制，最大施加真空荷载通常小于 95kPa。堆载预压理论上则无此限制。在需要较大预压荷载的情况，可以考虑真空-堆载联合预压法。

（3）真空和堆载联合预压

真空和堆载联合预压加固，二者的加固效果可以叠加，符合有效应力原理，并经工程试验验证，当采用真空和堆载联合预压时，既抽真空降低孔隙水压力，又通过堆载增加总应力。

开始时抽真空使土中孔隙水压力降低有效应力增大，经过不长时间（7d～10d），在土体保持稳定的情况下堆载，使土体产生正孔隙水压力，并与抽真空产生的负孔隙水压力叠加。正负孔隙水压力叠加，转化的有效应力为消散的正、负孔隙水压力绝对值之和。

对堆载预压工程，应严格控制加载速率，防止地基发生剪切破坏或产生过大的塑性变形。工程上一般根据竖向变形、边桩水平位移和孔隙水压力等监测资料按一定的标准控制。

2. 场地形成地基处理工法比选原则

本书通过现场试验以及三维数值模拟分析了不同处理方式的优势与劣势，为场地形成地基处理方法的比选奠定了基础。真空预压工法的工期短、不均匀沉降小、成本低、土体无侧向挤出、场地整洁、施工干扰少；堆载预压法的加固深度大、周边位移小、理论上无荷载大小限制，但需分级加载，且有土体侧向挤出、堆载材料的后处理等问题；组合型复合地基法适用于浅层场地形成地基处理；而低能级强夯和冲击碾压法的加固深度浅，无法满足一般大面积地形成地基处理沉降控制目标。

综合考虑，处理方法的比选原则主要参考以下几个方面：

① 根据场地各区域使用功能不同，如主题乐园、酒店、停车场等；

② 根据场地地质条件的变化，如处理地层的起伏、明暗浜等；

③ 按照有利于施工组织、能达到处理效果为原则；

④ 对于沉降控制较为严格的场地形成工程，推荐采用真空预压法进行处理；对于地基承载力要求较为严格的工程，若真空预压不满足要求，应酌情考虑使用真空-堆载联合预压、堆载预压及强夯等工法；对于浅层场地形成地基处理，可考虑组合型复合地基法。

9.2.3 设计与施工控制指标及处理效果评价方法

1. 施工控制

（1）总体协调

场地形成工程涉及的施工工序、工艺繁多，地基处理施工最为重要。场地布置要以提高施工效率为优，充分利用前期现有道路及场地条件展开施工，同时抓紧形成合理的规划场地设施，严格保证施工工期，且规划布置要方便后期施工甚至后续工程的施工。

场地填筑过程中需控制场地排水，填土区应中间稍高，两边稍低，横坡保持在 1.5‰，填方表面做到保持排水流畅，不受侵蚀。

（2）土方调配

土方调配实施系统监测及跟踪填筑材料的来源与去处，同一施工区域严禁使用不同的土源。

（3）清表及地下障碍物清除

清表的内容为：混凝土块、地基、地下储罐和结构、管径大于 25mm 的地下管线；树木和灌木及其根茎，以及其他植物残屑；建筑和生活垃圾等。清表的深度为 300mm，若清表深度下仍有以上物质时，则应继续清除至素土。

（4）明浜与暗浜的处理

对于场地内明浜和暗浜清淤处理，并将其运送到指定地点，再分层回填砂垫层及素土达到要求的标高，每层回填料用压路机来回碾压，使其有一定的压实系数，以满足土方填筑要求。若施工中发现地质异常现象，如表层颜色变化、施工机械下沉、地表干湿变化较大等，应及时通知勘察单位进一步明确是否存在遗漏的暗浜。

填筑材料可包括天然或人造材料，以及建筑或拆卸材料等，一般性填筑材料的最大粒径为 50mm，且直径小于 $75\mu m$ 的颗粒所占比例不应大于 25%。如引进的填筑材料不均匀系数小于等于 5，但是能被压实到 0.93 的压实系数，且平板载荷试验结果也能达到要求，则该材料仍可使用。任何填筑材料需进行一定的测试，如：颗粒分析、液限、塑性指数、不均匀系数、pH 酸碱值、氯离子及硫酸根离子含量、最优含水量及最大干密度。

明浜和暗浜处理时应用挖机清淤并挖至原状土，按先深后浅顺序铺设厚度 300mm 的中、粗砂，压实直至河床稳定，再用填筑材料压实至清表后地面标高。水平分层回填采用震动碾压，应控制碾压速度，确保压实质量。分层搭接施工缝应错开搭接，应妥善保护边坡稳定，防止土坍塌混入垫层中。

（5）场地填筑

分层填筑应预留一定的下沉高度，以备在行车、堆重或干湿交替的自然因素作用下，土体逐渐沉落密室。振动碾压后如果参数不能满足设计要求，则对该区域应重新碾压施工。

（6）地基处理

① 真空预压法

真空预压施工前应先进行塑料排水板的试打，首先在现场施工区域选择有代表性的点位，试打 2 根～3 根排水带。在试打过程中，对压入导管的速度、高度、次数、振动锤电机的电流值或静压力等工艺参数做好记录。其次，对排水板做现场检验。若符合设计要求，则可将试打工艺确定为施工工艺。塑料排水板接长时，需将待接排水板的滤膜完整的剥开，将板芯对插搭接，搭接长度不小于 200mm。再将滤膜包好裹紧，并用订书钉连接。打设时回带不得超过 500mm，若超出，需要在该板位旁 450mm 内重新插入补打一根。有风天气施工时应特别注意，防止风力将板的滤膜撕破，六级以上风力应停止打板。

按主管横向、滤管纵向布置，主管间距 12m，滤管间距 6m。主管和滤管采用 PVC 管，外径为 75mm，管壁厚度 2.3mm。主管和滤管直径应相同，便于连接。主管与滤管之间应用软胶管连接，胶管套入滤管长约 100mm，其接头处至少应用铅丝绑扎两道，且铅丝结头严禁朝上，可以使整个管路系统能够较好地适应地面的不均匀沉降。主管上不开孔，滤管上应设置圆孔，滤管圆孔直径 10mm，外包一层土工布。

密封墙既要满足真空度预压时的变形、密封性能要求，又要具有周边土体的强度。密封墙采用两排双轴 $\phi 700$ 水泥黏土搅拌桩，桩长为 10m，水泥掺入量为 5%，膨润土掺入量 0.8%，Na_2CO_3 掺入量为膨润土重量的 5%，水灰比（含膨润土）为 1.9～2.0，水泥为 P.O42.5 级硅酸盐水泥。施工要求桩位偏差<50mm，垂直度<1%，施工应严格按照相应的地基处理技术规范。搅拌桩在明、暗浜换填阶段施工时需增加一次搅拌处理，且水泥掺入量提高至 6%。

施工时，先铺设一层土工布作为保护层，然后铺设塑料密封膜。单幅土工布长度及宽度在施工时应根据现场情况进行调整。第一层塑料膜铺设好后，应检查搭接缝并及时补破漏孔洞，符合要求后再铺设第二层真空膜，第二层真空膜同第一层真空膜一样铺设并检查。铺膜过程中，随铺随用砂袋进行压膜，防止起风将铺设好的膜卷走或撕裂；清理沟中杂物，使真空膜完整埋入，再小心回填黏土做好密封并压实。

为了防止由于地质突变等不利情况（如遇到地下承压水层时），在各加固单元应预留 2 台备用真空射流泵。

出膜装置为膜上管道与膜下管道的连接部件，安装时要严格密封，不得漏气。在真空管管路中设置止回阀和闸阀，避免膜内真空度很快降低，并用来控制间歇抽气和保持真空度的稳定。为掌握现场实际真空度，每套抽真空设备安装一个标准真空表。

抽真空后，处理区内膜下真空度会持续上升。当膜下真空度达到并稳定在 80kPa 以上时，即进入真空预压正常预压阶段。同时做好各项监测记录工作。通过各项监测记录，严密监视地基与预压系统情况。在抽真空过程中，若膜提表面出现一些漏气小孔洞，有可能使局部膜下真空度出现下降，应仔细检查发现并及时用聚氯乙烯胶水加以修补。若在抽真空开始以后，膜下真空度在预期内达不到 80kPa，则需采取相应的技术措施加以处理。如可开启备用出膜口并增加真空泵，加大抽真空能力，或仔细检查、修补密封情况等，从而确保真空预压达到设计的效果。

② 堆载预压法

塑料排水板的纵向排水量除与侧压力大小有关外，还与排水板的平直、扭曲程度有关。扭曲的排水板将使纵向通水量减少。

由于套管截面往往比排水体截面大，因此会对地基土产生施工扰动。其影响程度与施工机具及地基土的结构性有关，为减少施工过程中对地基土的扰动，袋装砂井施工时所用套管内径宜略大于砂井直径。

2. 处理效果评价

软土地区场地形成实践表明，场地形成地基处理以"目标沉降值"作为地基处理施工的控制指标，保证了场地在地基处理后的标高、沉降、地基强度等均达到一定水平，全面反映了场地标高、沉降、地基强度等参数，符合场地形成工程的基本要求。地基处理的最主要目的是消除大面积地基的大部分工后沉降，因此，地表沉降是最直接的表现内容，因此，地表沉降及地表沉降速率（满载情况下）作为最主要的施工过程控制指标。通过对试验性施工过程监测，判断出各个土层的压缩情况，以确定精细化调整地基处理设计参数，因此，分层沉降可以作为精细化管理的参考指标。通过孔压的监测较早地发现大面积真空预压过程中真空度的传递效果，是否有停泵及漏气的现象，从而较早地进行处理，以免影响工程进度与最终处理效果，因此，地基处理中土体孔隙水压力的监测也是必不可少的监测内容。

场地形成地基处理效果评价方法的建立应同时与设计指标和各种监测、检测手段相结合，并且考虑场地大、测点种类多、数量大的特殊性，需尽可能采用一个对场地整体处理效果进行评判的综合指标，且能为后续的地基基础设计提供相关参数的建议值，并可作为场地验收的依据。通过系统分析试验性施工处理期间的现场监测数据（如地表沉降、超静孔隙水压力、分层沉降）、原位测试数据（如十字板剪切试验、静力触探试验、载荷试验）以及室内常规试验数据（如含水量、孔隙比、压缩系数、黏聚力），提出大面积场地形成地基处理的施工效果和处理效果的评价方法，主要包括五个方面：

① 土体物理性质改良的评价。孔隙比和压缩系数宜作为大面积场地形成地基处理土体物理性质改良效果的评价指标；

② 土体强度改良的评价。从原位测试的十字板剪切试验出发，将抗剪强度作为评价大面积场地形成地基处理土体抗剪性能的评价指标，也可通过灵敏度的变化判断施工对土体的扰动情况以及地基处理对土体强度的恢复情况，并可为后续工程的建设施工提供较为合理的参考；

③ 天然地基承载力改良效果的评价。以载荷试验法得到的承载力特征值为基准，由静力触探法、临界荷载法、Skepton 公式法得到的结果修正后作为评价指标；

④ 基桩承载力改良效果的评价。静力触探法不适宜作为评价方法，宜以修正的经验参数法作为场地形成地基处理基桩承载力的评价方法；

⑤ 大面积场地形成地基处理整体效果的评价。地表沉降应作为最主要的评价标准；在工程验收时应严格按照工后沉降是否能达到"目标沉降值"的设计要求进行评判。

9.3 场地形成地基处理设计计算方法

9.3.1 大面积堆载预压地基沉降计算方法

1. 压缩层厚度的计算

为了研究大面积堆载预压下的实际压缩层厚度，对本篇前述章节中所涉及的工程开展压缩层厚度的计算工作，场地概况及其地层分布见本篇第 4 章相关章节所述，图 9.2 为试验区土层分布及主要物理力学性质。

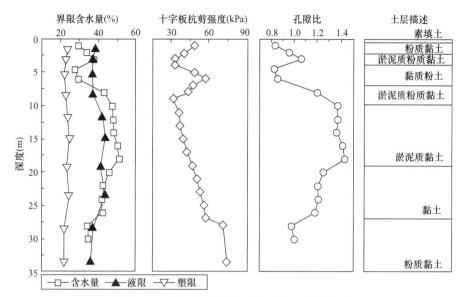

图 9.2　试验区土层分布及主要物理力学性质

堆载预压试验区（T2）相邻，占地面积为 60m×60m，试验区截面图和平面图详见图 9.3。试验区中打设有塑料排水板（PVD），PVD 尺寸为 100mm×4mm，打设深度为

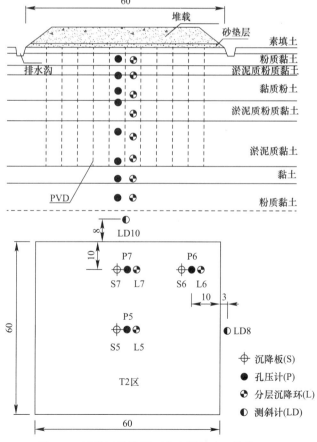

图 9.3　试验区设计图（非实际尺寸，单位：m）

20m，采用间距为1.1m的梅花形布置。在不考虑原位应力、井阻和长期蠕变的情况下，PVD的透水率为800m³/年，地表垫层采用50cm厚中粗砂，埋置有水平排水管道。真空预压区边界处的密封墙采用双排泥浆搅拌桩，直径700mm，搭接200mm，桩长为10m，密封墙内修筑有黏性土围堰，下底宽4m～5m，上宽1m左右。图9.3还包括了试验区的监测点布置方案，分层沉降环和孔压计置于土中的不同深度处。

试验开始后10d内填土荷载施加至20kPa，随后间歇10d等待土体固结，接着在30d内逐渐加载至30kPa，随后的30d填土荷载继续施加至设计值100kPa，并保持45d以等待土体固结。堆载预压的加载和固结总时间为95d。

图9.4为各个深度区间的分层压缩量随时间的变化曲线。

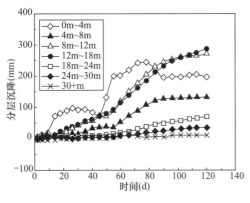

图9.4 分层监测压缩量

从图9.4可以看出，截至堆载结束，18m以上的土层沉降量最大，该区间包含了第③灰色淤泥质粉质黏土层和第④灰色淤泥质黏土层，也验证了这两层为上海地区最主要的压缩层。同时也可以看出，24m以上的土层沉降量已非常小，从监测数据来推断此次大面积堆载预压的压缩层厚度为24m左右。

这里可以采用应变控制法的计算方式取 $s'_n \leqslant 0.025 \sum_{i=1}^{n} s'_i$ 为计算深度，根据监测数据进行计算，各分层沉降板之间的土层沉降采用线性内插法得到，简单起见，从12m开始计算。从表9.1的计算结果可以看出，20m～24m的沉降比值较为接近，均小于阈值0.025，考虑到试验区的加载时间有限，可以认为计算得到的压缩层厚度约为24m。

沉降监测压缩层厚度计算　　　　　　　　　　　　　　　　表9.1

深度（m）	s（mm）	$\sum_{i=1}^{n} s'_i$（mm）	s'_n（mm）	$s'_n / \sum_{i=1}^{n} s'_i$
0	995.0	—	—	—
12	403.0	592.0	—	—
14	308.6	687.4	47.7	0.069
16	212.2	782.8	47.7	0.061
18	116.8	878.2	47.7	0.054
20	93.2	901.8	11.8	0.013
22	69.6	925.4	11.8	0.013
24	46.0	949.0	11.8	0.012
26	34.3	960.7	5.8	0.006
28	22.7	972.3	5.8	0.006
30	11.0	984.0	5.8	0.006

根据本书第7章提出的计算方法，可求出大面积荷载作用下的地基压缩层厚度。分别采用本书方法、应力控制法、应变控制法与夏正中法进行计算，将各个方法计算值、监测与数值模拟得到的压缩层厚度进行对比（见表9.2）。

不同压缩层厚度计算方法对比					表 9.2	
方法	监测	模拟	应力控制法	应变控制法	夏正中法	本书方法
压缩层厚度（m）	24.0	29.0	46.0	23.8	22.5	24.8

从表 9.2 可以看出，除应力控制法外，应变控制法、夏正中法与本文法均与监测值和模拟值较为接近，但只有本文法结果较实测推算值偏大。由于监测值推算的压缩层厚度并非最终压缩层厚度，而随着荷载施加时间的增加，实际压缩层厚度会有所增大，这从数值模拟的计算结果可以得到验证。因此为了得到偏于安全的地基沉降设计值，由本书法得到略大的压缩层厚度较为合适。对于大面积堆载预压下的地基土体，沉降影响深度与地表施加的荷载大小无关。该计算方法参考了应变控制的思路，以误差率来控制压缩层厚度的取值。计算参数是在地基模量与应变的幂函数关系下得到的，相对于非均质地基更为适用，由于大面积荷载作用下的软土地基影响深度普遍较深，因此本文法更适用于大面积堆载预压下的压缩层厚度计算。

2. 最终沉降计算

根据本书第 8 章提出的大面积堆载预压下地基沉降计算方法，计算得出分层沉降 s_i，则压缩层厚度内的分层沉降之和即为大面积堆载预压下的最终沉降。

为了验证该沉降计算方法的适用性和可行性，分别根据现场实测沉降资料，采用 Asaoka 法预测地基最终沉降（见图 9.5），再根据本书提出的方法和国家规范推荐的应力面积法，计算地基最终沉降。表 9.3 为采用不同方法的地基最终沉降计算结果。

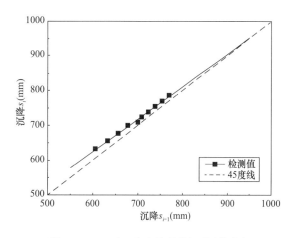

图 9.5　Asaoka 法地基最终沉降预测图

最终沉降计算结果对比						表 9.3
Asaoka 法（mm）	数值计算		规范法（GB 50007—2011）		本书方法	
	计算值（mm）	误差	计算值（mm）	误差	计算值（mm）	误差
951.8	988.1	3.8%	1226.3	28.6%	1064.1	11.8%

由表 9.3 可以看出，Asaoka 法与数值模拟的计算结果较为吻合。以基于现场实测数据的 Asaoka 法为基准，与常用的规范法（应力面积法）相比，根据本书提出的方法计算的最终沉降误差最小，且该方法计算程序简便，对于指导大面积堆载预压下的地基沉降计算具有很强的应用价值。

9.3.2　真空预压下地基沉降计算方法

1. 固结度计算

本书第 6 章已推导出考虑非饱和区的真空预压固结解析解，可以得到大面积真空预压下的地基平均固结度。这里将对其进行计算并给出固结度进程查阅图以便工程设计人员使用（见图 9.6）。

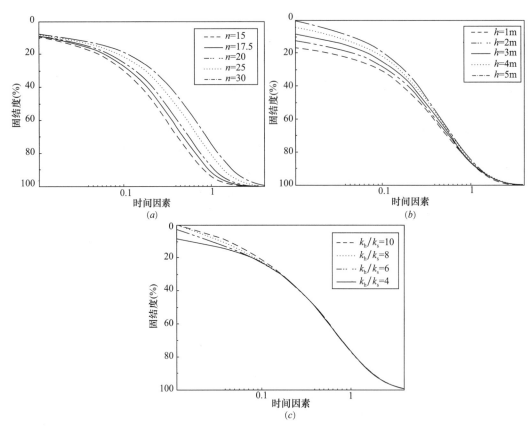

图 9.6 基于非饱和砂井的真空预压固结度查询图

(a) 改变井径比 n；(b) 非饱和区计算深度 h；(c) 渗透系数比值 k_h/k_s

上图的基本计算参数取为：地表真空荷载 $p=85\text{kPa}$，排水板间距 $l=1.1\text{m}$，按梅花形布置，则排水板影响半径 $r_e=1.05l/2$，排水板的当量半径 $r_w=0.033\text{m}$，涂抹区的影响半径 $r_s=0.066\text{m}$，排水板的渗透系数 $k_p=540\text{m/d}$，气体体积压缩模量 $B_m=3\text{MPa}$，地基土的压缩模量 $E_s=3.5\text{MPa}$，饱和土的渗透系数 $k_w=2\times10^{-4}\text{m/d}$，平均饱和度 $S_r=0.85$，非饱和区深度 $h=2.5\text{m}$，土体的初始孔隙比 $e_0=1.1$。

在图 9.6 中，横坐标为时间因素 $T_v=C_v t/H^2$，C_v 为地基土的竖向固结系数。图 9.6 (a) 中通过改变井径比 n 值的变化，给出了塑料排水板不同影响范围时的地基平均固结曲线，当排水板间距 $l=1.1\text{m}$ 并按梅花形布置，井径比 $n=17.5$；图 9.6 (b) 中 h 为非饱和区的计算深度，给出了不同非饱和区深度情况下的地基平均固结度曲线；图 9.6 (c) 为不同未扰动区渗透系数与涂抹区渗透系数比的情况下的地基平均固结度曲线。

2. 沉降的计算

软土地区真空预压中浅层与深层土体固结机制是不同的，反映在土体固结度的发展规律不同于堆载预压下的地基固结。理论上塑料排水板插打深度范围以内的土体应由本书第 7 章提出的方法计算平均固结度，而塑料排水板以下的土体固结应视为由降深范围内的土体由浮重度向湿重度转化而产生的附加压力引起的固结沉降。简化起见，大面积真空预压的地基平均固结度计算采用近似计算式 $p'_2=p_0+\Delta h\cdot\gamma_w$，对于 PVD 处理深度范围内的土层平均固结度，对于 PVD 未打穿部分的土体平均固结度，采用只考虑竖向渗流的一维固结理论的计算方法，最终沉降则由式（6.20）进行计算。分别采用本书的计算方法和《建筑地基处理技术规范》JGJ 79 推荐的改进的高木俊介法进行计算，并与现场监测数据进行对比。

所选计算场地为第 9.3.1 节中所述的上海西郊某地块，真空预压试验区（T1）占地面积分别为 90m×90m，试验区截面图和平面图详见图 9.7。在试验区中打设有塑料排水板（PVD）的情况与 9.3.1 节中 T2 区一致。在 T1 区，分别施加了真空荷载及表面覆水荷载。膜下真空度在试验开始后 10d 内加至 −85kPa，随后在真空膜上逐渐覆水至 1.5m 高，真空预压区的总设计荷载为 100kPa。

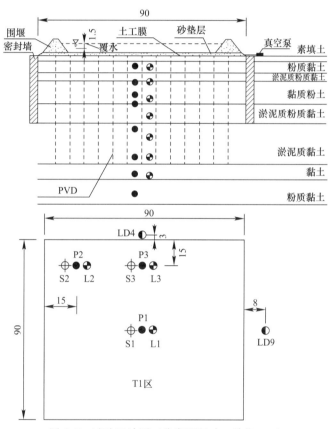

图 9.7　试验区计图（非实际尺寸，单位：m）

图 9.8 为 T1 区真空预压沉降计算对比结果，从图 9.8 可以看出，本书法由于从机理上考虑真空预压与堆载预压的不同，因此在沉降过程的发展与实际监测数据较为吻合，而改进的高木俊介法（规范法）由于是基于堆载预压的固结度计算方法，因此计算结果与实际情况差别较大。本文法能够更好的反映大面积真空预压下的地基固结和沉降规律，可以为今后大面积真空预压下的地基沉降计算提供理论基础，以进一步推进真空

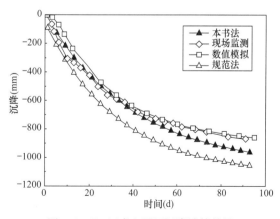

图 9.8　T1 区真空预压沉降计算结果

预压在大面积场地形成地基处理中的应用。

9.4 场地形成标准体系建立

基于上述的科研与实践成果，经分析研究形成场地形成工程标准体系，以避免设计、施工和验收时因标准不同产生的歧义，更有利于中外工程技术交流和满足与国际接轨的需求，并为同类工程有据可依。其体系包括以下主要内容：

1. 基本要求

规范场地形成工程建设行为，统一设计和施工及验收标准，并要求场地形成工程应综合考虑工程地质、水文地质、环境条件、目标控制标准和施工条件，因地制宜，就地取材，强化实施组织和过程控制。

2. 特定术语定义

场地形成即为"在场地初始平整的基础上，根据拟建场地现状地质条件和环境条件及其规划用途，通过对场地进行处理，使场地在场地地面标高、地基强度、目标沉降值等方面达到场地设计标准的工程行为"；预处理即为"对原始场地的清表、明浜和暗浜及塘的换填、地下障碍物清除及填筑等影响后续场地填筑及处理效果所采取的工程行为"；大面积平整即为"对场地分层压实填筑，达到场地竖向设计地面标高的工程行为"；目标沉降值即为"在各种附加荷载作用或处理方式下，使地表产生的竖向预期沉降量"。

3. 工程主要工作内容及目标

场地形成工程包括清表、地下障碍物清除、明浜或暗浜处理、场地填筑、地基处理和大面积平整等工作内容。场地形成工程应满足场地竖向设计、使用功能要求的地基强度和目标沉降值等要求，设计和施工应兼顾与其同步或后续施工的围场河、湖泊、市政设施、种植土铺填等附属和辅助设施的有序实施。

4. 工程勘测内容及要求

工程测量应包括原始场地测量、过程控制测量和验收测量；工程测量和岩土工程勘察范围应依据批准的工程建设项目规划总平面确定，周围环境复杂时宜适当扩大；勘测工作阶段和深度宜根据工程需要确定，宜划分为方案设计阶段、初步设计阶段、试验设计阶段和施工图设计阶段；当场地水文地质和工程地质条件复杂、设计有特定要求时，应进行专项勘察或施工勘察。

5. 工程设计内容与要求

（1）设计应包括土方调配、清表、地下障碍物清除、明浜或暗浜处理、地基处理、场地填筑、大面积平整和环境保护处理等内容；

（2）场地形成工程设计宜根据工程建设需要划分为方案设计、初步设计、试验区试验方案设计和施工图设计；

（3）地基处理目标沉降值应根据地形测量的原始场地标高或场地初始整平标高、场地的土层分布及土体参数、规划使用需求的地基承载力特征值、拟采用的地基处理方法和估算的最终沉降量等条件综合确定；

（4）土方调配设计内容应包括填料选择、填筑范围、场地挖填平整标高、纵横坡度、土石比及填筑密实度标准等；

（5）土方调配工程量应包括换填污染土及不合适土、回填及地基处理所造成的短期沉降、地基处理采用的排水层材料、经改良后用于结构性填埋的表层土和场地绿化的种植土等；

（6）清表厚度应根据场地地表土性质和分布确定，各类影响后期施工和地基处理效果的地下障碍物应清除；

（7）场地填筑的厚度应根据场地竖向设计高程、清表后高程、填料虚实土方比例和预计填筑后处理沉降量等计算确定；

（8）场地形成工程以工后沉降、不均匀沉降和地基承载力为主要控制目标时，宜采用真空预压法、堆载预压法或真空联合堆载预压法进行地基处理，必要时采用复合地基配合进行处理；

（9）大面积平整包括地基处理后不满足竖向设计标高、地面坡形区域的填筑和修整等；

（10）场地形成排水工程包括场内排水工程和场外排水工程，设计应根据场地地形地貌、地区气候条件、场地工程地质和水文地质条件、地下水的类型和补给来源、地下水的活动规律、工程排水范围、汇水面积、汇水流量等有关水文气象资料确定参数，并应与边坡排水和坡面防护工程综合考虑。

6. 施工内容和工法及质量控制措施

包括土方调配、清表及障碍物清除、明浜与暗浜处理、场地填筑、地基处理、辅助工程、大面积平整等施工控制方法及检验标准。

7. 监测内容和要求

监测内容应根据填筑材料、地下水、地基处理和环境影响等特点确定；在地基处理影响范围内有需保护的道路、湖泊、地铁等建（构）筑物时，应根据需要布置深层土体水平位移和地表水平位移观测点；填筑过程中的环境保护监测；地基处理施工过程应对地表沉降、分层沉降、侧向位移与竖向变形、地下水位、沉降速率等进行监测；填筑体应进行表层沉降、分层沉降、原场地地基沉降、填筑地基水平位移、边坡坡面位移、地下水水位变化等的监测。

地表沉降观测一般分为施工沉降和抽气膜面沉降观测。施工沉降主要指打设垂直排水通道、铺设砂垫层、安装滤管等引起的沉降量，对这部分沉降可先在加固层底预理几个沉降板，测出它的初始读数，完成上述施工后再进行测量，从而可以得到施工沉降量。

抽气膜面沉降观测是在铺好的薄膜上，预先放置一些沉降表来完成。大约 $1000m^2 \sim 3000m^2$ 放置一个（视加固面积大小而定），放置位置要均匀，在加固区边缘、中心及中间部分都得有，以便测得的沉降量能较真实地反映实际情况。

膜下真空度是必须进行监测的项目，因为真空度是真空预压法中荷载的标志。膜下真空度的量测有助于了解膜下真空压力的大小及随时间变化的情况，可以得到真空荷载随时间的变化过程曲线，需要在膜下砂垫层中安装真空度测头。在一块加固面积上，膜下真空度测头最少放置五个，四个角上和中心各放一个。面积较大时，平均每 $1000m^2 \sim 2000m^2$ 要放置一个。

通过测量土中的负超静孔隙水压力，可以知道土体中有效应力随时间的变化过程，也可以知道土体中强度增长的情况，同时也可利用测到的资料做沉降计算和反推土层的固结系数，求得土层的固结度。目前，真空预压中所用的孔隙水压力计基本都是钢弦式孔隙水压力计。建议埋设位置平面应在垂直排水通道间距的几何形心上，深度上与分层沉降埋设深度相对应，便于比较测得的各种数据。

土体分层沉降观测可以得到不同深度的土层在加固过程中的沉降过程曲线。也可从中了解到各土层的压缩情况，可以判断加固达到的有效深度及各个深度土层的固结程度。

土层深部水平位移观测是量测土体在加固过程中的侧向（水平）位移情况。主要了解土体侧向移动对邻近建筑物的影响，确定真空预压加固的影响范围及了解所采取的保护措施的有效性；另外，也可通过土体侧向移动量的大小了解加固的有效深度、影响深度以及对土体垂直变形的影响。其位置需设置在加固区长边的中轴线上。

8. 质量检测与工程验收内容及要求

场地形成工程质量检验可分为施工前检验、过程检验和验收检验；填土压实的施工质量应分层进行检验，地基处理前、处理后应进行现场原位强度检测和现场取土及室内试验，并根据设计要求进行地基承载力检测；填土压实地基验收检验应采用平板载荷试验检验填土地基承载力，当采用标准贯入法或动力触探法检验填料质量时，每层检验点的间距应小于4m；场地形成工程移交场地时，其场地标高不得低于大面积平整的标高要求。

9.5 本章小结

通过本章的总结与分析，可以得到以下的结论：

（1）基于前文的研究成果，建立了场地形成地基处理基本理论体系，提出了场地形成地基处理的设计方法、场地形成地基处理的控制指标以及场地形成地基处理效果的评价方法；对常用地基处理方法在场地形成工程中的应用进行了总结分析，并提出了场地形成地基处理工法的比选原则；

（2）针对大面积堆载预压工程实例进行了沉降计算，并与现场实测数据推算的最终沉降进行了对比；计算结果表明，本文方法更适合作为大面积堆载预压下的地基沉降计算方法；

（3）提出了大面积真空预压应用于场地形成地基处理的设计方法，包括固结度和沉降的计算方法，绘制了不同工况下的固结度进程查阅图以便工程设计人员使用；相对于规范法，基于本书提出的沉降计算方法更符合真空预压的加固机理，地基沉降计算值与监测结果更为吻合，能够更好的反映大面积真空预压下的地基固结和沉降规律，可以为今后大面积真空预压下的地基沉降计算提供理论基础，以进一步推进真空预压在大面积场地形成地基处理中的应用。

第 10 章　大面积软土场地形成工程实践

10.1　概述

本章以浙江山水六旗国际度假区乐园场地处理工程为例，来说明沿海地区大面积软土场地形成地基处理实施过程的主要技术特点、优势和处理效果。

10.2　工程概况

10.2.1　工程基本情况

浙江山水六旗国际度假区乐园项目位于海盐县翁金公路（老沪杭公路）东侧，海盐东段围垦区内，规划六旗大道以南，规划海景路以西，用地面积约 53.9 万 m^2。拟建场地按照功能区域划分为后勤一、片区一、片区二、拓展区和水乐园。工程位置如图 10.1 所示。

图 10.1　水六旗国际度假区乐园项目位置

10.2.2　场地工程地质概况

1. 地形地貌

拟建场区地势平坦。地貌单元属钱塘江河口冲海积平原，所揭地层为全新世（Q_4）、晚更新世（Q_3）近代海沉积层、海陆交互相沉积层，该区域第四系松散沉积层厚度大于80m。

2. 水文条件

勘察报告浅层深度范围内地下水属孔隙潜水类型，受大气降水及地表径流（河网）补给，向地表径流（河网）排泄。勘察期间测得场区地下水初见水位1.9m（绝对高程），稳定地下水位标高1.8m。根据现场所取水样水质分析成果判定：浅层水和土对混凝土结构具有微腐蚀性；长期浸水作用下浅层水对钢筋混凝土结构中的钢筋具有微腐蚀性，在干湿交替作用下浅层水对钢筋混凝土结构中的钢筋具有中等腐蚀性；表层新近吹填土对钢筋混凝土结构中的钢筋具有中等腐蚀性。

3. 区域地质构造

研究区大地构造隶属于扬子准地台钱江台裙带，余杭-嘉兴台陷的东南部，该区深部构造为嘉兴-余姚幔隆。本区地震具有震级小、强度弱、频度低、震源浅等特点，属地震相对稳定区。据历史地震记载：测区邻近地区共发生3级以上地震10余次，均属浅源地震，近代地震则十分微弱，震级均在4级以下。且新构造运动不明显，构造活动十分微弱，其区域稳定性质较好，地震基本烈度6度。

4. 工程地质条件

场地从地表往下，大致的土层分布如下：

第①$_0$层：块石（Q_4^{ml}），灰黄色，以块石、碎石夹黏性土为主。

第①$_1$层：填土（Q_4^{ml}），杂色，表层含较多建筑及生活垃圾，下部为素填土。主要分布在乐园的西北侧，层厚1.10m～8.30m，层顶高程3.35m～8.58m。

第①$_{2a}$层：冲填土（Q_4^{ml}），灰色，湿—很湿，摇振反应迅速，无光泽反应，干强度低，韧性低。该层为围垦区新近冲填土，以细砂、粉砂为主，局部夹粉质黏土，含腐殖质，成分不均。层厚0.60m～4.20m，层顶高程2.53m～3.12m。

第①$_{2b}$层：冲填土（Q_4^{ml}），黄灰色、灰色，湿—很湿，摇振反应迅速，无光泽反应，干强度低，韧性低。该层为原围垦区表层冲填土，主要以黏性土混夹粉土及粉砂为主，含腐殖质。层厚1.00m～3.70m，层顶高程0.28m～2.50m，全场均布。

第②层：粉质黏土（Q_4^{al}），灰黄色，可塑—软塑，饱和，无摇振反应，有光泽反应，干强度高，韧性高，含铁质氧化物。

第③$_1$层：黏土（Q_4^m），灰色，软塑—流塑，饱和，无摇振反应，有光泽反应，干强度高，韧性高，含腐殖质，局部夹少量薄层粉土。层厚10.10m～15.70m，层顶高程－3.42m～1.28m，全场分布。

第③$_3$层：淤泥质粉质黏土夹薄层粉土（Q_4^{ml}），灰色，软塑—流塑，饱和，无摇振反应，有光泽反应，干强度中等，韧性中等，含腐殖质及云母碎屑，层状构造，层间夹薄层状粉土。层厚7.10m～10.50m，全场分布。

工程地质剖面图见图10.2。

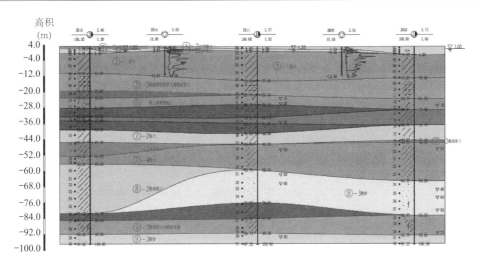

图 10.2　工程地质剖面图

地基土物理力学性质指标见表 10.1。

岩土体物理力学指标 表 10.1

| 层号 | 土层名称 | 物理力学性质指标 | | | | | | | | | 渗透系数 | | 压缩系数 (MPa⁻¹) | 黏聚力 (kPa) | 内摩擦角 (°) | 压缩模量 (MPa) |
		含水量 (%)	天然重度 (kN/m³)	干密度 (g/m³)	孔隙比 e —	比重 G_s —	液限 (%)	塑限 (%)	塑性指数	液性指数	水平方向 (cm/s)	垂直方向 (cm/s)				
①₂ₐ	冲填土	32.8	18.2	1.37	0.926	2.69										
①₂ᵦ	冲填土	32.6	19.0	1.43	0.856	2.72	31.5	19.4	12.1	1.09	3E-5	3E-5	0.33	10	16	5.8
②	粉质黏土	28.3	19.3	1.51	0.774	2.73	33.7	20.3	13.3	0.59	6E-6	5E-6	0.37	20	18	4.8
③₁	黏土	38.9	18.2	1.31	1.053	2.74	40.4	22.9	17.4	0.94	3.2E-6	1.7E-6	0.74	15.5	11	2.9
③₃	淤泥质粉质黏土夹薄层粉土	39.2	17.5	1.26	1.130	2.73	36.0	21.2	14.8	1.24	3.5E-5	2.5E-5	0.74	14	11	3
④₁	黏土	27.2	19.6	1.54	0.749	2.75	43.3	24.1	19.2	0.16			0.36	30	16	4.9
⑤	粉土夹粉质黏土	30.5	18.8	1.44	0.851	2.71	30.5	19.0	11.5	0.99			0.37	15	17.5	5.4
⑥₁	黏土	28.4	19.4	1.51	0.785	2.74	41.8	23.5	18.3	0.27			0.29	31	17	6.3

5. 场地周边环境

工程位于杭州湾北侧，杭州湾大桥西侧，场地位于围垦区内。周围距离居民较远，主要交通道路为杭州湾大道。

10.3 勘测方案

10.3.1 勘察目的

具体的目的主要为：

（1）查明拟建场地在勘探深度范围内各岩土层的埋藏条件、分布、变化规律及工程地质特征，提供各岩土层物理力学指标、地基基础设计所需的岩土参数；

（2）根据拟建建筑物情况，结合地基土的特征，选择适宜的天然地基持力层或桩基础持力层，并提供各地基土承载力特征值或桩基设计参数以及沉降验算所需的参数；

（3）查明拟建场地范围内有无影响工程的不良地质作用，并提出相应的地基处理措施建议，对场地的稳定性及适宜性做出评价；

（4）评价场地的区域构造稳定性，确定场地抗震设防烈度、设计地震分组及地震动参数，确定场地类别，划分抗震地段。当地表下 20m 深度范围内遇易液化的饱和粉土或粉砂时，按抗震 7 度设防，进行液化判别，如判别为液化，则提供场地液化指数及等级，为抗震设计采取必要的减轻液化措施提供依据和参数；

（5）查明浅层地下水类型、水位变化规律、补给条件，评价地下水及地基土对建筑材料的腐蚀性等级。

10.3.2 勘察依据及遵循的规范、规程与标准

项目勘察所参考的依据及遵循的规范、规程与标准见表 10.2。

勘察依据及遵循的规范、规程与标准表 表 10.2

勘察依据	标准	
① 浙江山水六旗国际度假区招投标文件； ② 勘察合同； ③ 建设单位提供的地形图及总平面布置图	国标	GB 50021—2001 岩土工程勘察规范 GB 50007—2011 建筑地基基础设计规范 GB/T 50123—1999 土工试验方法标准 GB 50011—2010 建筑抗震设计规范 GB 18306—2015 中国地震动参数区划图 GB 50223—2008 建筑工程抗震设防分类标准 GB 50026—2007 工程测量规范 GB 50585—2010 岩土工程勘察安全规范
	协会标准	CECS 04：88 静力触探技术标准
	地标 （浙江省）	DB 33/T 1065—2009 工程建设岩土工程勘察规范 DB 33/1001—2003 建筑地基基础设计规范 DBJ 10—5—98 岩土工程勘察文件编制标准
	行标	JGJ 94—2008 建筑桩基技术规范 JGJ 79—2012 建筑地基处理技术规范 JGJ 83—2011 软土地区岩土工程勘察规程 CJJ/T 8—2011 城市测量规范 房屋建筑和市政基础设施工程勘察文件编制深度规定（2010 年版）

10.3.3　勘察手段及方案

采用工程测量、钻探取土、静力触探试验、标准贯入试验、波速测试及室内土工试验相结合的综合勘察手段，以查明拟建场地土层构成与分布情况，获取地基土的各类物理力学性质参数。所采用的勘察手段说明如表 10.3 所示。

<table>
<tr><td align="center" colspan="5">勘察手段说明</td><td align="right">表 10.3</td></tr>
<tr><td>勘察手段</td><td>仪器或机械</td><td colspan="2">工作量</td><td colspan="2">方法要点</td></tr>
<tr><td>勘探点布设</td><td>全站仪测放</td><td>取土技术孔</td><td>120 个</td><td colspan="2"></td></tr>
<tr><td>钻探和取样</td><td>工程勘察
钻机</td><td>取土样</td><td>1650 件</td><td colspan="2">钻机：XY-100、XY-200
采用静压或锤击方法采取原状土样</td></tr>
<tr><td rowspan="2">标准贯入试验</td><td>63.5kg 重锤</td><td colspan="2">88 次</td><td colspan="2">采用质量为 63.5kg 的落锤、落距为 76cm，自由落锤，
预击 15cm 后，记录每 10cm 和累计 30cm 的锤击数，</td></tr>
<tr><td>取土</td><td colspan="2">21</td><td colspan="2">20m 深度范围内采集标贯器中的扰动样</td></tr>
<tr><td>静力触探试验</td><td>双桥探头</td><td colspan="2">189</td><td colspan="2"></td></tr>
<tr><td>常规试验</td><td></td><td colspan="2">1650</td><td colspan="2" rowspan="3">主要进行含水率、密度、液塑限、固结快剪、压缩、渗
透、三轴 CU、颗粒分析及水质分析等</td></tr>
<tr><td>颗粒分析</td><td></td><td colspan="2">145</td></tr>
<tr><td>渗透试验</td><td></td><td colspan="2">129</td></tr>
<tr><td>高程测量</td><td></td><td colspan="2">330</td><td colspan="2"></td></tr>
<tr><td>波速测试</td><td>单孔法</td><td colspan="2">3</td><td colspan="2">测点垂直间距均为 1m，自下而上逐点测试</td></tr>
</table>

10.4　场地形成设计和监测方案

10.4.1　场地形成设计方案

项目划分为 5 个片区（区块划分平面图见图 10.3），片区一、片区二、片区三（后勤区）。三个片区均先进行真空预压，再进行土方回填。

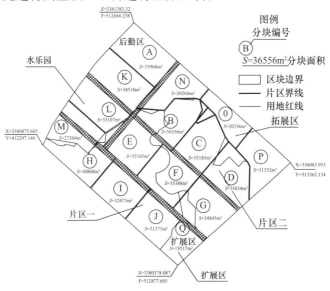

图 10.3　区块划分平面图

不同分区排水板长度不同，由 24m～28.5m 不等，均呈正方形布置，间距为 1.2m×1.2m，每个分区采用塑料排水板型号和长度见表 10.4。排水板在场地清表和粗平结束后开始施打，插板机械选用轻型的液压型（或振动型）插板设备，以减少设备接地压力，并防止插板施工时的排水板回带问题。

各分区排水板长度与型号　　　　　　　　　　　　　表 10.4

分区编号	处理方法	塑料排水板设计参数		
		插打深度（m）	间距（m）	材料及型号
A	真空预压的真空度大于 80kPa	24	1.2	SPB100-B 型
B		24.5	1.2	SPB100-B 型
C		27.5	1.3	SPB100-C 型
D		27.5	1.3	SPB100-C 型
E		24.5	1.2	SPB100-B 型
F		26.5	1.2	SPB100-C 型
G		26	1.3	SPB100-C 型
H		25.5	1.2	SPB100-C 型
I		28.5	1.2	SPB100-C 型
J		26.5	1.2	SPB100-C 型

排水板参数				
项目	参数	B 型	C 型	条件
宽度	mm	100±2		
厚度	mm	≥4	≥4.5	
打设深度	m	≤25	≤30	
纵向通水量	cm^3/s	≥25	≥40	侧压力 350kPa
滤膜渗透系数	cm/s	≥5×10^{-4}		试件在水中浸泡 24h
滤膜等效孔径	mm	<0.075		以 0.95 计
塑料排水板抗拉强度	kN/10cm	≥1.3	≥1.5	延伸率 10%时
滤膜抗拉强度	干态	N/cm	≥25	≥30	延伸率 10%时
	湿态		≥20	≥25	延伸率 15%时，试件在水中浸泡 24h

10.4.2　场地形成施工监测方案

1. 监测目的

（1）真空预压过程效果监测：通过真空表读数观测，分析实测数据，掌握真空预压过程中膜下真空度和地基土体真空度变化情况，了解土层受压情况，结合其他有关资料进行综合分析，判定真空预压时间是否充分。

（2）地基孔隙水压力监测：通过在不同深度埋设孔隙水压力测头，汇总实测数据，绘制孔隙水压力与时间曲线，计算孔压增量与荷载增量的比值。了解在真空预压作用下浅表层土体孔隙水压力变化和软土地基固结过程。根据孔隙水压力观测结果，可以判断真空预压时间是否充分，验证设计采用的参数是否合理，是控制施工进度、了解固结效果的手段之一。

（3）地表沉降监测：地表监测主要是监测在荷载作用下吹填土表面沉降情况。通过在场地内设置水准点，对吹填区的地表沉降进行观测，地表沉降同时可作为分析地基土体固结程度的指标之一。

（4）深层沉降（分层沉降）监测：深层沉降位移的动态观测，掌握真空预压过程中及稳定期间深层土层的沉降情况，绘制累计沉降位移在不同深度的分布曲线。可判断地基的稳定性，以控制、调整真空预压过程，是工程中常用的施工监控手段之一。

2. 监测方案

浙江山水六旗国际度假区乐园场地预处理工程真空预压加固区施工过程中需对下列项目进行监控：（1）地表沉降；（2）分层沉降；（3）孔隙水压力；（4）膜下真空压力。以下对各类仪器布置内容进行说明。

（1）地表沉降

各处理区块按每 150m×150m 内 16 个地表沉降监测点（包含至少 5 个分层沉降观察点），地表沉降采用沉降板进行观测，深层沉降预先埋设沉降标，采用分层沉降仪观测，项目 17 个区块（除去生活区和办公区）共布设 290 块沉降板，具体每个区块布设测点数量详见表 10.5。

区块观测点布置　　　　　　　　　　　　　　　　　表 10.5

区块名称	区块面积（m²）	沉降观测点（处）	孔隙水压力观测点（处）	膜下真空度观测点（处）	深层沉降观测点（处）
A	35968	21	5	35	5
B	34992	20	5	36	5
C	32614	20	5	34	5
D	34303	18	4	32	4
E	35165	20	5	36	5
F	35388	20	5	36	5
G	34845	20	5	35	5
H	30808	17	4	31	5
I	32473	18	4	30	5
J	31373	17	4	30	5
K	34510	20	5	35	5
L	33197	19	4	33	5
M	27183	14	3	27	5
N	18711	13	3	25	4
O	23392	9	3	17	4
P	26268	15	4	24	4
Q	19517	9	2	21	5
合计	520707	290	70	501	81
备注	1. 各处理区块设置 5 处分层沉降观测点（中心 1 点，四周各 1 点），每处 7 环； 2. 孔隙水压力观测每处 7 支； 3. 由于生活区及办公区占用部分场地位置，最新图纸相应区块面积有所变动，具体面积变化如下： 面积计算： B 区面积减少 36556−34992＝1564（m²）；C 区面积减少 35185−32614＝2571（m²）； D 区面积减少 35834−34303＝1531（m²）；N 区面积减少 29264−18711＝10553（m²）； O 区面积增加 23392−20336＝3056（m²）；P 区面积减少 31352−26268＝5084（m²）； 总面积减少 18247m²；变更后施工区域总面积为 538954−18247＝520707（m²）				

（2）深层沉降

分层沉降采用深层分层沉降管进行观测，用于观测地基深层土体的沉降量和沉降速率，项目共 17 个区块，各区块按照每 150m×150m 内布设 5 个深层沉降观测点，17 个区块（除去生活区和办公区）共布设 81 处深层沉降观测点，布置位置区块四角及其中心各一点，具体每个区块布置个数详见表 10.5。

（3）孔隙水压力观测

项目共 17 个区块，各区块按照每 150m×150m 内布设 3 处孔隙水压观测点，17 个区块（除去生活区和办公区）共布设 70 处孔隙水压观测点，具体每个区块布置个数详见表 10.5。

（4）真空度检测

真空度检测每个区块按每 800m² ～1000m² 布置一个原则。项目共 17 个区块（除去生活区和办公区）共布设 501 处测点，具体每个区块布置个数详见表 10.5。

10.5　场地形成施工组织方案

根据图 10.3 可知，项目划分为 5 个片区，片区一、片区二、片区三（后勤区）、水上乐园区和拓展区。总体施工顺序如下：（A）→（J、I）→（F、H、E）→（G、D）→（C、B）→（K，L，M）→Q→（N、O、P），先真空预压，后填土平整（分区见图 10.3 所示）。

10.5.1　平整场地与测量

进场后，对原场地标高进行复测，用中小型机械设备将施工现场场地整平，清除大块石及各种杂质，场地内布置临时施工便道。

（1）开工前领取已有的测量资料和红线图；

（2）用全站仪进行施工控制网测量，分别测定各处理区的边界线；

（3）用水准仪测定高程控制点标高，并引测到各分区内；

（4）各分区边线用白灰线、角点用打木桩的方法标记；

（5）根据需要在后续工序中，按角点和边线的控制点，采用 30m 或 50m 的钢卷尺用内插法放样插板并用白灰点或装有泥砂的塑料袋等在点位处标识（后续泥浆搅拌桩桩点等工作也采用同样方法进行）。

10.5.2　场地清表及粗平

对场地表面的植被、尖锐物等影响密封膜物体进行人工清理。对局部标高相差较大的地方需要进行场地粗平，使其满足机械施工要求。

10.5.3　插打塑料排水板

排水板在场地清表和粗平结束后开始施打，插板机械选用轻型的液压型（或振动型）插板设备，以减少设备接地压力，并防止插板施工时的排水板回带问题，塑料排水板的具体施工工艺如图 10.4 所示。塑料排水板施工的技术要求需要注意：

（1）因场地地质变化较大，实际插板施工，应以穿透淤泥质软土层，并进入下卧层 2cm 进行控制；当软土下卧层为砂层的区域，控制排水板在距淤质土层下的砂层面 0.5m 时终止，从而不影响真空度的提高。插板沉设深度允许偏差 ±25cm。施工时严格控制排水板入土深度。

（2）施工时回带长度不可超过 0.5m，否则在该板位旁 450mm 内重新插入补打一根。回带排水板根数不应超过打设总根数的 5%。

（3）打设塑料排水板过程中，严禁出现扭结、裂断和撕破滤膜等现象。

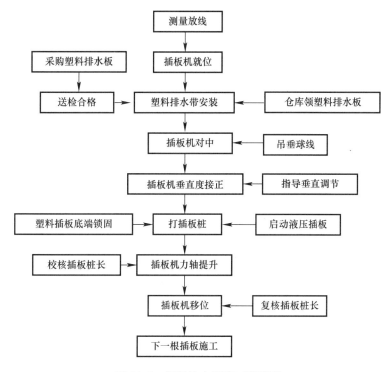

图 10.4　塑料排水板施工流程图

10.5.4　泥浆搅拌墙施工

采用双排黏土搅拌桩作为密封墙，采用 $\phi700$ 双头搅拌桩机进行施工，搅拌桩直径 700mm，搭接宽度 200mm，各个分区搅拌桩长度 4m～7m 不等。本工程泥浆搅拌桩中的泥浆可以采用淤泥、泥浆、黏土等配制，黏粒含量应大于 15%。要求施工 4 喷 4 搅以上，下搅速度为 1.0m/min，上搅速度不大于 0.5m/min；泥浆搅拌桩的渗透系数要求小于 1×10^{-5}cm/s，泥浆搅拌桩密封墙深度应根据设计图纸及地质资料确定，在工期安排中泥浆搅拌桩墙与塑料排水板施工同步进行。

10.5.5　铺设水平排水通道

排水主管和滤管均采用 $\phi50$mm 波纹管，主管上不开孔，滤管上应设置圆孔（每隔两个螺旋均匀打 5 个直径 3mm 的圆形透气孔，孔打设在滤管波纹的凹槽中）且外包一层滤网，滤网渗透系数大于 5×10^{-3}cm/s。主管与滤管通过软胶管与三通、四通连接，连接长度不小于 100mm，可以使整个管路系统能较好的适应地面的不均匀沉降。主管与射流泵相互连接。主管和滤管均应在原地面砂层中开沟连接并埋设入内，深度 150mm。

（1）无砂垫层施工时，主管间距 15m，滤管间距为 2 倍塑料排水板间距，塑料排水板顶部直接缠绕在滤管上。

（2）处理区域内的主管和滤管均需在地面开沟埋设入内，深度 150mm，确保真空预压土面表层以下 150mm 的真空度要达到 80kPa 以上。

10.5.6 铺设土工布与真空膜

在铺设膜布之前，各种监测仪器应事先埋设完毕。膜下土层中的真空表应布置在两滤管的中间位置，严禁将真空表测头埋入滤管或者主管内。

为保护真空膜不被破坏，铺设土工布和密封膜之前，应认真清理平整地表，清理表层贝壳、带棱角石子等杂物，填平打设塑料排水板时留下的孔洞，并将露出地表的塑料排水板插入表层砂中。先铺设一层土工布作为保护层，然后铺设塑料密封膜。

密封膜采用热合粘结法拼成一个大于处理面积的整块塑料膜。热合时采用平搭接及两条热合缝，搭接宽度不小于 15cm。第一层塑料膜铺设好后，应检查搭接缝并及时补破漏孔洞，符合要求后再铺设第二层塑料膜。第二层塑料膜同第一层膜一样铺设并检查。铺膜过程中，随铺随用砂袋进行压膜，防止起风将铺设好的膜卷走或撕裂。真空膜铺设应在白天进行，按照顺风向铺设，且风力不得超过 5 级。禁止施工人员着硬底鞋在膜上作业或行走，以防将膜剐破。在铺膜完成的同时，安装少量的真空泵进行工作，将膜下空气抽出，将铺设好的膜吸住。在抽气期间应经常检查密封膜，有破损时及时修补。

土工布与真空膜每边向外至少扩出 3m 并埋入周边的密封沟内。为保证真空预压加固效果，两个相邻单元块之间，须开挖真空预压密封膜沟。密封沟布置在各分区的四周，在真空预压施工中它主要起周边密封的作用。密封沟施工采用液压反铲挖掘机结合人工开挖，将密封膜周边埋入密封沟内后，密封沟还要用淤泥或黏土回填并压实。

10.5.7 安装射流泵抽真空

在铺设膜布工作完成后，应逐步按照射流泵，进行抽真空作业，将铺设好的密封膜吸住。在正式抽气前，应进行试抽气，抽气时间移位 4 天～10 天，发现问题及时处理。在正式抽气阶段，膜下真空度应达到设计要求。

密封膜上管道，由出膜装置、连接管路和控制阀门三部分组成。出膜装置为膜下管道与膜上管道的连接部件，安装时严格密封，不得漏气。在真空管管路中设置止回阀和闸阀，避免在局部漏气情况下，膜下真空大面积快速下降，并用来控制间歇性抽气和保持真空度稳定。抽真空设备必须安装有真空表。

根据设计要求，每台射流泵的功率应大于 7.5kW，安装前逐台检查射流泵的工作性能，每台射流泵的真空吸力均应在 95kPa 以上。

抽真空过程中，确保膜下真空度稳定在 80kPa 以上，同时按照设计要求做好各项监测工作，并按时巡视抽真空系统的稳定性。

预压满足要求后进行抽真空卸载工作，卸载前要先关闭真空泵，然后拆除密封膜、土工布及其他施工废料，测量地坪标高，平整场地。

10.5.8　监测探头及仪器埋设

针对本工程的特点和处理方案，软基处理监测布置下列项目：真空度观测、地表沉降监测、土体分层沉降监测、孔隙水压力监测，在地基处理影响范围内如有道路和堤坝等需要布置深层土体水平位移和地表水平位移观测点。主要观测项目概述如下：

（1）地表沉降监测：对于大面积预压排水地基处理，其施工过程的控制和固结效果的检验，有效的手段是埋设浅层沉降板，其作用主要是测量软土的总沉降量。沉降盘安装真空膜上（底部垫土工布），并有保护措施，在覆水预压的过程上注意保护。

（2）土体分层沉降监测：为了解不同深度（或不同层厚）土层的沉降量，通过在各分层位置埋设沉降环。在插板完成之后或插板过程中进行埋设。沉降环主要观测软土淤泥在预压期间固结变形。

磁环埋设深度专用塑料管按要求定位，塑料管应深入淤泥层底部以下硬黏土层 0.5m～1.0m，根据淤泥层厚度布置每个磁环的埋设深度。埋设完成后，使用沉降仪测读磁环所在的深度，并做好记录，作为初始读数。用水准仪测量管顶的标高，塑料管顶部应加盖子。

（3）深层侧向位移监测：测斜管埋设深度至稳定地层，测斜管是采用聚乙烯铸模成型的塑料管，管径 71mm，壁厚 6mm，管长 2m，内壁开有四条对称导槽，作为测斜管滑动轨道，槽宽 5mm，槽深 3mm，导槽要求垂直并光滑。测斜管埋设时成孔偏斜度不允许大于 1°，钻孔应钻至相对好土层，视管底端的水平位移为零，作为固定端。将接装好的测斜管平直地移向孔口，底端朝向孔口，用人力或机械拉住两根护绳索，对正施测的方向、均匀弯曲测斜管、绳索随测斜管同步放到孔底。埋设孔较深，地面接成全管向钻孔内放置有困难时，可分段在地面接成，整体在孔口埋设时连接。导管埋至预定深度后，校正导向槽的方向后，在导管与钻孔壁之间用砂填充。导管埋设完成后停留一段时间，使钻孔中填土密实紧贴导管，再进行零点读数测试，并测量管口高程。

（4）孔隙水压力：孔隙水压力的监测是了解软弱淤泥固结速度、加固效果的主要手段之一，通过在监测土层中埋设孔隙水压力测头，并将测量电缆引出地面（一定要保护好）进行测读。孔隙水压力计采用钢弦式孔隙水压力计。孔隙水压力观测点位和平面布置同深层沉降标。埋设时应严格按工艺要求进行，保证孔压测头成活率。

孔压计埋设在软土层中，可以不同孔分别埋设，也可以不同深度埋设在同一孔内，但上下应用黏土隔开，埋设时应严格按工艺要求进行，保证孔压测头成活率。待钻孔完全埋实和埋设时的超孔隙水压力消散后方可测读孔压计的初始读数，连续测读数日，直至读数稳定为止，以稳定的读数作为初始读数。

（5）监测频率在预压期第一个月每个点一天一次；预压期第二个月每个点两天一次；预压期第三个月每个点三天一次。

10.5.9　土方回填

采用粉质黏土回填，填料不得用腐殖土、垃圾土或淤泥填筑，填料不得有杂草、树根等杂质，表面不得有积水，并应保持适当干燥。填料应均匀、密实，最大粒径应<50mm。

填料土方使用前应过筛，粒径不大于 50mm，检验其实际含水率，是否在施工含水率范围内，否则采取翻松、晾晒、掺入干土或预先洒水等措施调节土壤含水率，含水率在施工允许的范围内。

工程回填总土方量约 16.5 万 m³（为实方量）。考虑土体松散系数，取 1.2，则需虚土土方量约为 19.8 万 m³，所以需要能满足 20 万方优质黏土的取土点。经我司在海盐当地考察，已确定两处取土点（泊林公馆、向阳小学附近），距离施工现场约 10 公里，能提供30 万方取土量，可保证本工程回填土方供应量。

10.6　场地形成加固效果评价

观测工作自 2017 年 8 月 25 日 A 区块首先进行观测，随后 16 个区块依据施工进度陆陆续续开展；观测工作严格按照监测方案及相关规范、规程要求，观测过程中我方每日向施工方提供观测成果，及时反馈，为各区块进行下一步施工提供参考。截至 2018 年 1 月 2日，17 个区块观测工作全部结束。本节以 A 区、B 区、C 区、D 区为例进行详细说明，其他区域的监测结果进行统计分析。

10.6.1　A 区监测结果分析

1. 观测设施布置情况

A 区块场区共布设 35 个真空表，21 块地表沉降板，5 处分层沉降以及 5 处孔隙水压力。场区各项目观测点位置及其测点编号详见图 10.5。

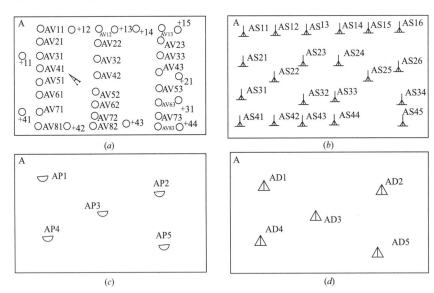

图 10.5　A 区块观测设置布置图

（*a*）A 区块真空表布置图；（*b*）A 区块地表沉降布置图；（*c*）A 区块孔隙水压力布置图；（*d*）A 区块分层沉降布置图

2. 膜下真空度

真空表安装于 2017 年 8 月 25 日开始埋设，埋设完成后开始观测。观测结果显示：8月 25 日～8 月 31 日，膜下真空度处于上升期，期间每天上升 15kPa～20kPa；9 月 1 日～10 月 30 日，膜下真空度基本处于稳定期，期间受断电、停泵、补膜等情况影响，真空度出现一定程度波动，但整体而言，稳定期本场区真空度基本维持在 80kPa 以上，满足真空预压设计要求。典型真空度-时间曲线见图 10.6。

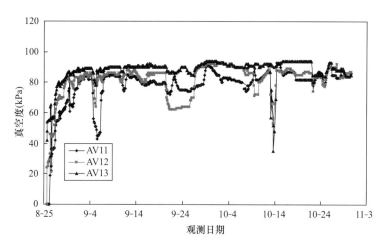

图 10.6　典型真空度-时间曲线

3. 地表沉降

场区测点沉降量为 372.1mm～567.7mm，沉降量最大值为 567.7mm，测点位于 AS23 处，场区平均沉降量 470.5mm。将场区平均沉降量和沉降速率分别与场区真空度、时间变化关系绘制成曲线，如图 10.7、图 10.8 所示。

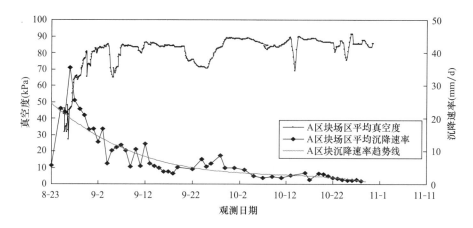

图 10.7　A 区块场区沉降速率、真空度随时间变化过程曲线

从图 10.7 可知，随着膜下真空度的显著上升，沉降速率急剧增加，沉降速率最大值高达 35.4mm/d，出现在 8 月 28 日；随后地表沉降速率逐渐减小，期间沉降速率随着真空度波动出现轻微波动，变化趋势基本一致。

从图 10.8 可知，场区沉降量主要发生在真空预压第一个月，其沉降量约占真空预压期总沉降量的 75%。

总体上，A 区块沉降总体分布为场区中心沉降量较大，基本均超过 500mm，东侧沉降量次之，西侧（靠近海塘一侧）沉降量最小，场区平均沉降量为 470.5mm，基本达到预压要求。

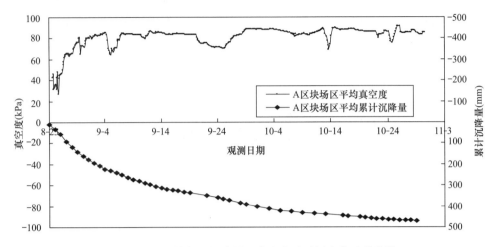

图 10.8　A区块场区沉降量、真空度随时间变化过程曲线

4. 分层沉降

场区测点沉降量为 323mm～557mm（见图 10.9），从图 10.9 中可知，不同深度处测点沉降量均随着处理时间逐渐变大，深层土体沉降量较小且沉降滞后于浅层土体。

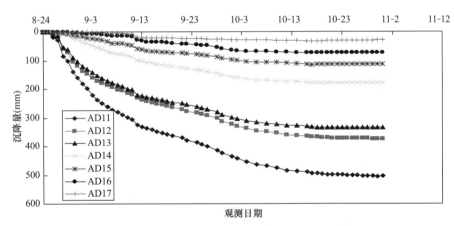

图 10.9　AD1 孔不同深处测点沉降随时间变化曲线图

5. 孔隙水压力

排水板插板完毕后，我方及时进行孔隙水压钻孔安装埋设，并于 8 月 23 日建立初值。观测结果显示：真空预压初期，随着真空度的增加，孔隙水压力逐渐减小，浅层变化大于深层，孔隙水压滞后于膜下真空度增加，其趋势基本一致。随着真空预压进度，孔隙水压力逐渐向深层变化，深层孔隙水压变化逐渐接近浅层，真空预压结束，孔隙水压逐渐上升。整体浅层土体孔隙水压力减小 40kPa～70kPa，深处土体孔隙水压减少 30kPa～50kPa。典型孔隙水压力随时间消散曲线见图 10.10。

10.6.2　B区监测结果分析

1. 观测设施布置情况

B 区块场区共布设 34 个真空表，20 块地表沉降板，5 处分层沉降以及 5 处孔隙水压力。场区各项目观测点位置及其测点编号详见图 10.11。

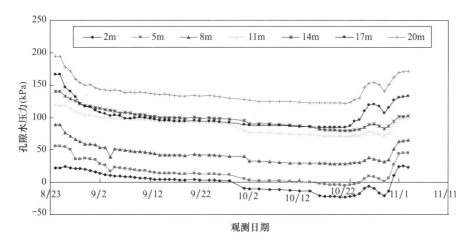

图 10.10 AP1 孔不同深处孔隙水压随时间变化曲线图

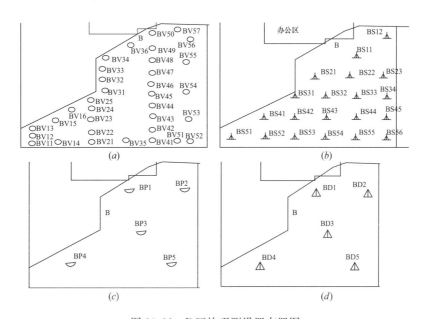

图 10.11 B 区块观测设置布置图

（a）B 区块真空表布置图；（b）B 区块地表沉降布置图；（c）B 区块孔隙水压力布置图；（d）B 区块分层沉降布置图

2. 膜下真空度

真空表安装于 2017 年 9 月 24 日开始埋设，埋设完成后开始观测。观测结果显示：9
月 23 日～10 月 6 日，膜下真空度处于上升期，期间每天上升 5kPa～10kPa；10 月 7 日～
12 月 13 日，膜下真空度基本处于稳定期，期间受断电、停泵、补膜等情况影响，真空度
出现一定程度波动，但整体而言，稳定期本场区真空度基本维持在 85kPa 以上，满足真空
预压要求。典型真空度-时间曲线见图 10.12。

3. 地表沉降

地表沉降观测结果显示：场区测点沉降量为 365.6mm～545.1mm，沉降量最大值为
545.1mm，测点位于 BS45 处，场区平均沉降量 468.7mm。将场区平均沉降量和沉降速率
分别与场区真空度、时间变化关系绘制成曲线，如图 10.13、图 10.14 所示。

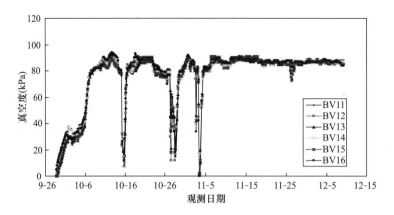

图 10.12　典型真空度-时间曲线

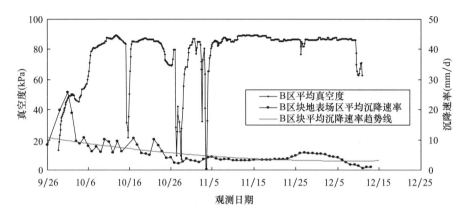

图 10.13　B 区块场区沉降速率、真空度随时间变化过程曲线

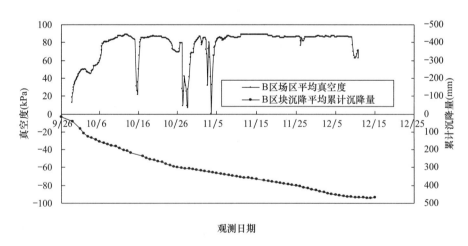

图 10.14　B 区块场区沉降量、真空度随时间变化过程曲线

　　从图 10.13 可知，随着膜下真空度的显著上升，沉降速率急剧增加，沉降速率最大值高达 25.8mm/d，出现在 10 月 2 日；随后地表沉降速率逐渐减小，期间沉降速率随着真空度波动出现轻微波动，变化趋势基本一致。

从图 10.14 可知，场区沉降量主要发生在真空预压第一个月，其沉降量约占真空预压期总沉降量的 65%。

4. 分层沉降

分层沉降观测结果显示：场区测点沉降量为 354mm～395mm（见图 10.15），从图 10.15 中可知，不同深处测点沉降量均随着处理时间逐渐变大，深层土体沉降量较小且沉降滞后于浅层土体。

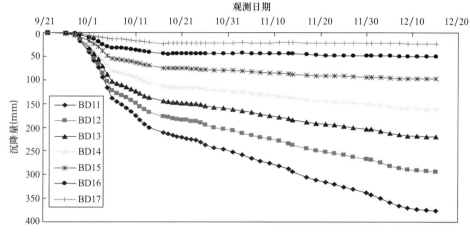

图 10.15　BD1 孔不同深处测点沉降随时间变化曲线图

5. 孔隙水压力

孔隙水压力观测结果显示：真空预压初期，随着真空度的增加，孔隙水压力逐渐减小，浅层变化大于深层，孔隙水压滞后于膜下真空度增加，其趋势基本一致。随着真空预压进度，孔隙水压力逐渐向深层变化，深层孔隙水压变化逐渐接近浅层，真空预压结束，孔隙水压逐渐上升。整体浅层土体孔隙水压力减小 40kPa～60kPa，深处土体孔隙水压减少 30kPa～50kPa，见图 10.16。

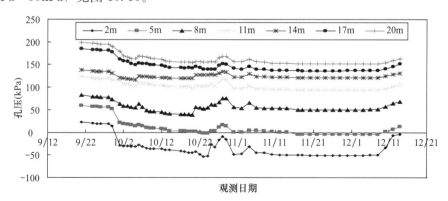

图 10.16　BP1 孔不同深处孔隙水压随时间变化曲线图

10.6.3　C 区监测结果分析

1. 观测设施布置情况

C 区块场区共设 32 个真空表，20 块地表沉降板，5 处分层沉降以及 5 处孔隙水压力。场区各项目观测点位置及其测点编号详见图 10.17。

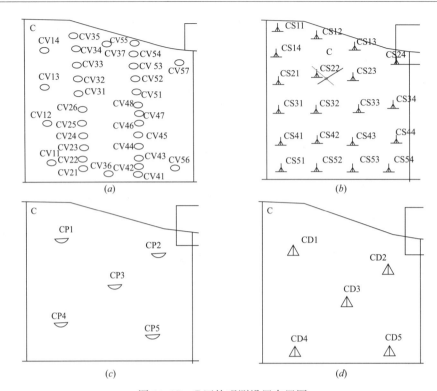

图 10.17　C 区块观测设置布置图

（a）C 区块真空表布置图；（b）C 区块地表沉降布置图；（c）C 区块孔隙水压力布置图；（d）C 区块分层沉降布置图

2. 膜下真空度

真空表安装于 2017 年 9 月 24 日开始埋设，埋设完成后开始观测。观测结果显示：9 月 24 日～9 月 28 日，膜下真空度处于上升期，期间每天上升 10kPa～15kPa；9 月 29 日～12 月 11 日，膜下真空度基本处于稳定期，期间受断电、停泵、补膜等情况影响，真空度出现一定程度波动，但整体而言，稳定期本场区真空度基本维持在 85kPa 以上，满足真空预压要求。典型真空度-时间曲线见图 10.18。

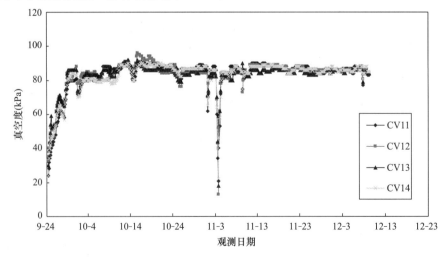

图 10.18　典型真空度-时间曲线

3. 地表沉降

地表沉降观测结果显示：场区测点沉降量为 357.0mm～585.3mm，沉降量最大值为 585.3mm，测点位于 CS23 处，场区平均沉降量 445.2mm。

将场区平均沉降量和沉降速率分别与场区真空度、时间变化关系绘制成曲线，如图 10.19、图 10.20 所示。

从图 10.19 可知，随着膜下真空度的显著上升，沉降速率急剧增加，沉降速率最大值高达 20.3mm/d，出现在 9 月 26 日；随后地表沉降速率逐渐减小，期间沉降速率随着真空度波动出现轻微波动，变化趋势基本一致。

从图 10.20 可知，场区沉降量主要发生在真空预压第一个月，其沉降量约占真空预压期总沉降量的 63%。

场区沉降分布不均匀，总体上，C 区块沉降总体分布为场区东侧沉降量较大，基本均超过 500mm，西侧沉降量次之，场区中心沉降量最小，场区平均沉降量为 445.2mm，基本达到预压要求。

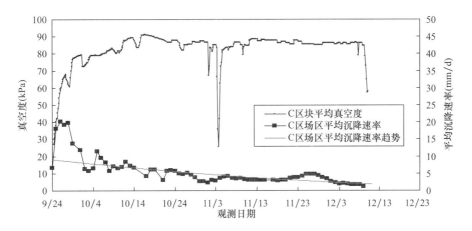

图 10.19　C 区块场区沉降速率、真空度随时间变化过程曲线

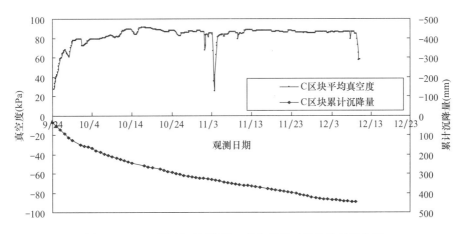

图 10.20　C 区块场区沉降量、真空度随时间变化过程曲线

4. 分层沉降

分层沉降观测结果显示：场区测点沉降量为 378mm～407mm（见图 10.21），从

图 10.21 中可知，不同深度处测点沉降量均随着处理时间逐渐变大，深层土体沉降量较小
且沉降滞后于浅层土体。

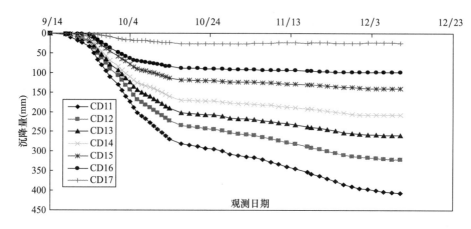

图 10.21　CD1 孔不同深处测点沉降随时间变化曲线图

5. 孔隙水压力

孔隙水压力观测结果显示：真空预压初期，随着真空度的增加，孔隙水压力逐渐减
小，浅层变化大于深层，孔隙水压滞后于膜下真空度增加，其趋势基本一致。随着真空预
压进度，孔隙水压力逐渐向深层变化，深层孔隙水压变化逐渐接近浅层，真空预压结束，
孔隙水压逐渐上升。整体浅层土体孔隙水压力减小 40kPa～60kPa，深处土体孔隙水压减
少 30kPa～50kPa。见图 10.22。

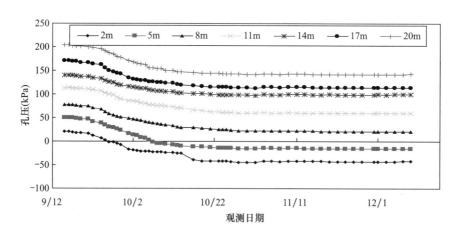

图 10.22　CP1 孔不同深处孔隙水压随时间变化曲线图

10.6.4　D 区监测结果分析

1. 观测设施布置情况

D 区块场区共布设 35 个真空表，18 块地表沉降板，5 处分层沉降以及 4 处孔隙水压
力。场区各项目观测点位置及其测点编号详见图 10.23。

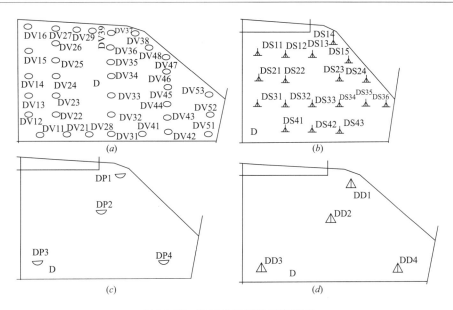

图 10.23　D 区块观测设置布置图

（a）D 区块真空表布置图；（b）D 区块地表沉降布置图；（c）D 区块孔隙水压力布置图；（d）D 区块分层沉降布置图

2. 膜下真空度观测

真空表安装于 2017 年 10 月 4 日开始埋设，埋设完成后开始观测。观测结果显示：10 月 4 日～10 月 9 日，膜下真空度处于上升期，期间每天上升 10kPa～15kpa；10 月 10 日～12 月 18 日，膜下真空度基本处于稳定期，期间受断电、停泵、补膜等情况影响，真空度出现一定程度波动，但整体而言，稳定期本场区真空度基本维持在 85kPa 以上，满足真空预压要求。典型真空度-时间曲线见图 10.24。

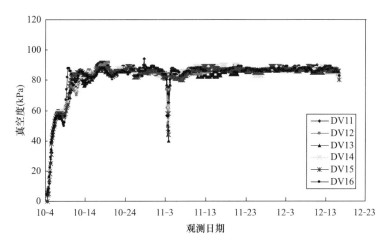

图 10.24　典型真空度-时间曲线

3. 地表沉降

地表沉降观测结果显示：场区测点沉降量为 399.9mm～688.4mm，沉降量最大值为 688.4mm，测点位于 DS34 处，场区平均沉降量 529.5mm。

将场区平均沉降量和沉降速率分别与场区真空度、时间变化关系绘制成曲线，如

图 10.25、图 10.26 所示。

从图 10.25 可知，随着膜下真空度的显著上升，沉降速率急剧增加，沉降速率最大值高达 32.3mm/d，出现在 10 月 10 日；随后地表沉降速率逐渐减小，期间沉降速率随着真空度波动出现轻微波动，变化趋势基本一致。

从图 10.26 可知，场区沉降量主要发生在真空预压第一个月，其沉降量约占真空预压期总沉降量的 72%。

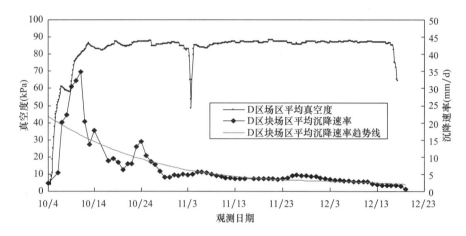

图 10.25　D区块场区沉降速率、真空度随时间变化过程曲线

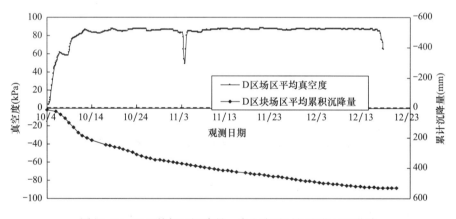

图 10.26　D区块场区沉降量、真空度随时间变化过程曲线

4. 分层沉降

分层沉降观测结果显示：场区测点沉降量为 399mm～438mm，不同深度处测点沉降量均随着处理时间逐渐变大，深层土体沉降量较小且沉降滞后于浅层土体。参见图 10.27。

5. 孔隙水压力

孔隙水压力观测结果显示：真空预压初期，随着真空度的增加，孔隙水压力逐渐减小，浅层变化大于深层，孔隙水压滞后于膜下真空度增加，其趋势基本一致。随着真空预压进度，孔隙水压力逐渐向深层变化，深层孔隙水压变化逐渐接近浅层，真空预压结束，孔隙水压逐渐上升。整体浅层土体孔隙水压力减小 40kPa～60kPa，深处土体孔隙水压减少 30kPa～50kPa。见图 10.28。

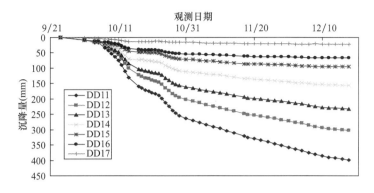

图 10.27　不同深处孔隙水压随时间变化曲线图

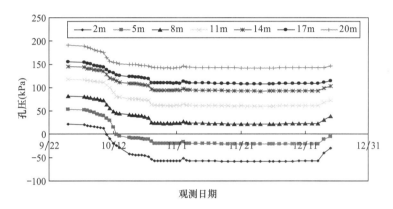

图 10.28　DP1 孔不同深处孔隙水压随时间变化曲线图

10.6.5　场地形成加固效果评述

观测工作自 2017 年 8 月 25 日 A 区块首先进行观测，随后 16 个区块依据施工进度陆陆续续开展；观测工作严格按照监测方案及相关规范、规程要求，观测过程中我方每日向施工方提供观测成果，及时反馈，为各区块进行下一步施工提供参考。截至 2018 年 1 月 2日，17 个区块观测工作全部结束，17 个区块观测成果汇总表详见表 10.6。

各个区块观测成果汇总表　　　　　　　　　　　　　　　　表 10.6

区块名称	处理时间 (d)	沉降量 (mm)	平均沉降量 (mm)	稳定真空度 (kPa)	分层沉降 (mm)	孔隙水压 (kPa)
A	69	372.7~567.7	470.5	80+	323~557	
B	82	365.6~545.1	469.1	85+	354~395	
C	85	357.0~585.3	446.9	85+	378~407	
D	76	399.9~688.4	529.2	85+	396~435	
E	85	356.2~511.4	437.9	85	374~414	40~70 30~50
F	83	323.1~702.0	504.1	85+	386~436	
G	78	339.9~659.9	444.6	85+	350~391	
H	90	449.0~600.2	510.4	85+	441~464	
I	80	427.1~624.8	532.3	85+	423~475	

续表

区块名称	处理时间 (d)	沉降量 (mm)	平均沉降量 (mm)	稳定真空度 (kPa)	分层沉降 (mm)	孔隙水压 (kPa)
J	89	351.9～620.6	464.1	85+	403～456	
K	74	309.3～436.7	369.7	85	310～346	
L	85	316.0～507.4	410.2	85+	352～382	
M	92	367.8～592.2	465.3	85	353～386	40～70
N	80	398.2～671.9	519.2	85+	377～413	30～50
O	85	351.8～416.4	389.1	85	363～379	
P	81	255.7～609.1	429.8	85+	357～391	
Q	93	320.5～602.9	427.5	85	355～397	

从监测结果可知：

（1）膜下真空度

真空预压开始第一周，膜下真空度处于上升期，期间每天上升15kPa～20kPa，随后膜下真空度基本处于稳定期，期间受断电、停泵、补膜等情况影响，真空度出现一定程度波动，但整体而言，稳定期本场区真空度基本维持在85kPa，满足真空预压要求。

（2）沉降变形

17个区块中，沉降量较大，场区平均沉降量超过500mm的区块有5个：分为D区块529.2mm，F区块504.1mm，H区块510.4mm，I区块532.3mm，N区块519.2mm；场区平均沉降量小于400mm的有两个区块，分别是K区块369.7mm，O区块389.1mm；其余10个区块沉降量均在400mm～500mm。各区块场区平均沉降分布图及其相应的平均沉降量参见图10.29、图10.30。

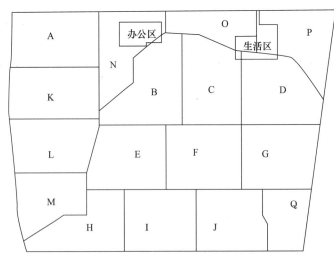

图10.29　各区块场区平均沉降分布图

同时，不同深处测点沉降量均随着处理时间逐渐变大，深层土体沉降量较小且沉降滞后于浅层土体，总体而言，土体沉降主要发生在地表下15m以内土体。总体来说，随着

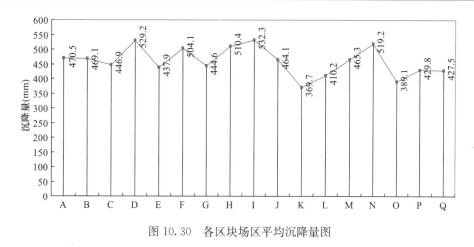

图 10.30 各区块场区平均沉降量图

膜下真空度的显著上升，沉降速率急剧增加，随后地表沉降速率逐渐减小，期间沉降速率随着真空度波动出现轻微波动，变化趋势基本一致；场区沉降量主要发生在真空预压第一个月，其沉降量基本占真空预压期总沉降量的 60％以上。

（3）孔隙水压

真空预压初期，随着真空度的增加，孔隙水压力逐渐减小，浅层变化大于深层，孔隙水压滞后于膜下真空度增加，其趋势基本一致。随着真空预压进度，孔隙水压力逐渐向深层变化，深层孔隙水压变化逐渐接近浅层，真空预压结束，孔隙水压逐渐上升。整体浅层土体孔隙水压力减小 40kPa～60kPa，深处土体孔隙水压减少 30kPa～50kPa，表明真空预压地基处理效果沿深度逐渐衰减。

（4）项目处理面积较大，场区地质复杂多变，通过开展原位观测，不仅能够判断真空预压时间是否充分，验证设计采用的参数是否合理，同时信息化指导施工，从而达到加固效果的目的，处置加固效果显著。

10.7 本章小结

本章结合浙江山水六旗国际度假区乐园项目的大面积场地形成的特征，对大面积场地形成过程中的关键技术等问题进行了较为系统深入的研究。处理后效果较为明显，真空度基本维持在 85kPa，满足真空预压要求；且场区沉降量主要发生在真空预压第一个月，其沉降量基本占真空预压期总沉降量的 60％以上。但是，由于处理面积较大，地质情况复杂多变，土体应力历史不同，场区划分不规则，插打排水板深度不同，真空预压处理开始时间以及处理时间不同等因素影响，各区块处理效果有所不同，因此在分析区块加固效果时，需要加强勘察方、设计方、施工方以及原位观测方等协作。

第11章 超大面积软土场地形成工程实践

11.1 概述

根据上述实践和研究的成果，本章注重对中国建筑西南勘察设计研究院有限公司近年来所做的极具代表性的工程进行重点剖析（上海迪士尼场地形成工程的大面积深厚软土地基处理），意在说明大面积场地形成实施过程的主要技术特点和技术优势，主要阐述了场地形成工程的勘测方案、施工监测方案，对场地自身加固效果进行了现场测试分析，完成大面积软土场地形成加固效果评价。

11.2 工程概况

11.2.1 工程基本情况

上海迪士尼场地形成工程位于浦东新区川沙黄楼镇，北临迎宾大道（S1），西临沪芦高速（S2）公路，东临唐黄路，南临规划航城路，总用地面积约7km²，拟建为拥有轨道、道路、综合娱乐设施以及后勤保障设施的综合大型主题公园，其地理位置见图11.1。该地块通过S1约12km可达浦东国际机场；通过S2约30km可至洋山港东海大桥；经外环线约30km可至虹桥机场；经外环线和省际高速公路（沪杭、沪宁、沪嘉）与"长三角经济区"的浙江、江苏相联系。

首期建设的上海国际旅游度假区核心区项目约3.9km²，主题乐园和人工湖为主要的核心，并辅以PTH公共交通枢纽、地铁站、游客停车场、零售餐饮娱乐、酒店、市政设施、公用事业和服务等建设内容。

迪士尼主题乐园场地形成主要包括清表、障碍物清除、明暗浜处理、场地填筑、地基处理、大面积平整和附属河道、密封沟等附属设计。拟建场地为平原水网地区，地貌类型为长江三角洲滨海平原，属于典型的软土地基，其软弱地层的厚度大，压缩性大，含水量高，为有效降低工后残余沉降和差异沉降，采用真空预压法进行地基处理。根据使用功能不同，场地分为高等级、中等级（Ⅰ）、中等级（Ⅱ）和低等级处理区，见图11.2，共计44个施工区块。

对于地基处理，迪士尼主题乐园场地要求各区块沉降达到卸载标准，平板载荷试验须满足相关要求。高等级区在120kPa的测试压力下，中等级区在100kPa的测试压力下，低等级区在80kPa的测试压力下，载荷板的允许沉降为25mm。

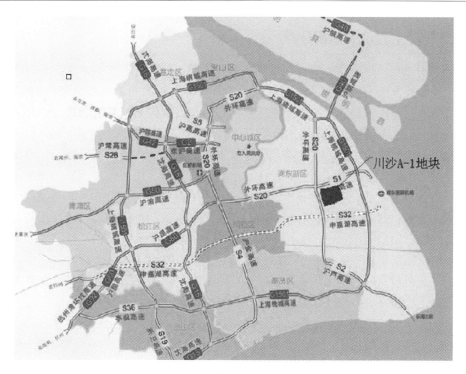

图 11.1　场地位置示意图

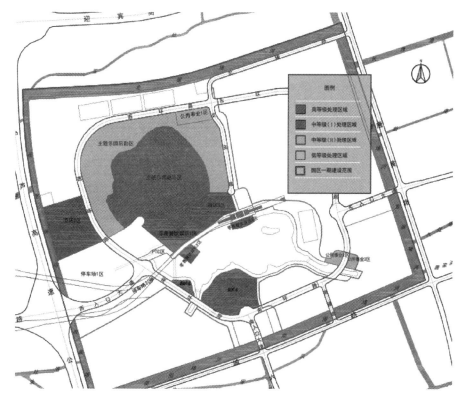

图 11.2　场地处理等级分区图

11.2.2 场地工程地质概况

1. 土层分布

本工程场地范围内地层为第四纪全新世至上更新世长江三角洲滨海平原型沉积土层，主要由黏性土、粉性土及砂土组成。按地层沉积时代、成因类型及其物理力学性质指标的差异，场地土层自上而下可分：①素填土，场地地表一般分布有厚度 0.5m～1.5m 的填土，局部地表为以建筑垃圾为主的杂填土，其下部为素填土；场地浅部填土以下沉积有俗称"硬壳层"的第②层褐黄—灰黄色粉质黏土；其下为第③层灰色淤泥质粉质黏土、第③夹层灰色黏质粉土夹淤泥质粉质黏土及第④层灰色淤泥质黏土；第⑤层灰色黏性土埋深约 16.5m～19.0m，根据土性差异从上往下可分为：第⑤$_1$ 层灰色黏土、第⑤$_3$ 层灰色粉质黏土及第⑤$_4$ 层灰绿色粉质黏土，其中第⑤$_3$、⑤$_4$ 层分布于古河道沉积区且厚度及层面起伏较大；场地东部正常沉积区第⑥层暗绿—草黄色粉质黏土层顶埋深约 24.5m～27.6m，第⑦层草黄—灰色粉（砂）性土层顶埋深约 26.8m～30.3m；场地西部受古河道切割缺失第⑥层土，第⑦层粉（砂）性土层顶起伏大，层顶埋深约 30.0m～51.0m。

根据勘探结果，拟建主题乐园区西部及酒店 2 区西、北部位于上海地区滨海平原型古河道沉积区，其余区域位于滨海平原型正常沉积区。正常沉积区勘探深度范围内地基土层分布基本稳定；古河道沉积区 25m 以上地基土层分布基本稳定，25m 以下地基土层分布及性质变化较大。古河道沉积区与正常沉积区的工程地质分区见图 11.3，古河道沉积区和正常沉积区的典型地质剖面见图 11.4 和图 11.5。

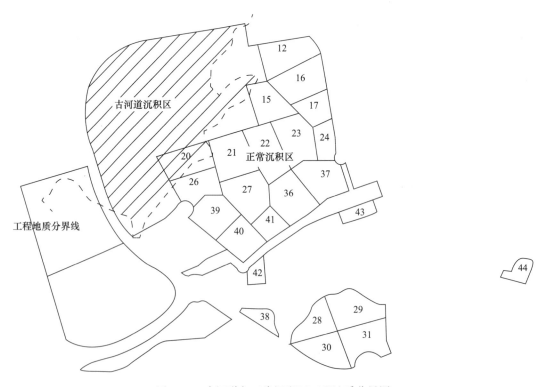

图 11.3 古河道与正常沉积区工程地质分界图

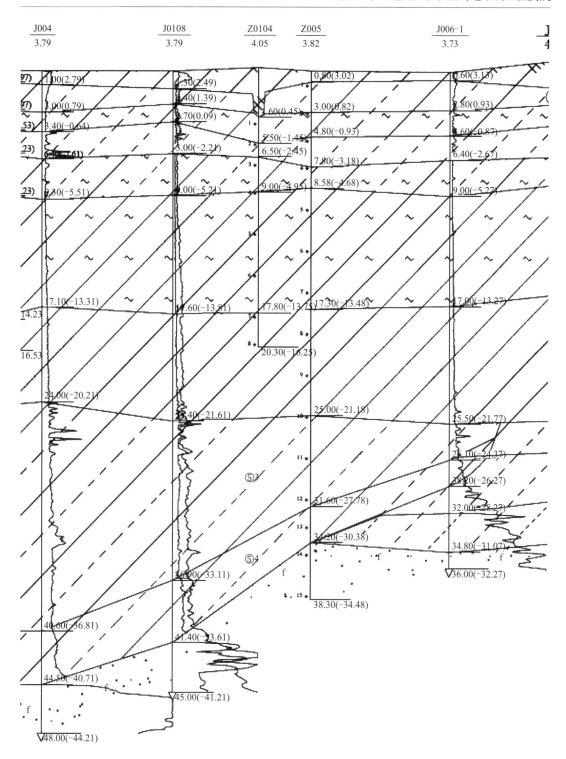

图 11.4　古河道切割正常沉积地层剖面图

2. 土层物理力学参数

土层参数见表 11.1。

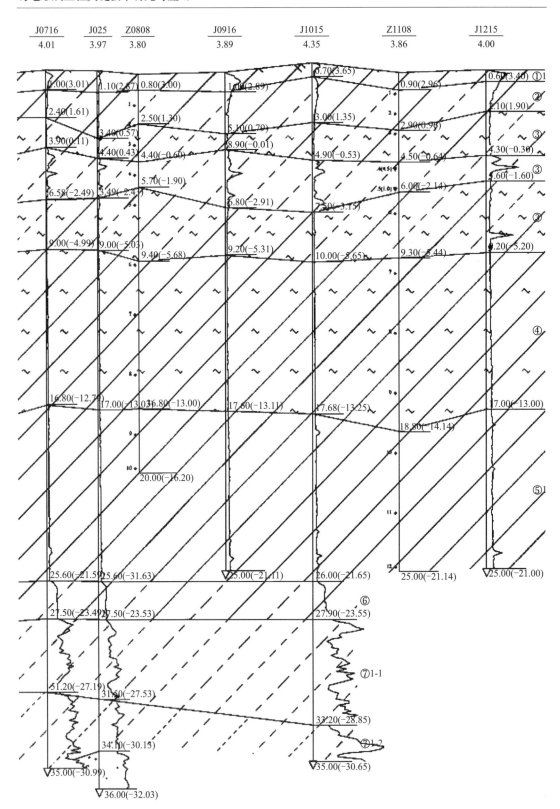

图 11.5 正常沉积地层剖面

土层物理力学参数表

表11.1

土层序号	土层名称	层厚(m)	含水量(%)	重度(kN/m³)	孔隙比	渗透系数(×10⁻⁶cm/s) k_h	k_v	压缩指数	回弹指数	固结快剪 黏聚力(kPa)	内摩擦角(°)	压缩模量(MPa)	固结系数(100-200kPa)(×10⁻³cm²/s) C_v	C_H	固结系数(200-400kPa)(×10⁻³cm²/s) C_v	C_H	十字板剪切试验 $(C_u)_v$(kPa)	S_t	标准贯入试验 $N_{63.5}$(MPa)	贯入阻力 p_s(MPa)
②	粉质黏土	1.8	31.4	18.5	0.888	1.66	1.2	0.275	0.053	21	17	4.81	4.61	5.01	4.62	5.09	50.8	4.2	4.81	0.67
③	淤泥质粉质黏土	3	40.5	17.5	1.178	3.13	7.24	0.309	0.062	12	16.5	3.26	3.73	5.07	3.69	4.93	24.7	3.9	3.26	0.44
③t	黏质粉土	2.3	35.4	18	0.984	101	71.5			8	26.5	7.45	6.99	7.9	8.41	7.64	28.6	4.1	7.45	0.97
④	淤泥质黏土	9	50.9	16.6	1.436	0.233	0.163	0.429	0.088	12	12	2.25	1.55	2.28	1.62	2.26	30.2	3.9	2.25	0.54
⑤₁	黏质粉土	9	40.9	17.5	1.168	0.794	0.553	0.394	0.075	16	13	3.15	2.41	3.2	2.55	3.09	39.7	3.8	3.15	0.77
⑤₃	粉质黏土	11	33.5	18.2	0.96	1.96	2.77	0.299	0.055	15	19.5	4.2	7.27	9.24	6.61	8			13.5	1.45
⑤₄	粉质黏土	3	23.6	19.6	0.685			0.217	0.034	45	17.5	7.08								2.46
⑥	粉质黏土	2	24.8	19.3	0.723					45	17	7.1							14	2.47
⑦₁₋₁	黏质粉土夹粉质黏土	3	29.2	18.8	0.831					13	27	8.69							22	4.39
⑦₁₋₂	砂质粉土	3.4	30.2	18.6	0.85					3	31	10.68							31.4	7.54
⑦₂	粉砂	未见	29.1	18.7	0.818					1	32.5	10.9							39.6	11.36

3. 不良地质现象

受场地自然地质条件和人工活动的影响，本工程场地范围内分布有大量的明暗浜（塘）。场地内主要河道宽度10m～20m不等，其中最大宽度可达30m（长界港处），最窄为3.5m；河道一般深3m～4m，最深处达到4.2m，最浅为0.5m，均为一般排水河道，无通航要求。场地内明浜（塘）基本上未整治，明浜底部均有淤泥分布，厚度从0.2m～2.5m不等，最薄处只有0.1m，最厚处则达到3.0m；暗浜走向主要以南北向或东西向为主，暗浜（塘）宽度多为10m～23m左右，最宽为26m，最窄为6m；深度一般为1.0m～4.5m，最深为4.7m，最浅为0.8m。农田地段的暗浜内填充物主要为黏性素填土，土质较均匀；位于村庄及厂房附近的新近填埋的暗浜，填埋时间短，浜内分布有较多生活垃圾、有机质、建筑垃圾等杂物，局部地段底部分布有厚度不等的淤泥，土质均匀性差。

11.3 勘察方案

11.3.1 勘察目的

根据设计和勘察规范要求，本次勘察要求达到以下目的：

（1）查明场地的地形、地貌等特征及地基处理影响深度范围内地基土的构成、分布规律、工程性质及其均匀性，特别是第③、④层软黏性土和第③层中粉（砂）性土夹层或透镜体的厚度与分布范围；合理划分场地工程地质单元，提供各工程地质单元内各层地基土的物理力学性质指标，确定地基承载力设计值及特征值。

（2）查明土层的成层条件，水平和垂直方向的分布，排水层和夹砂层的埋深和厚度等，查明浅部土层的渗透性。

（3）确定场地类别，提出勘察场地的抗震设防烈度、设计基本地震加速度值，判别场地浅层地基土（深度20m内）在抗震设防烈度为7度时的液化可能性、液化等级和划分抗震地段等级。

（4）查明场地地下水类型、埋藏、补给及排泄条件，提供地下水位，判别地下水和地基土对混凝土有无腐蚀性。

（5）对场地稳定性和适宜性进行评价。

（6）地基土的工程性质进行分析评价，针对不同地基处理方式提供相应的设计和施工所需的岩土特性参数；预测所选地基处理方法对环境和邻近建筑物的影响；提出地基处理方法的建议。

11.3.2 勘察依据及遵循的规范、规程与标准

项目勘察所参考的依据及遵循的规范、规程与标准见表11.2。

勘察依据及遵循的规范、规程与标准表　　　　　　　　　　表 11.2

勘察依据		标准
① 建设单位提供的场地岩土工程勘察招标文件； ② 目场地形成勘察的要求； ③ 地块控制性详细规划图； ④ 地块场地形成工程项目地基处理分区图； ⑤ 地块场地形成大面积平整图； ⑥ 地块场地地形图；	国标	GB 50021—2001 岩土工程勘察规范 GB 50007—2002 建筑地基基础设计规范 GB/T 50123—1999 土工试验方法标准 GB 18306—2001 中国地震动参数区划图 GB 50011—2001 建筑抗震设计规范 GB 50223—2008 建筑工程抗震设防分类标准 GB 50026—2007 工程测量规范 工程建设标准强制性条文-房屋建筑部分
	地标 （上海市）	DGJ 08—37—2002 岩土工程勘察规范 DGJ 08—11—2010 地基基础设计规范 DG/T J08—40—2010 地基处理技术规范 DGJ 08—9—2003 建筑抗震设计规程 DGJ 08—72—98 岩土工程勘察文件编制深度规定 工程建设地方标准强制性条文 DG/TJ 08—1001—2004 岩土工程勘察外业操作规程
	行标	JGJ 83—91 软土地区工程地质勘察规范 JGJ 79—2002 建筑地基处理技术规范 JGJ 87—92 建筑工程地质钻探技术标准 JGJ 89—92 原状土取样技术标准 CECS 04：88 静力触探技术标准 JTS 147—2—2009 真空预压加固软土地基技术规程

11.3.3　勘察手段及方案

1. 勘察手段

采用工程测量、钻探取土、原位测试（单桥静力触探试验、孔压静力触探试验、扁铲侧胀试验、十字板剪切试验及标准贯入试验）及室内土工试验相结合的综合勘察手段，以查明拟建场地土层构成与分布情况，获取地基土的各类物理力学性质参数。为进一步对比各种测试手段获取的岩土参数，勘察时在场地内共布置 21 组对比孔，均进行钻探取土、孔压静力触探试验、十字板剪切试验及扁铲侧胀试验。所采用的勘察手段说明如下（见表 11.3）。

勘察手段说明　　　　　　　　　　表 11.3

勘察手段	仪器或机械	工作量		方法要点
勘探点布设	全站仪测放	取土技术孔	274 个	以 2006 年吴淞高程系统为准布设
钻探和取样	工程勘察钻机	原状土	3495 件	侧孔进行全断面取芯
		扰动土	88 件	
标准贯入试验	63.5kg 重锤	88 次		自由落锤，落距 76cm，试验时预打 15cm，再开始记录每打入 10cm 的锤击数，累计打入 30cm 的锤击数即为实测标贯击数 N 值
静力触探试验	电桥探头	单桥静力触探试验孔	438 个	主题乐园游乐区孔压静力触探试验孔不少于静探孔总数的 1/3，其他区域孔压静力触探试验孔不少于静探孔总数的 1/5
		孔压静力触探试验孔	149 个	
十字板剪切试验	十字板	试验孔	21 个	对浅部第③、④、⑤₁ 层软黏性土进行试验
扁铲侧胀试验	扁铲	试验孔	18 个	

2. 勘察方案

各功能区场地平面尺寸大，根据上海地区工程经验，为能有效控制场地地层变化，使经济性指标佳，本次勘探孔在场地范围内呈网格状布置，勘探孔孔距小于 45m；场地形成按采用真空预压法或堆载预压法考虑，一般性勘探孔应达到塑料排水板板底以下不少于 3m，控制性勘探孔在满足软弱地基处理深度的情况下，同时也应满足地基变形计算，因此深度应揭穿地基处理影响深度范围内各软弱土层，进入第⑦层稳定砂土不小于 2m～3m，因此确定勘探孔深度：古河道沉积区为 20m～45m；正常沉积区为 20m～35m。

11.4 场地形成设计与监测方案

11.4.1 场地形成设计方案

根据使用功能不同，场地分为高等级、中等级（Ⅰ）、中等级（Ⅱ）和低等级处理区，

图 11.6 上海迪斯尼场地形成项目区块分布图

共计 44 个施工区块。其中，低等级处理区采用分层碾压法处理，其余区块均采用真空预压地基处理，真空预压的真空度大于 80kPa；密封墙采用双轴水泥黏土搅拌桩（掺 0.8％膨润土），搭接 200mm，直径 700mm，长 10m；排水设计采用 SPB-C 型塑料排水板，板宽 100mm，插入深度 14.5m～24.0m，间距 1.1m～1.4m；真空预压周期为 12 个月，目标沉降值最低 300mm，最高 900mm，见图 11.6。

本工程各区块的处理等级、目标沉降值见表 11.4。

各区块的处理等级、目标沉降值见表　　表 11.4

功能区名称	处理分块编号	地质单元	处理等级	目标沉降值（mm）	处理方法	塑料排水板设计参数		
						插打深度（m）	间距（m）	材质及型号
主题乐园区	1	古河道沉积区	中等级处理区（Ⅱ）	550	真空预压，真空度≥80kPa	16.5	1.2	原生料 SPB100-C 型
	2	古河道沉积区		550		16.5	1.2	原生料 SPB100-C 型
	3	古河道沉积区		500		16.5	1.2	原生料 SPB100-C 型
	4	古河道沉积区		450		14.5	1.3	原生料 SPB100-C 型
	5	古河道沉积区		450		14.5	1.3	原生料 SPB100-C 型
	6	正常沉积区		400		14.5	1.4	原生料 SPB100-C 型
	7	古河道沉积区		500		16.5	1.2	原生料 SPB100-C 型
	8	古河道沉积区	高等级处理区	850		20.5/24.5	1.1	原生料整体式 SPB100-C 型
	9	古河道沉积区		900		20.5/24.5	1.1	原生料整体式 SPB100-C 型
	10	古河道沉积区		850		20.5/24.5	1.1	原生料整体式 SPB100-C 型
	11	古河道/正常沉积区		500		16.5	1.2	原生料 SPB100-C 型

功能区名称	处理分块编号	地质单元	处理等级	目标沉降值（mm）	处理方法	塑料排水板设计参数		
						插打深度（m）	间距（m）	材质及型号
主题乐园区	12	正常沉积区	中等级处理区（Ⅱ）	400		14.5	1.4	原生料 SPB100-C 型
	13	古河道/正常沉积区	高等级处理区	850		20.5/24.5	1.1	原生料整体式 SPB100-C 型
	14	古河道/正常沉积区		650		20.5/22.5	1.2	原生料 SPB100-C 型
	15	古河道/正常沉积区		550		16.5	1.2	原生料 SPB100-C 型
	16	正常沉积区	中等级处理区（Ⅱ）	300		14.5	1.4	原生料 SPB100-C 型
	17	正常沉积区		300		14.5	1.4	原生料 SPB100-C 型
	18	古河道/正常沉积区		400		14.5	1.4	原生料 SPB100-C 型
	19	古河道沉积区	高等级处理区	700		20.5/23.5	1.1	原生料整体式 SPB100-C 型
	20	古河道/正常沉积区		800		20.5/23.5	1.1	原生料整体式 SPB100-C 型
	21	正常沉积区		650		20.5/22.5	1.2	原生料 SPB100-C 型
	22	正常沉积区		550		16.5	1.2	原生料 SPB100-C 型
	23	正常沉积区		500		16.5	1.2	原生料 SPB100-C 型
	24	正常沉积区	中等级处理区（Ⅱ）	300		14.5	1.4	原生料 SPB100-C 型
	25	古河道/正常沉积区	高等级处理区	600		18.5/20.5	1.2	原生料 SPB100-C 型
	26	古河道/正常沉积区		600		18.5/20.5	1.2	原生料 SPB100-C 型
	27	正常沉积区		550	真空预压，真空度≥80kPa	16.5	1.2	原生料 SPB100-C 型
酒店1区	28	正常沉积区		300		13.5	1.4	原生料 SPB100-C 型
	29	正常沉积区		450		16.5	1.3	原生料 SPB100-C 型
	30	正常沉积区		300		13.5	1.4	原生料 SPB100-C 型
	31	正常沉积区		450		16.5	1.3	原生料 SPB100-C 型
酒店2区	32	古河道/正常沉积区		550		16.5	1.3	原生料 SPB100-C 型
	33	古河道/正常沉积区		550		16.5	1.3	原生料 SPB100-C 型
	34	古河道/正常沉积区		550		16.5	1.3	原生料 SPB100-C 型
	35	古河道/正常沉积区	中等级处理区（Ⅰ）	500		16.5	1.3	原生料 SPB100-C 型
酒店3区	36	正常沉积区		400		14.5	1.4	原生料 SPB100-C 型
	37	正常沉积区		400		14.5	1.4	原生料 SPB100-C 型
酒店4区	38	正常沉积区		300		14.5	1.4	原生料 SPB100-C 型
零售餐饮娱乐1区	39	正常沉积区		500		16.5	1.2	原生料 SPB100-C 型
	40	正常沉积区		650		20.5/22.5	1.2	原生料 SPB100-C 型
	41	正常沉积区		550		16.5	1.2	原生料 SPB100-C 型
零售餐饮娱乐2区	42	正常沉积区		500		16.5	1.2	原生料 SPB100-C 型
零售餐饮娱乐3区	43	正常沉积区		550		16.5	1.2	原生料 SPB100-C 型
公共事业区	44	正常沉积区	中等级处理区（Ⅱ）	400		14.5	1.3	原生料 SPB100-C 型

功能区名称	处理分块编号	地质单元	处理等级	目标沉降值(mm)	处理方法	塑料排水板设计参数		
						插打深度(m)	间距(m)	材质及型号
停车场区	P1/P2		低等级处理区	无沉降目标值				
公共交通连接段	PTC		低等级处理区	无沉降目标值				

在软基区域进行施工时，大多需要采用真空预压加固方式提前对所施工区域进行加固，其真空预压结构包含一圈围堰，在围堰的土方覆盖有密封膜，在密封膜内分别设有真空主管和塑料导板，真空主管的另一端连接有真空泵，其中的塑料导板则平均分布在所施工区域内的泥土中。利用真空泵将所密封区域内泥土中的水分及空气吸走，以使土体变得更加密实，从而实现对预施工区域的软基进行加固的目的。但是，目前广泛存在的问题是由于密封膜所覆盖区域内的软基下方为开放式的，真空泵在工作时则会将密封膜之外区域土体中的水分一并吸走，从而增加了真空泵的工作时间，降低了生产效率，而且此种方式不能对所密封土体中的深处进行吸排水，也在一定程度上降低了软基加固的效果。针对真空预压密封问题主要采用黏土搅拌桩封闭墙进行处理，虽然能在抽真空期间起到隔水和隔气的作用，但其承载力很低，在真空预压完成后需要进行二次处理，以提高其承载力。

为了解决上述问题，以达到节省造价，提高地基承载力，避免产生不均匀沉降的目的，发明了下述技术方案：

（1）在围堰的上方覆盖密封膜，在密封膜内设真空主管和塑料导管，真空主管的另一端与真空泵连接，其中在围堰的外侧下方设有密封沟，密封沟的下方与泥浆密封墙连接，

密封沟呈梯形结构，上方较宽，底部较窄，泥浆密封墙呈垂直状分布在预施工区域的外侧。利用泥浆密封墙可以将施工区域进行有效的密封，利于吸排水分，从而实现对密封区域内的土体加固。

（2）泥浆封闭墙通过试验得出合适的水泥和膨润土掺入量，以保证水泥和黏土通过搅拌形成的墙体在地基处理过程中作为密封墙的前提下，后期也能同时满足与周围土体变形协调一致的要求。

（3）泥浆封闭墙为双排水泥黏土搅拌桩，如图11.7和图11.8所示，按相互搭接的方式形成封闭墙体。要求搅拌桩相互搭接200mm，桩长和桩径根据实际情况确定，泥浆料根据试验情况选用，要求泥浆重度达到$13kN/m^3$以上，黏粒含量大于50%，泥浆掺入比为40%，渗透系数小于10cm/s，泥浆中膨润土的含量为7%、纯碱掺入量为0.35%，水灰比为2～4，浆液的黏度控制在20s～30s。

11.4.2 场地形成监测方案

1. 监测内容

根据预压法地基处理的特点，在预压区内进行真空度观测（真空预压区）、地表沉降监测、土体分层沉降监测、孔隙水压力监测。在地基处理影响范围内，如有需保护的建（构）筑物，如道路、湖泊、地铁等，应根据需要布置深层土体水平位移和地表水平位移观测点。

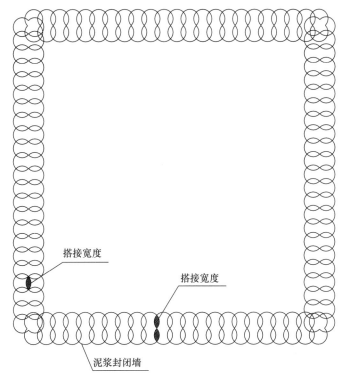

图 11.7　泥浆封闭墙的平面示意图

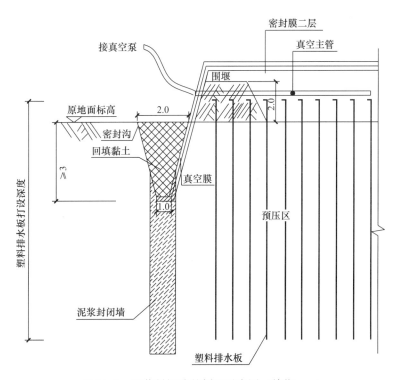

图 11.8　泥浆封闭墙的剖面示意图（单位：m）

2. 监测点布设

各处理区块内地表沉降监测点、分层沉降监测点、孔压监测点以及真空表布置数量见各区块监测点平面布置图，各监测点应均匀分布在处理区中。

3. 监测频率

监测频率见表11.5。

真空预压法监测频率表　　　　　　　　　　　　表 11.5

项目	监测频率		
	预压期第 1 月	预压期第 2 月	预压期第 3 月及其以后
分层沉降	1 点·次/(1 天)	1 点·次/(2 天)	1 点·次/(3 天)
沉降标	1 点·次/(1 天)	1 点·次/(2 天)	1 点·次/(3 天)
孔隙水压力	1 点·次/(1 天)	1 点·次/(2 天)	1 点·次/(3 天)
真空度	真空度达到设计要求前：1 点·次/4 小时，真空度稳定后 1 点·次/1 天		

备注：在沉降趋于稳定时，监测频率应调整为 1 点·次/1 天。

11.5 场地形成施工组织方案

11.5.1 土石方组织运送

1. 工程涉及土方工作量为：

场地填筑：71 万 m³（填方）；15.2 万 m³（挖方）；

大面积平整：52.7 万 m³（填方）；11.7 万 m³（挖方）；

堆载预压：40 万 m³（堆方）。

2. 土方来源落实

工程涉及的填方来源均考虑采用白龙港圈土区的外来土源。场内临时施工道路总平面布置也相应按照满足外来土方运输需要进行布置。

3. 取土点质量控制

三甲港南部圈土区取土点的土源必须先经过第三方检测单位进行各项土性测试分析及环评合格后方可提供本工程施工使用。

根据设计要求的压实度、现场配置机械、土方试验数据拟定填土工程松铺系数或松铺厚度。

4. 施工现场土方周转堆放场地

本工程施工时尽量安排外来土方到场直接运输到施工点进行填筑，若遇到特殊情况暂时不能填筑时，考虑在现场设置一块临时周转堆放场地，位于核心区外侧西南角、零售餐饮娱乐 1 区西侧，面积约 6 万 m²。

11.5.2 清表及种植土采集

根据施工现场测量定位，对施工区域的场地表面进行清理，清理厚度 30cm。清表施工从临近道路开始由近至远。清表后进行地面推平碾压，并做散水坡度防止地面积水。然后才可进行其上的土方填筑施工。

1. 工艺流程

测量放样→第一次清表→完成面标高测量→第二层清表→完成面标高测量→清表完成。

2. 施工方法

（1）机械选用

清表施工主要采用机械施工，人工配合。施工机械主要选用干式履带推土机、湿式履带推土机、反铲式挖土机和自卸卡车。对于水位高、含水量高、场地泥泞的区域使用湿式履带推土机。

（2）耕植土剥离

表层 30cm 的耕植土采用推土机结合挖机进行剥离。黏土和耕植土的区别就在于扰动性，耕植土受人为扰动，存在孔隙、植物根茎以及成分混杂的。黏土是老土，扰动性较小，断面有光泽度且光滑，成分单一。

原地面上的杂草、树根、农作物残根、腐殖土、淤泥、垃圾等必须全部清除。清表后原地面压实平整。根据施工区范围，按照 20m×20m 组成方格网，并设置一个木桩。木桩采用 1m 长，50mm×100mm 木料，木桩上每隔 10cm 用红油漆标出标记。作为控制平整场地时标高控制。按照预先土层去除方案，用推土机分区域推土。根据小木桩的标记，控制推土深度。

装料：推土机和挖掘机将清理出的耕植土及草皮堆积，挖掘机装料，推土机送料。

运料：推出的耕植土用挖土机装入土方车及时驳运到场内指定堆放地点（可利用作为今后绿化用土）。

表层土铲除后及时对地表层进行检查，是否还有植物根茎等有机物，如果还有少量根茎等植物，采用人工进行挖除。一旦发现暗浜，也需要按照河道处理施工方法进行彻底处理。

根据已经完成的施工区范围，重新按照 20m×20m 组成方格网，并设置一个木桩。木桩可作为控制推土机推土时标高控制。平整到标高后，挖设排水沟；场地形成不小于 3‰的泛水，通向排水沟，避免场地积水。

（3）场内保留桥梁拆除

各区块施工时场内现状保留的桥梁需全部拆除，桥梁拆除顺序为：修筑围堰→桥面附属结构拆除→板梁移除→立柱、盖梁破除→桥（承）台破除→桥梁桩基础破除；桥梁基础桩基础破除后，需采用中、粗砂回填，避免影响原状地基的稳定性。

现状桥梁结构及桩基均采用机械拆除。

11.5.3 暗浜换填

1. 工艺流程

测量放样→清淤→清底、修坡→修整后断面测量→砂垫层→土方分层回填碾压→填埋至场地标高。

2. 施工方法

（1）清淤

场地清表后根据设计图、勘察资料需进行处理的暗浜区域，结合现场实际情况定挖除范围，洒挖土灰线，并经现场监理和设计方认可。

对于现场内需处理的暗浜区域采用挖掘机械作业进行挖除。

清淤时，遇无法装运的淤泥，先由挖掘机将河道淤泥挖运上岸边晾晒，较干燥后再用挖掘机和汽车配合清运土方。

若施工中发现地质异常现象，如表层颜色变化、施工机械下沉、地表干湿变化较大等，应及时通知勘察单位进一步明确是否存在遗漏的暗浜。

（2）修筑边坡

暗浜淤泥彻底清除，以清除至设计要求的位置为止进行边坡设置（坡度采用1：1.5），若暗浜本身边坡已经大于上述放坡标准，则按照河道本身边坡修筑台阶。

（3）暗浜换填土

1）砂垫层

暗浜清淤清底完成后，为便于压实机械下河道进行分层碾压密实，首先增加铺设一层30cm厚砂垫层，采用水沉法施工。施工后的砂垫层要求能满足土方机械行进要求的地耐力。

砂料需由监理单位确认，应符合以下等级且含泥量小于5％的中粗砂，且贝壳碎片含量不大于3％。

2）操作工艺

① 施工前应验槽，先将浮土清除，边坡必须稳定，防止塌方；

② 填筑前应将基层上的杂物、浮土清理干净；

③ 铺筑砂应保证表面平整度，并按一定比例设坡度；

④ 水坠砂技术施工时，应对注水和排水实施控制，浸水、放水时缓慢，以水不带走砂粒为宜；

⑤ 放水水完毕后，砂垫层表面采用平板式振动器振捣；

⑥ 振捣完毕后在四周人工开挖集水坑，将砂垫层里的水排出；

⑦ 垫层全部完成后，应进行表面拉线找平，凡超过标准高程的地方，及时依线铲平；凡低于标准高程的地方，应补砂石夯实。

（4）回填土

1）基本要求

暗浜填筑主要为分层填筑碾压。关键在于填料的控制和压实质量的控制，采用自卸汽车、挖土机、推土机、振动压路机配合完成其填筑施工。

暗浜填筑开工前先做试验段，长度为100m左右，通过试验路段的施工来确定机具压实填料的最佳含水量，适宜的松铺厚度和相应的压实遍数及最佳的机械组合和施工组织方案。通过试验路段确定的各项施工工艺参数报监理工程师审批，即为指导施工的最佳方案。

填筑前完成基底处理，并经过质量检查验收，基底设置向两侧的排水坡。同时做好测量放线和施工前的复查，划分作业区段，严禁跨区作业。按设计要求选择填料来源，应通过室内试验。按规范标准规定的填料复查批量进行填料性质试验，确定其相应的技术指标。料源场需要设置粉碎设备、过筛设备等对填料的粒径、级配进行控制。针对所用填料，正式施工前应先做试验段，试验段应选取具有代表性的河道，试验段长度不得小于100m，进行工艺性填筑试验，确定摊铺厚度、压实遍数等施工参数。

2）操作工艺

① 分层填筑

河道填筑采用15t自卸汽车运输填料，按纵向分段，水平分层填筑，压实厚度

250mm，对于高、中等级处理区，压实度不小于 90%；对于低等级处理区，压实度不小于 93%；

回填采用分层搭接，施工缝错开搭接，搭接宽度不小于 1m，分层搭接时边坡不得小于 1∶1；回填应先填低洼地段，后填一般地段；先填浜中，再逐渐填至浜边；

分层回填时，应保证回填的均匀性和表面平整度；填料松铺厚度按照材料试验及试验段确定的松铺厚度进行控制，自卸汽车运土，根据车容量计算卸料间距并在路基上划线打格，以便平整时摊铺厚度均匀。

② 摊铺平整

用推土机推平，做成 1.5‰ 的双向排水坡，层面无显著的局部凹凸。用水准仪检测（或挂线）控制每层摊铺厚度。

③ 振动碾压密实

回填采取水平分层回填，土方含水量控制在最优含水量的 ±4% 之间。分层碾压时，应保证回填的均匀性和表面平整度；根据工艺性填筑试验确定的施工参数，碾压前向压路机司机进行技术交底，其内容包括碾压起讫范围、压实遍数、压实方法、走行速度等。

碾压顺序：沿河道纵向进行压实，按先两侧后中间、先轻后重、先慢后快、先静压后振压的操作程序进行压实。压路机碾压不到位的地方用小型机械进行夯实。

各区段交接处，应互相重叠压实，压实辗迹重叠 0.5m～1.0m，每层接缝处做成大于 1∶1.5 的坡，上下两层填筑接头应错开不小于 1m。填方表面做到保持排水流畅不受侵蚀。

④ 检验签证

试验人员随碾压过程随时检测压实质量，每层压实厚度不大于 25cm，碾压结束后，及时按标准检查碾压区段是否压实均匀。

每层填土压实质量按规定检验合格，监理工程师抽检验收后，方可进行下一层填筑，否则下达质量不合格通知单，进行重新压实，直到压实合格为止。

11.5.4　场地填筑

1. 工艺流程

场地清理→设置方格网→标高测量→计算填方量→分层填方、平整→分层碾压→填筑至设计标高。

2. 施工方法

（1）场地填筑在明暗浜处理完毕后、地基处理前进行，结合地基处理工艺的特点，填筑时，需分区分块进行。为便于地基处理，按每区块不大于 50m 进行分层填筑。

（2）场地填筑在明暗浜处理完毕后、地基处理前进行，结合地基处理工艺的特点，填筑时，需分区分块进行。为便于地基处理，按每区块不大于 50m 进行分层填筑。

（3）场地填筑时应采用方格式分层拼接填筑，每块边长不宜大于 50m，按顺序形成真空预压处理小区域。

（4）素土分层填筑须控制填土厚度，一般采用机械碾压时，将填土压实厚度控制在 25cm。碾压时由两边逐渐向中间，碾压要均匀、机械行进速度适中，碾轮每次重叠宽度为 0.5m～1m，依次进行，避免漏压。

（5）本工程场地填筑面积较大，在填筑时极易产生积水情况，因此在填筑过程中应严格做好场地排水，以免场地长时间积水浸泡土体。

（6）填筑过程中的场地排水可以采用在分层填筑时设置排水坡的方式进行，坡度为1.5‰。

3. 技术要点

场地填筑需大量土方，土方应符合协议中的相关要求。

场地填筑的主要技术控制指标为填筑土方的压实度。现场填筑时通过对压实系数的测试进行质量控制。

填筑土方含水量的大小，直接影响到碾压遍数和碾压质量，在碾压前应预试验，以得到符合压实度要求条件下的最优含水量和最少碾压遍数。相关技术要求如下：

场地填筑分层碾压每层厚度 25cm，每层填土的压实度不小于 90%（轻型击实标准）；

在分层碾压时，填土方的含水量需控制在最优含水量的 ±4% 之间；

分层碾压各区域间应做好搭接，需修筑一定比例的梯形边坡。各区域每层接缝处应做成大于 1∶1.5 的斜坡，碾迹重叠在 0.5m～1.0m 之间，上下层错缝距离不应小于 1.0m；

分层填筑应按松铺厚度回填土后机械碾压；

场地填筑过程中需控制场地排水，填土区应中间稍高，两边稍低，横坡保持在 1.5‰或以上。

填土施工时，需要分层回填压实至要求压实度，而对松散土层进行分层回填时，每层厚度不可大于 250mm。

填土施工要求每层填土的压实度要达到 90% 以上，并根据国家标准《土工试验方法标准》GB/T 50123—1999 执行密实度及击实试验。

填土施工前，填筑土料的含水率需介于最优含水率的 ±4% 之间，并可以每层压实回填前洒水以保持合适含水率，但禁止注射或灌注大量水于回填土层上。此外可混合其他填土或烘干填土以达到施工要求，要先确定每层填土处于合适的含水率及在施工条件合适时，才进行压实，并不小于 90% 的压实度。

每层已压实的填土需进行现场密实度测试，每层试验数量及方法需根据相关国家标准，并得到业主公司岩土工程师的确认。

场地填筑开工前先做试验段，长度为 100m 左右，通过试验路段的施工来确定机具压实填料的最佳含水量，适宜的松铺厚度和相应的压实遍数及最佳的机械组合和施工组织方案。通过试验路段确定的各项施工工艺参数报监理工程师审批，即为指导施工的最佳方案。

11.5.5 真空预压地基处理

本工程主题乐园游乐区、后勤区（1号～27号区块）；酒店1区（28号～31号区块）；酒店2区（32号、34号区块）；酒店3区（36号、37号区块）；餐饮娱乐1区、2区、3区（39号～43号区块）；公共事业区（44号区块）均采用真空预压地基处理。

1. 工艺流程

测量放样→排水砂垫层→搅拌桩测量放样→塑料排水板打设→监测设备、滤管安装→铺一层土工布→铺二层密封膜→试抽气至稳定→围堰、保护性覆水→真空稳压运行→卸载。

2. 设备配备

根据真空预压地基处理的施工特点，考虑配备挖掘机、推土机、搅拌桩机、塑料排水板插板机进行真空预压各项准备工作的施工，采用射流真空泵机组作为抽水设备。

3. 砂垫层施工

（1）铺设厚度 500mm，材料采用中粗砂，含泥量不大于 5%，干密度应大于 $1.5g/cm^3$，渗透系数大于 $1×10^{-1}mm/s$。

（2）真空预压砂垫层采用推土机碾压并刮平，50cm 厚砂垫层一次铺设完成。

（3）砂垫层铺设前，按 20m×20m 插设竹竿，其上标注 50cm 的尺寸线。

（4）砂垫层施工时，以竹竿上的标注为基准控制临近区域的铺砂厚度。

（5）采用钢直尺随机测量砂垫层厚度。发现有厚度达不到要求的区域，要加密抽测点，并令该区域返工。

（6）施工前，将大于 50mm 的砾石除去；铺设过程中，遇尖利硬物、泥块及其他杂物等分拣出去。砂垫层面层 4cm 厚度范围内不允许有带棱角的硬物颗粒。铺砂要均匀，不得成堆，其干密度应符合设计要求。

（7）为控制施工进度，砂垫层可分区进行铺设，分区验收，以便打桩机尽早进场，形成流水作业。

4. 密封墙施工

水泥黏土搅拌密封墙采用 32.5 号普通硅酸盐水泥，采用两喷三搅施工工艺，桩直径 700mm，搭接 200mm，水泥掺量为 5%，膨润土掺量为 0.8%，Na_2CO_3 掺量为膨润土掺量的 5%。同时在水泥黏土搅拌桩配合比设计时取得渗透系数、水泥浆比重等参数作为施工过程检测控制依据。

施工的钻机必须安装经市有关部门认可的水泥浆量计量装置，每根桩施工必须有钻头各次下钻深度及提升高度的全过程记录和水泥浆量用量曲线图。

水泥黏土搅拌桩在施工中必须加强搅拌，增加水泥与土拌和均匀性。最后一次喷浆程序完成后，必须进行复搅。钻头下、上往返一次称为一搅，喷浆在钻头旋转提升同时进行。

工艺流程为：桩位放样→钻机就位→检验、调整钻机→正循环钻进至设计深度→打开高压注浆泵→反循环提钻并喷水泥浆→至工作基准面以下 0.3m→重复搅拌下钻至设计深度→反循环提钻并喷水泥浆→至工作基准面以下 0.3m→重复搅拌下钻至设计深度→反循环提钻至地表→成桩结束→施工下一根桩。

5. 塑料排水板施工

（1）工艺流程

铺设水平排水垫层→测放各施工分区边界线，定出塑料排水板位置并做好标记→打设机定位，在套管内穿入塑料排水板→安装管靴→沉设套管→打设至施工控制标高→提升套管→剪断塑料排水板→检查并记录塑料排水板打设情况→移机至下一板位。

（2）塑料排水板打设

施工机械可采用门式打桩机和履带式打桩机，排水板外露长度不小于 200mm，根据设计确定好单根排水板长度。

1）打设前在桩机导杆或桩管上，将最后进尺深度及离最后进尺深度 2m 处，每隔

10cm 做明显标志，以显示进尺及提升后回带长度。

2）打设塑料排水板应采用套管式打法，不得采用裸打法。

3）塑料排水板打设范围及打设间距应符合设计要求，即平面位置偏差不大于 50mm，外露长度不小于 200mm，垂直度偏差不大于 1.5%。

4）施工中严禁出现扭结、撕裂、损坏滤膜、板芯撕裂等现象，遇此情况应截去不合格部分重新补打。

5）必须严格按照设计标高施工，不得出现浅向偏差；当发现地质情况变化，无法按设计要求打设时，应及时向监理工程师及设计代表联系，并征得同意设计变更后方可变更打设标高。

6）打设塑料排水板回带长度不得超过 500mm，且回带的根数不宜超过打设总根数的 5%。

7）剪断塑料排水板时，砂垫层以上外露长度不小于 200mm。

8）塑料排水板打设过程中应逐板进行自检，并按要求做好施工记录，当检查符合验收标准时方可移机，打设下一根，否则须在临近处补打。

9）塑料排水板接长时需将待接排水板的滤膜完整地剥开，将板芯对插搭接，搭接长度不小于 200mm，再将滤膜包好，裹紧后，再用大号订书针钉接。

10）塑料排水板打设验收合格后，应及时用砂料仔细填满打设时在板周围形成的孔洞，并将塑料排水板埋置于砂垫层中。

11）塑料排水板打设完毕后，应按照图纸上设计位置及时埋设监测仪器，并做好仪器的保护工作。

12）打设完毕后，应及时用水准仪按 20m×20m 的方格网测砂面高程，并整理好书面资料报监理工程师，同时进行分项工程验收。

13）在打设排水板过程中会有部分水从塑料排水板孔中流出，为了不影响施工，应及时进行排水。

14）施工单位与监测单位密切配合，及时埋设各种监测仪器，基本保证排水板施工完毕后监测仪器埋设完毕。

（3）剪带移位

拔起套管后，锚靴连同排水板一起留在土中，然后剪断连续的排水板，即完成一个排水孔插板操作。插板机就可以移位到下一个排水孔继续施工了。

在剪断排水板时，要留有露出原地面 15cm～30cm 的"板头"，其后在"板头"旁边挖起砂土 20cm 深成碗状的凹位，再将露出的板头折埋于砂垫层中，与砂垫层贯通。

塑料排水板施工中要防止泥土等杂物进入套管内，打设排水板时形成的孔洞应及时用砂回填，不得用土块堵塞。

6. 排水主管及滤管铺设

按主管横向、滤管纵向布置，主管间距 12m，滤管间距 6m。主管和滤管采用 PVC 管，外径为 75mm，管壁厚度 2.3mm。主管和滤管直径相同，便于连接。主管和滤管之间应用软胶管连接，可以使整个管路系统能较好的适应地面的不均匀沉降。主管上下不开孔，滤管上应设置圆孔，滤管圆孔直径 10mm，滤管圆孔间距和排距均为 40mm，外包一层土工布。

7. 真空膜铺设

（1）土工布

在铺设真空膜之前必须在砂垫层上先铺设一层无纺土工布，避免真空膜直接接触砂垫层或其他尖锐状物而受损，起到保护真空膜的作用，无纺土工布规格采用单位面积质量为 250g/㎡。土工布性能指标详见《公路工程土工合成材料短纤针刺非织造土工布》JT/T 520—2004。

（2）挖压膜沟

根据工程需要，密封沟设计深度 1m，上宽为 2.1m，下宽为 1.2m。开挖密封沟时直接挖至搅拌桩顶面以下 0.5m，要保证密封膜跟黏土搅拌桩紧密结合，防止漏气。密封膜内紧贴密封沟的内壁铺设，并将膜放至沟底，然后分层回填黏土压实。

（3）密封膜

1）密封膜质量必须符合设计的要求，在工厂热合一次成型。

2）铺密封膜是本工程的关键工序，质量好坏直接影响加固效果，所以要精心操作，防止密封膜的损坏。

3）将事先压制成型的密封膜，分 2 层铺设，铺膜必须统一指挥，要有一点余量，展开后每层要进行检查修补，四边埋入压膜沟里，深入沟底 10cm～20cm，以确保膜的密封性。真空膜性能指标详见《真空预压加固软土地基技术规程》JTS 147—2—2009。

8. 真空加载

（1）预压技术指标：

膜下真空度≥80kPa；满载预压时间为 100 天（最终按卸载标准确定）。

（2）真空预压卸载标准：

1）目标沉降值≥700mm 区域：达到该区域的目标沉降值或在预压时间（真空度达到 80kPa 后）≥90 天，连续 5d 的实测平均沉降速率≤1.5mm。

2）目标沉降值＜700mm 区域：达到该区块的目标沉降值（并需同时满足以下四点要求：一个区域中所有沉降观测点沉降的平均值不小于该区域的目标沉降值；一个区域中 85%沉降观测点的沉降值均不小于该区块的目标沉降值；一个区块中所有沉降观测点的沉降值不小于该区块的目标沉降值的 80%；一个区块中小于目标沉降的观测点应是随机分布的，且小于目标沉降值的任意两点不得相邻）。

（3）真空抽气

1）试抽气：调整各种仪器的初读数，进行开泵抽气，检查膜上是否有漏洞，如有，要采取措施修补好，修补好后，可向膜上覆水，抽真空，当膜下真空度达到 80kPa 后，及时报监理工程师验收。

施加荷载时，加荷速率不宜过快，加荷速率应控制在 3kN/d～4kN/d，待沉降稳定后再施加下一级荷载。试抽气时间为 7d。

2）正式抽气：监理工程师验收合格的，转入正式抽气，要求膜下真空度不小于 80kPa，抽气满载时间 100 天，最后 5 天内每天沉降量不大于 1.5mm/d。

每天按要求时间，对真空度予以记录，对于设备运转情况，供电情况及其他与真空预压有关的施工情况均要进行严格详细记录，真空度记录按监理要求及时整理上报。

（4）围堰及保护性覆水

本工程真空预压不需采用覆水的方式进行加载，当膜下真空度观测记录数值稳定后，为便于保护真空膜不受意外破坏漏气，采取保护性覆水措施以保护真空膜完好。在预压区边界设置 500mm 高覆水围堰，围堰的顶部宽度应在 0.5m 以上，需人员通行的围堰顶部宽度 1m 左右，底部先通长铺一层 300g/m² 土工布，对密封膜形成保护。在围堰迎水面一侧应铺设一层防水膜。围堰完成后进行灌水覆盖，覆水层深度 200mm～300mm 左右。

围堰的施工应在抽真空开始后，膜内真空度达到稳定，一般情况下 15d 没有漏气的情况下，开始围堰施工。

（5）后期施工方法

试抽气时间宜为 4d～10d，至膜下真空度达到 80kPa 以上时，即进入真空计时阶段，起始时间将及时报监理工程师审核验收。

为准确掌握软基处理的加固效果和质量，需要进行监测工作，监测的内容主要包括真空度监测和变形监测，严格按照设计要求设置检测器，和观测有关数据。

抽真空期间，泵与膜下真空度每隔四小时测读一次；地表沉降值铺膜试抽气至恒载时测读一次，稳定后每 4 天测读一次；达到卸荷标准，最后 10 天每天测读一次。

达到稳定标准后，提交技术指标，报监理工程师审核验收，即可停止作业，测绘竣工方格网 20m×20m，24h 后测绘沉降回弹值。

将堆载料卸除，拆除真空设备、膜，清除滤水管，清理施工现场。

9. 卸载

如若目标沉降值≥700mm 区域满足以下两点中的任意一点即可，以先到者为准。

（1）达到该区块的目标沉降值；

（2）在预压时间（真空度达到 80kPa 后）≥90d 的同时，连续 5d 的实测平均沉降速率≤1.5mm。

如若标沉降值＜700mm 区域达到该区块的目标沉降值，并需同时满足以下四点要求：

（1）一个区块中所有沉降观测点沉降值的平均值不小于该区块的目标沉降值。

（2）一个区块中 85％沉降观测点的沉降值均不小于该区块的目标沉降值。

（3）一个区块中所有沉降观测点的沉降值不小于该区块的目标沉降值的 80％。

（4）一个区块中小于目标沉降值的观测点应是随机分布的，且小于目标沉降值的任意两点不相邻。

10. 密封沟处理

地基处理完成后，应对密封沟进行处理，即在各区块密封沟处向下超挖 300mm，两侧各超挖 100mm，并以 1∶1 的阶梯型修坡，开挖后采用中、粗砂按 93％的压实度分层回填至地基处理后标高，之后再进行大面积平整。

11.5.6 堆载预压地基处理

本工程酒店 2 区（33 号、35 号区块）；酒店 4 区（38 号区块）均采用堆载预压地基处理。

1. 工艺流程

测量放样→设置水平盲沟、集水沟→排水砂垫层→塑料排水板打设→监测设备安装→

堆载→预压→卸载。

2. 施工方法

砂垫层、塑料排水板施工方法同真空预压。

堆载方法，大面积可采用自卸汽车与推土机联合作业。对超软土的地基的堆载预压，第一级荷载宜用轻型机械或人工作业。预压荷载一般取等于或大于设计荷载。

第一级加载高度控制在 3m 以内。如需第二级加载，则休止期应大于 10 天，堆载速率控制在 20cm/d。

堆载边坡应采用 1∶1.5 比例进行放坡，同时观测最大沉降速率不应超过 15mm/d，坡脚水平位移不应超过 6mm/d，超静孔隙水压力与载荷之比应控制在≤0.6，以免地基破坏、边坡失稳。

预压时间约 150 天，具体视实际沉降量确定，卸载标准为达到设计要求的目标沉降值。

11.5.7　大面积施工

1. 工艺流程

场地清理→标定整平范围→设置方格网→标高测量→计算填方量→分层填方、平整→分层碾压→填至设计标高。

2. 施工方法

地基处理完毕，完成验收后即开始大面积场地平整工作，平整完成面标高要求符合设计场地等高线分布。

大面积平整场地填筑分层碾压每层压实厚度为 25cm，压实度不小于 93％（轻型击实标准）。

场地填筑开工前先做试验段，长度为 100m 左右，通过试验路段的施工来确定机具压实填料的最佳含水量，适宜的松铺厚度和相应的压实遍数及最佳的机械组合和施工组织方案。

11.6　场地形成加固效果评价

为了进行加固效果分析，参考施工前后勘察报告，选取 2 个地块说明其加固效果，即利用 14 号地块监测结果分析宝藏湾地区的加固效果，利用 22 号地块监测结果分析冒险岛地区的加固效果，利用 28 号地块监测结果分析酒店 1 地区的加固效果。

11.6.1　宝藏湾（14 号地块）场地形成加固效果评价

1. 地表沉降

14 号地块从开始真空预压直至监测结束共计施工 91 天。在抽真空 22 天左右出现过一次停电停泵现象，第 37 天及 60 天附近出现过密封膜破损现象。截至 2011 年 7 月 25 日，该场地最大沉降出现在测点 S2，为 818mm，最小沉降出现在 S9 测点，为 586mm，平均沉降量为 694mm，达到了目标沉降值 650mm 的要求。监测点分布和沉降曲线分别见图 11.9 和图 11.10。

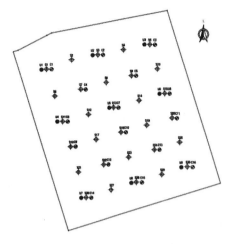

图 11.9　14 号地块监测点布置图

从图 11.9 中可以看出，地表沉降变化规律性比较明显，整体上较为均匀。预压开始前 7 天平均沉降速率为 20 mm/d～30mm/d，第 7 天到第 15 天平均沉降速率在 10 mm/d～20mm/d，第 15 天至第 60 天平均沉降速率在 4 mm/d～10mm/d，第三个月平均沉降速率维持在 3mm/d 以下。

图 10.10 中可见，0d～10d 为真空压力逐渐施加的阶段，随着真空压力的施加，各土层在真空压力的作用下发生固结压缩，各土层土体逐渐压缩，导致地表沉降，此期间的地表沉降比较明显，日沉降量比较大，由于真空作用在深度方向的逐渐延伸以及排水板深度的影响，最上面的土层所受影响最大，最先开始固结压缩。10d～90d 为真空压力稳定的阶段，日沉降量逐渐稳定，此阶段真空作用在各土层，但由于真空作用在深度方向的衰减以及排水板深度的影响，在约 18m 以下的土层，真空作用较小，压缩量主要集中在 15m 以上的③淤泥质粉质黏土层（包括夹淤泥质层）和④淤泥质黏土层。

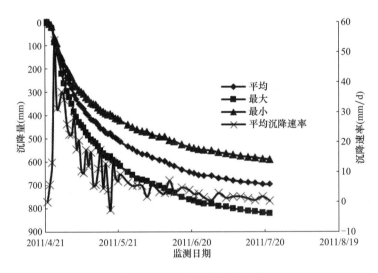

图 11.10　14 号地块沉降曲线

2. 孔隙水压力

本地块中心区域排水板插打深度为 20.5m，外围区域排水板插打深度为 22.5m，孔压监测点共计布设 8 组，孔压计的竖向布置深度分别为砂垫层顶部以下：6m、10m、15m、21m、24m、28m，以监测点 1 为代表进行分析，孔压变化历时曲线、孔压变化速率曲线见图 11.11。

图 11.11 表明，真空预压地基处理施工开始后，各监测孔超静孔隙水压力增加明显，随着时间的推移，负孔压的增加速率逐渐降低，并逐渐趋向稳定。10m 以上土体超静孔隙水压力数值与真空度设计值 85kPa 相近，说明该范围真空度传递效果较好。土体深度 21m

内超静孔隙水压力衰减较小，但当深度超过 24m 时，超静孔隙水压力下降较快，在 24m 以下孔压基本无变化，表明在排水板打设深度范围内，真空度传递的效果很好。

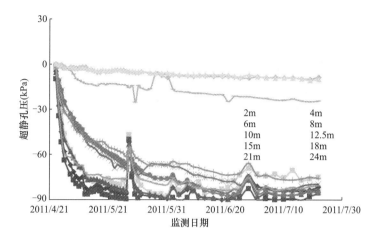

图 11.11　14 号地块孔压曲线

停电及密封膜破损对孔压的影响，但随着深度的增加，孔压的波动逐渐减小，至 28m 以下几乎不受停泵及密封膜破损的影响。同时可看出真空预压施工开始后，最大孔压变化并没有出现在地表附近，而是在地表以下 4m～6m，其原因可能是由于抽真空过程中，不仅存在真空度传递引起的孔压变化，地下水位的下降也会引起孔压的波动。

3. 分层沉降

本地块分层沉降监测点共计布设 16 组，分层沉降磁环的竖向布置深度分别为砂垫层顶部以下：6m、10m、15m、21m、24m、28m，以代表性监测孔 C1 的分层沉降变化历时曲线为例进行分析（见图 11.12）。

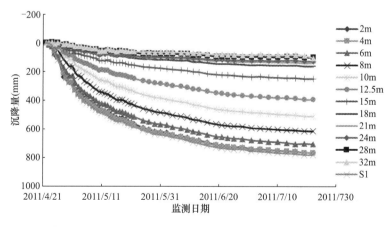

图 11.12　14 号地块分层沉降曲线

从图 11.12 中可以看到，土体最上层磁环所反映的土体沉降变化规律与地表沉降基本一致。随着真空度逐渐的提高并稳定，各土层的沉降逐渐加大。不同深度的分层沉降曲线形态基本相似，但斜率不同，表现出其沉降速率有所差别。分层沉降曲线表明，浅层土体沉降较大，10m 深度范围内真空度对土层的沉降影响较大，停泵时 10m 以上土体沉降达到了394mm，超过了目标沉降值650mm的一半，10m以下土体所受影响较小，32m以下土层所受影响最小，其平均沉降仅为83mm，这也反映了在真空预压施工中，由于排水板的打设深度有限，以及真空度的衰减和底部土体性质等多方面的因素的影响，使得深层土体的沉降较小。

该场地第③淤泥质粉质黏土层压缩量最大，占总沉降的58.4%，第④淤泥质黏土层压缩量占总沉降量的23.3%，第②粉质黏土层压缩量占12.6%，第⑤黏土层压缩量占5.6%。计算结果表明本地块的真空预压，其主要固结沉降的土层为③淤泥质粉质黏土层（包括夹淤泥质层）和④淤泥质黏土层，而⑤黏土层及粉质黏土层基本没有发生较大沉降变形。

11.6.2 冒险岛（22号地块）场地形成加固效果评价

1. 地表沉降

22号地块从开始真空预压直至监测结束共计施工48d。场地最大沉降量为630.6mm，出现在测点S21，最小沉降量为467mm，出现在测点S15，整个场地的平均沉降为564.2mm，达到了目标沉降值550mm的要求。22号地块的监测点布置图和沉降曲线分别见图11.13和图11.14。

从图11.13和图11.14可见，在0d～10d真空预压初期沉降速率较大，预压第3天地表沉降平均速率为39.1mm/d，4天后仍有38.1mm/d。10d～15d之后地表沉降速率降低到10mm/d以内，在真空预压卸载前为2.1mm/d。由此可见地基沉降量在初期阶段完成较快，中后期完成较慢。整个场地的固结沉降速率与抽真空时间关系密切，其原因为抽真空初期，大量非结合水与游离气体被抽出，地表沉降速率最大，随着地基土中真空度上升并趋于稳定，真空预压影响区内的结合水与封闭气体开始缓慢排

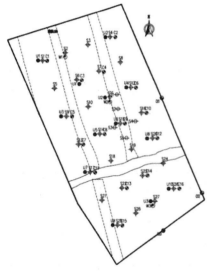

图 11.13 22号地块监测点布置图

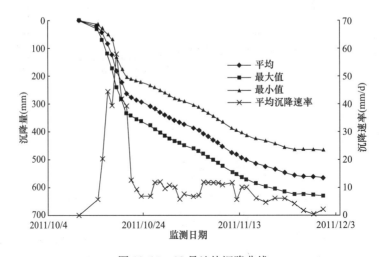

图 11.14 22号地块沉降曲线

出，地表沉降速率逐渐减小，向相对稳定的平均速率缓慢收敛。同时可以看到，施工期间由于没有出现真空膜破损以及停电等因素影响，土体的固结过程较快，这充分说明真空预压工艺成功应用的关键在于保持场区真空度的稳定，因此在施工过程中应尽量避免出现停电和真空膜漏气等状况。

2. 孔隙水压力

本地块共设置 10 个孔隙水压力监测点，每个监测点深度为 26m，各埋设 10 个孔压计。选取具代表性的 U2 进行研究，图 11.15 为测点 U2 的超静孔压变化量历时曲线。

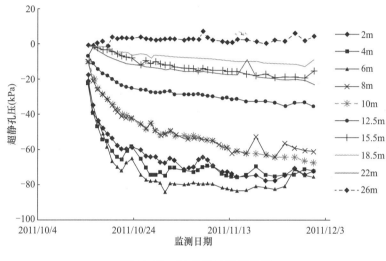

图 11.15 22 号地块孔压曲线

由孔压曲线可知，土体孔压的变化受密封墙和排水板的影响，沿深度可分为三个变化区段。

（1）密封墙范围内，土体孔压波动变化，与真空度关系密切。密封墙深度为 10.5m，在该范围内，10m 以上土体负的超静孔压与真空度接近，说明真空预压密封墙的封闭效果较理想，该范围真空度较好，真空预压效果明显。真空预压施工开始后，各孔负的超静孔压增加明显，且速率逐步增加，随着时间的推移，负孔压增加速率逐渐降低，一般在 5d 后明显降低并趋向稳定，10d 基本达到 -80kPa。

（2）密封墙底至排水板底范围内，土体孔压受真空度的影响减弱。该范围内土体（10m~15m）位于密封墙下部，且土体渗透系数较低，孔隙水压力消散缓慢，但仍处于排水板影响的范围内，因此负的超静孔压总体上仍表现为随时间而增大，但沿深度不断衰减，至 15m 深度时，超静孔压仅为 -20kPa。

（3）负压影响随深度逐渐减小，当深度超过 15m 时孔压变化量明显降低，15.5m、19.5m 和 22m 位置处的孔压基本接近呈线性降低趋势，在 20m 以下孔压变化较小，排水板底部土体，孔压变化曲线表现为斜直线变化，主要受地下水位下降控制，基本不随膜下真空度变化而变化。

3. 分层沉降

本地块共设 16 个分层沉降测点，每个分层沉降监测孔深度为 26m，每孔设置 10 个分层沉降磁环。各土层的压缩量历时曲线见图 11.16。

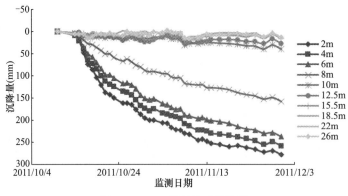

图 11.16　22 号地块分层沉降

从分层沉降历时曲线图 11.16 中可以看到，分层沉降的变化规律与地表沉降基本相似，随真空加压分层沉降逐渐发展。不同深度的分层沉降曲线形态基本相似，分层沉降由浅层逐渐影响到深层。由对应测点分层沉降曲线，土体的深层沉降主要发生在第 7 个分层沉降环（埋设深度为 15.5m）以上的土体中，浅层土层沉降较大，15m 以下则影响较小，至 20m 尚有微小沉降，说明真空预压的影响深度可以达到塑料排水板底以下一定深度，真空预压沿深度的主要影响范围与塑料排水板的插入深度（16.5m）基本呈对应关系。

场地沉降发生在淤泥质土层，其中第③层淤泥质粉质黏土层（含夹层）的压缩量约为 217mm，第④层淤泥质黏土的压缩量约为 143mm，两者共占总沉降量的 90% 以上，①素填土层压缩量为 19.7mm，不到总沉降的 10%，而⑤1 黏土层的压缩量很小，不到 10mm。从产生沉降的机理上分析，表层土层包括砂垫层和第①层素填土，主要是在真空压力作用下产生的挤密、压实作用；第③层淤泥质粉质黏土具有高含水量、高压缩性的特点，由于含薄层夹层，其水平渗透系数大于垂直渗透系数，塑料排水板加速了该层在真空压力作用下的孔隙水压力的消散和孔隙水的排出，最终实现有效的固结和沉降，这说明采用塑料排水板结合真空预压是比较适宜的处理方法；第④层淤泥质黏土较第③层强度更低，压缩性更高，但由于其位于排水板下部，真空压力的影响不如第③层显著，固结过程较长，因此初期沉降第③层要大于第④层；第⑤1 层属于软黏性土，土性较第④层淤泥质黏土好，由于塑料排水板并未贯通于该层土，所产生的固结主要是竖向固结，尽管压缩土层厚达 8.5m，但固结效果和第④层相差很远。

11.6.3　酒店 1 区（28 号地块）场地形成加固效果评价

1. 地表沉降

28 号地块从开始真空预压直至监测结束共计施工 35 天，场地最大沉降量为 404mm，出现在 S11 点，最小沉降量为 303mm，出现在 S8 点，整个场地的平均沉降为 313mm，此地块目标沉降值为 300mm，最小沉降量已达目标沉降值。28 号地块的监测点布置图和沉降曲线分别见图 11.17 和图 11.18。

整个场地的固结沉降与真空加压关系密切。真空压力施加 0d~10d，随着真空度上升，各沉降板沉降显著，地表沉降变化速率较大，最大 62.2mm/d；10d~90d 真空度稳定后，地表沉降变化速率逐渐放缓，停泵后随着地下水位的逐渐恢复，地基出现一定的回弹。基本变化规律与前述区块相近，不再赘述。

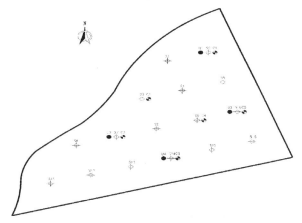

图 11.17　28 号地块监测点布置图

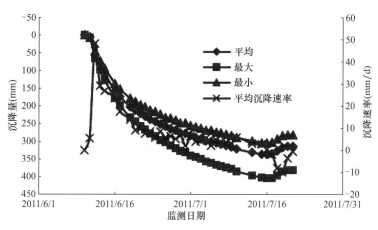

图 11.18　28 号地块沉降曲线

2. 孔隙水压力

本地块共设置 4 个孔隙水压力监测点，每个监测点深度为 23m，各埋设 9 个孔压计。测点 U1 的超静孔压变化历时曲线见图 11.19。

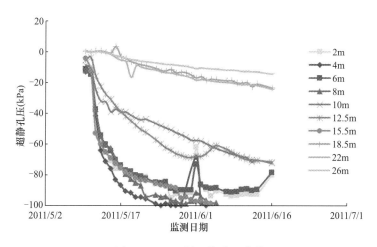

图 11.19　28 号地块孔压曲线

图 11.19 可以看到，真空预压施工开始后，各孔负的超静孔压明显增加，随着时间的推移，负的超静孔压增长速率逐渐降低，一般在 5d 后明显降低并趋向稳定，并且 6m 以上土体负的超静孔隙水压力基本与真空度接近，说明该范围真空度传递较好，真空预压效果明显，当深度超过 10m 时超静孔压变化量明显降低，在 16m 以下孔压基本无变化，说明真空压力影响随深度逐渐减少，这与分层沉降所呈现的规律相一致。

3. 分层沉降

本地块共设 6 个分层沉降测点，每个分层沉降监测孔深度为 23m，每孔设置 9 个分层沉降磁环。各土层的压缩量历时曲线见图 11.20。

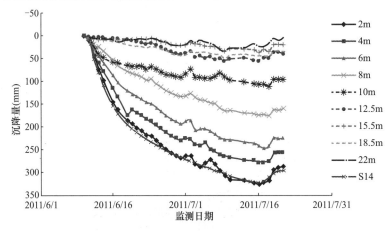

图 11.20　28 号地块分层沉降

从分层沉降历时曲线图 11.20 中可以看到，分层沉降的变化规律与地表沉降基本相似，随真空加压分层沉降逐渐发展。不同深度的分层沉降曲线形态基本相似，但斜率不同，各孔不同深度土层的沉降变化略有不同，从三个不同孔位曲线上可以发现在浅层部分层沉降较大，真空预压在 10m 深度范围内影响较大，10m 以下则影响较小。

该场地真空预压主要沉降发生在淤泥层，其中③淤泥质粉质黏土层（含夹层）的压缩量占总沉降量的 40% 左右，④淤泥质黏土的压缩量占总沉降量 40% 左右，②粉质黏土层和⑤₁黏土层压缩量很小，共占 10% 左右。

11.7　加固效果评价

11.7.1　沉降变形效果评价

1. 地表沉降评价

块真空预压的地表沉降观测表明，整个场地的固结沉降与真空加压关系密切，抽真空初期（约 0d～10d）地表沉降速率最大，沉降量在该阶段完成较快；随着真空度上升并趋于稳定后（10d～90d），地表沉降速率逐渐减小，向相对稳定的平均速率缓慢收敛，沉降量的发展趋于平缓。同时可以看到，抽真空期间，由于部分地块真空膜破损以及停电等因素影响，真空预压初期土体的固结过程相对较慢，这充分说明真空预压工艺成功应用的关键在于保持场区真空度的稳定，应尽量避免出现停电和真空膜漏气等状况。

2. 分层沉降

分层沉降随时间的变化规律与地表沉降类似。分层沉降随深度的变化与荷载、排水板深度有关，从分层压缩量统计来看，主要的压缩层为③淤泥质粉质黏土层和④淤泥质黏土层，两者压缩量之和达到总压缩量的 80% 以上，第②和第⑤层压缩量小，固结完成时间短，分层沉降影响深度基本达到排水板底部，即排水板底部以下的沉降变形占总沉降的比重不大。至卸载时浅部土层（第②粉质黏土层、③淤泥质粉质黏土层）固结基本完成，④淤泥质黏土层沉降发展速率亦变缓，整个地块基本达到真空预压地基处理预期目的。

11.7.2　孔隙水压力消散效果评价

孔压是反应真空荷载变化的敏感指标，真空预压施工开始后，各孔负的超静孔压增速逐步加大。随着时间的推移，负的超静孔压增加速率逐渐降低，一般在 5d 后明显降低并趋向稳定。从各地块孔压监测数据可以看出，停电以及真空破损均会引起真空度下降，造成超静孔压的下降，在曲线图上出现明显的凸点，将影响沉降的发展。

超静孔压随深度的变化规律与分层沉降相似，所不同的是超静孔压的衰减与密封墙关系密切，一般在密封墙桩端以上衰减较弱，表明密封墙桩端以上能够保持真空度基本不衰减，该范围真空度较好，说明超大面积真空预压对上部土体的处理效果良好。

11.7.3　加固土体物理性质指标评价

土的基本物理性质指标一共有 9 个：孔隙比、孔隙率、含水量、饱和度、重度、干重度、饱和重度、浮重度和土粒比重。在这 9 个物理性质指标中，有三个最重要的指标：土的比重、土的密度、土的含水量，如何准确测定这三项指标有着重要的意义。

由于土的密度取决于土粒的重量、孔隙体积的大小和孔隙中水的重量，其综合反映了土的物质组成和结构特征。土粒比重是一个相对稳定的值，它取决于土的矿物成分，粒度成分等。表 11.6 为 13 号、14 号地块的真空预压前后的各土层密度、土粒比重的变化情况表。

13 号、14 号密度、土粒比重的变化情况表　　　　　　　表 11.6

地块	土层	处理前密度 ρ (g/cm³)	处理后密度 ρ (g/cm³)	处理后增长率 (%)	处理前比重 G_s	处理后比重 G_s	处理后增长率 (%)
13 号	②	1.81	1.87	3.3	2.75	2.73	−0.7
	③	1.74	1.82	4.6	2.72	2.72	0.0
	④	1.74	1.7	−2.3	2.73	2.74	0.4
	⑤₁	1.75	1.74	−0.6	2.75	2.75	0.0
14 号	②	1.83	1.91	4.4	2.73	2.73	0.0
	③	1.76	1.82	3.4	2.73	2.72	−0.4
	④	1.71	1.72	0.6	2.75	2.75	0.0
	⑤₁	1.71	1.74	1.8	2.76	2.74	−0.7

表 11.6 表明真空预压加固方法对密度和比重的改善并不大。而土的其他 6 项物理指标由是由含水量、密度与比重三个指标变化而得，其加固前后的变化幅度与含水量的变

化幅度一致，因此含水量变化可作为大面积真空预压地基处理效果的指标之一。进一步分析可以得到大面积真空预压加固后含水量的改善率是按深度递减的，第②、③层土的平均改善率较高，分别为16.9%和11.8%。第④层改善不明显，第⑤₁层真空预压后含水量有少量的增加。因此含水量的改善率更适合评价真空预压处理后埋深较浅的第②、③层土。

11.7.4 加固土体力学性质指标评价

1. 压缩系数

本节通过对比实验前后的12号、13号、19号地块的处理前后压缩系数的变化来分析真空预压法处理川沙 A-1 地块的效果，并分析压缩系数作为处理效果评价指标的可行性。表11.7为12号、13号、19号地块的压缩系数分层改变情况。表中第③层土的压缩系数在真空预压前后变化最大，改善的最明显，为52.0%，这是由于第③层灰色淤泥质粉质黏土本身属于高压缩性土，在真空预压中容易被压缩。第②层土虽在浅层，但由于其为上海地区的"硬壳层"，故改善效果不如③层明显。第④层的压缩系数在处理前后改变很少，几乎为0。

12号、13号、19号地块的压缩系数分层改变情况   表11.7

地块	②处理前	②处理后	③处理前	③处理后	④处理前	④处理后	⑤$_1$处理前	⑤$_1$处理后
12号	0.61	0.43	0.95	0.50	0.83	0.84	0.87	0.59
13号	0.58	0.37	0.49	0.16	1.13	1.22	0.97	0.68
19号	0.45	0.44	1.31	0.66	1.09	1.01	0.51	0.46
平均值	0.55	0.41	0.92	0.44	1.02	1.02	0.78	0.58
平均改善率（%）	24.4		52.0		0.0		26.4	

注：平均改善率＝（处理前压缩系数－处理后压缩系数）/处理前压缩系数

2. 土体抗剪强度

根据室内试验测得的土体黏聚力和内摩擦角计算得出不同深度土体抗剪强度，其分布图示如图11.21所示。

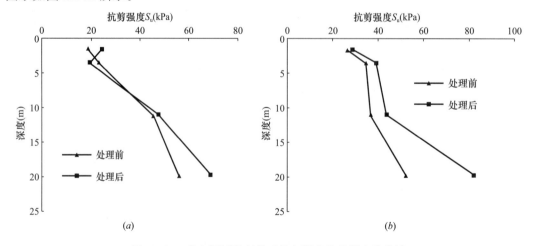

图11.21 真空预压处理前后的各深度抗剪强度值曲线

(a) 12号地块；(b) 20号地块

真空预压加固后，第②层土的黏聚力改善显著，平均改善率为 117.6%。第④、⑤₁层土的黏聚力有一定改善，平均平均改善率分别为 7.7%、18.5%。第③层土经真空预压后，平均改善率为−5.8%，原因为第③层为灰色淤泥质粉质黏土，其本身含水量大、土质较软，由于其灵敏度高，在勘察钻孔取样时对其扰动较大，土体结构发生破坏，土体黏聚力降低，真空预压的作用主要体现在对其黏聚力的恢复上，因此真空预压后黏聚力并没有明显改善。第④层为灰色淤泥质黏土，滨海—浅海相沉积物，含云母、有机质、贝壳碎屑，夹少量薄层粉砂，其土体本身黏聚力较小，因此真空预压对该层土黏聚力改善作用不大。

黏聚力的改善率更适合评价真空预压处理后第②层土。

11.8　本章小结

以上海迪士尼场地形成工程的大面积深厚软土地基处理为例，说明大面积场地形成实施过程的主要技术特点和技术优势，主要阐述了场地形成工程的勘测方案、施工监测方案，对加固效果进行了评价说明。

整个场地的固结沉降与真空加压关系密切，抽真空初期（约 0d～10d）地表沉降速率最大，沉降量在该阶段完成较快；随着真空度上升并趋于稳定后（10d～90d），地表沉降速率逐渐减小，向相对稳定的平均速率缓慢收敛，沉降量的发展趋于平缓。同时可以看到，抽真空期间，由于部分地块真空膜破损以及停电等因素影响，真空预压初期土体的固结过程相对较慢。

第12章 大型挖填方场地形成工程实践

12.1 概述

西南地区某大型挖填方场地项目为一大面积场地形成工程。全场区地基处理包括了填方区地基处理、换填处理设计、强夯置换设计、"碎石桩＋塑料排水板"设计、碎石桩处理设计、CFG 桩处理设计、塑料排水板预压设计、不插板预压设计等。本章以此大面积场地形成为例,说明大面积场地形成技术在西南地区黏土—红层软岩场地的主要技术特点和技术优势。

12.2 场地工程地质概况

12.2.1 地层分布

根据地勘资料,场区地层主要为:第四系全新统植物土层(Q_4^{pd})、第四系全新统湖积层(Q_4^l)、第四系全新统冲洪积层(Q_4^{al+pl})、第四系全新统残坡积层(Q_4^{el+dl})、侏罗系上统蓬莱镇组上段(J_3p^2)。各地层特征自上而下描述如下:

(1)植物土层(Q_4^{pd})

②₁耕植土:黄褐色、松散、稍湿,主要由黏土组成,含大量植物根系,主要分布在山丘上部及坡地表层,厚度 0.50m～1.70m。

②₂耕植土:灰褐色、松散、湿—饱和,主要由黏土组成,含大量植物根系,主要分布在耕地、沟谷中,厚度 0.70m～1.00m。

(2)湖积层(Q_4^l)(主要在水塘、沟渠底部)

③₁淤泥:灰色—灰黑色、流塑,夹有机物及腐殖质,无摇振反应,稍有光泽,韧性低,干强度低,有腐臭味。主要分布在部分农田、水塘、河底以及沟渠底部,层厚 0.7m～2.70m。

③₂淤泥质黏土:黄色—黄灰色,软塑为主,局部可塑,夹有机物及腐殖质,无摇振反应,稍有光泽,韧性低,干强度低。主要分布在部分农田、河底以及沟渠底部,层厚 1.00m～3.00m。

(3)冲洪积层(Q_4^{al+pl})

④₁粉质黏土:灰黄—褐黄色,可塑,湿,含铁锰质氧化物,无摇振反应,光泽度强,韧性中等,干强度中等。局部分布,钻探揭露层厚 1.20m～2.90m。

④₂黏土:褐灰色,次为灰白色,软塑,含大量灰白色黏土条带,光泽度一般,韧性

中等，干强度中等。局部出露于农田、河谷、冲沟地带，钻孔揭露层厚 1.10m～9.80m。

④₃ 黏土：褐黄色—棕红色，可塑，切面光滑，含少量铁锰质氧化物及钙质结核，无摇振反应，光泽度强，韧性较高，干强度较高。该层广泛出露，钻探揭露层厚 0.80m～8.70m。

④₄ 黏土：褐黄色—棕红色，硬塑为主，局部坚硬，裂隙发育，切面光滑，含少量铁锰质氧化物及钙质结核，无摇振反应，光泽度强，韧性较高，干强度较高。该层广泛出露，钻探揭露层厚 1.40m～6.40m。

（4）侏罗系上统蓬莱镇组上段（J_3p^2）

⑥₁ 强风化砂质泥岩：紫红、砖红色、褐红色，泥—砂质结构，薄—中厚层构造，泥质胶结，胶结程度一般，节理裂隙发育，质软，手捏易碎，风化均匀性差，岩芯 RQD 值 30%～85%，较破碎，呈碎块、圆饼及少量短柱状，钻探揭露厚度 0.70m～6.10m。

⑥₂ 中等风化砂质泥岩：紫红、砖红色、褐红色，泥—砂质结构，薄—中厚层构造，泥质胶结，胶结程度较好，质软，风化均匀性较好，岩芯 RQD 值 80%～100%，岩芯较完整，主要呈短柱、长柱状，岩芯手易扳断，产状近水平。层顶标高 401.68m～473.92m。

（5）侏罗系上统蓬莱镇组下段（J_3p^1）

⑦₂ 中等风化泥质砂岩：紫灰、灰紫色，泥—砂质结构，中厚—厚层构造，局部为砂泥岩互层，互层为泥岩，厚度 10cm～40cm，节理裂隙较发育，中等风化、质软，风化均匀性较好，岩芯 RQD 值 80%～100%，岩芯较完整，主要呈短柱、长柱状，岩芯手易扳断。层顶标高 397.10m～471.92m。

12.2.2　气象条件

场区属于亚热带湿润气候。夏季热而长，冬季无严寒，少霜雪，雨量充沛，多云多雾，日照短等特征。根据多年来区内的气温记录进行统计分析得出，区内多年平均气温变化幅度小，常年平均气温为 17.0℃，全年太阳日照总辐射为 90.9kcal/cm²，年日照时数为 1250.9 小时，年均无霜期 300 天，最长的年份为 352 天，最短的年份为 258 天。月最低平均气温为 6.3℃，出现在 1 月；月最高平均气温为 26.2℃左右，出现在 7 月和 8 月，极端最高气温达到 38.78℃，极端最低气温达到−5.4℃。

工程所处区域常年降雨量较丰富，年平均降雨量为 900mm，年内降水时空分布不均，季节性明显，集中分布在每年 7 月、8 月，降雨量分别达到 183mm 和 174mm。

12.2.3　水文地质条件

场区地下水类型分为上层滞水、裂隙潜水与裂隙承压水。

（1）上层滞水，由大气降水与地表水在下渗过程中局部受阻并不断积聚而成。由于勘察期间降雨量较大，第四系松散堆积层内孔隙水水量也较大。

（2）裂隙潜水，在场区范围最为常见，赋存于侏罗系上统蓬莱镇组 J_3p^2 地层。主要受大气降水与上游地下水补给，在旱季接受上游三岔河水库的库水补给。

（3）裂隙承压水，赋存于 J_3p^2 砂岩地层，由于 J_3p^2 砂岩夹于厚层泥岩之间，因此砂岩中的地下水位在随岩层倾向而降低的同时，水头压力也在不断的积累，形成层间承压水。

（4）地下水位，勘察期间，场区地下水稳定水位埋藏深度1.1m～6.3m，地下水位年变化幅度1.5m～2.0m。

12.3 勘察方案

12.3.1 勘察目的

为场区地基处理及土石方工程设计、工作区场地平整设计提供工程地质资料和岩土设计参数，作出分析、评价；对不良地质与特殊岩土作出分析、评价与治理建议。

12.3.2 勘察依据及遵循的规范、规程与标准

项目勘察所参考的依据及遵循的规范、规程与标准见表12.1。

勘察依据及遵循的规范、规程与标准表 表12.1

技术文件	技术标准
（1）《物探详细勘察工作方案》 （2）《水文地质专项详细勘察工作方案》	《岩土工程勘察规范》GB 50021—2001（2009年版） 《市政工程勘察规范》CJJ 56—2012 《建筑地基基础设计规范》GB 50007—2011 《建筑抗震设计规范》GB 50011—2010 《膨胀土地区建筑技术规范》GB 50112—2013 《工程测量规范》GB 50026—2007 《土工试验方法标准》GB/T 50123—1999 《工程岩体试验方法标准》GB/T 50266—2013 《工程岩土分级标准》GB/T 50218—2014 《建筑地基处理技术规范》JGJ 79—2012 《建筑工程地质勘探与取样技术规程》JGJ/T 87—2012 《静力触探技术标准》CECS 04∶88 《工程地质测绘标准》CECS 238—2008 《公路工程物探规程》JTG/T C22—2009 《地下水环境监测技术规程》HJ/T 164—2004 《房屋建筑和市政基础设施工程勘察文件编制深度规定（2010年版）》（建质〔2010〕215号）

12.3.3 勘察手段及方案

1. 工程地质测绘

本期规划范围为25km²，调查测绘在本次规划范围的基础上外展到35km²。

2. 水文地质调查、试验

水文地质调查以场区为中心的完整水文地质单元内进行，范围约35km²。同时，对场地进行20组的抽水试验及第四系地层150段次的注水试验，主要内容如下：

（1）水文地质条件调查

包括气象、水文、土壤、植被情况；地层岩性、地质构造、地貌特征；包气带岩性、结构、厚度；含水层的岩性组成、厚度、渗透系数和富水程度；隔水层的岩性组成、厚度、渗透系数；地下水类型、地下水补给、径流、排泄条件；地下水动态变化规律；地下

水水位、水质、水量；泉的成因类型、出露位置、形成条件及泉水流量、水质、开发利用情况；对勘察区域进行水文地质单元划分。

（2）环境水文地质问题调查

包括原生环境水文地质问题调查；地下水开采过程中水质、水量、水位的变化情况，以及引起的环境水文地质问题（如地面沉降等）；与地下水有关的其他人类活动情况调查，如地下水保护区划分情况。

（3）地下水环境现状监测

① 地下水水质监测

选取勘察场地范围内的井、泉点或水文地质钻孔进行取样监测，取样方法、样品管理质量控制按《地下水环境监测技术规程》HJ/T 164—2004 执行。专项水文地质勘察报告中应列表给出监测井的位置坐标、井深、成井历史、使用功能和取样点的取样深度、监测层位。

水质监测因子应选取 pH 值、总硬度、高锰酸盐指数、氨氮、总大肠菌群、硝酸盐、亚硝酸盐、铅、铁、溶解性总固体等。

② 地下水水位监测

选取勘察场地及其周边布置长期观测钻孔进行水位的长期观测。绘制地下水等水位线图和带有地下水水位线的水文地质纵断面图。

（4）水文地质试验

抽水试验布置在砂（碎石）层、强风化基岩层中，对完整程度较差的中微风化基岩，也布置抽水试验工作。抽水试验布置观测孔，分别观测上层滞水和基岩裂隙水的水位变化，分析不同含水层之间的水力联系，同时在整个场地包气带进行 150 次的注水试验，并通过计算得出包气带和基岩含水层渗透系数推荐值。

3. 钻探取样

（1）钻探点间距布置原则

① 道路区：跑道按中心线、两侧道肩边线布置三条勘探线，中心线按 50m 间距布置钻孔，两侧道肩边线按 100m 间距布置钻孔；滑行道、联络道按中心线布置勘探线，按 50m～75m 间距布置钻孔；土面区约按 100m 方格网布置钻孔，站坪区约按 75m～100m 方格网布置钻孔。

② 工作区：按方格网布置。钻孔间距在工作区约 75m～180m。

③ 边坡区：对于挖方区和填方小于 10m 区域，主要按坡脚线布置一条勘探线，钻孔延边坡走向间距 80m；对于填方高度大于 10m 区域，按垂直坡脚线布置 2 或 3 排钻孔，钻孔延边坡走向间距 50m～100m，钻孔间距为 30m～50m。在高填方区域沿冲沟走向方向进行了局部扩宽处理。

④ 表层和深层软土区域，钻孔按照道槽区及道槽影响区钻孔间距约 30m 布置，其他区域钻孔间距按约 40m 布置；挖方区，钻孔按间距 50m 布置。

（2）钻探深度确定原则

① 挖方区一般性钻孔：按设计场坪开挖深度＋1m～3m 确定，控制性钻孔：按设计场坪开挖深度：＋3m～5m 确定。

② 填方区（含沟谷地带钻孔加密区）：按一般性钻孔穿过覆盖土层进入中等风化基岩 1m～3m 控制，控制性钻孔穿过覆盖土层进入中等风化基岩 3m～5m。

4. 物探

电测深物探测线主要布置在机软弱土分布区域，通过物探成果，研究物探电测深、波速测试、地脉动测试等勘察数据，结合总平图及现场地质情况，对详查区进行更详细勘察，利用现有物探处理解释手段，查明软弱土体的分布形态及结构特征；查明各种地下隐患如裂缝、洞穴、软弱夹层、透镜体的分布。

其中：

① 密极距对称四极电测深剖面布设 38 条，点距 10m，测点 5734 个；

② 瑞利面波测量点 398，道路区和工作区 3 条电测深剖面上，点距 100m，其他布置在沟谷区，点距 50m～200m；

③ 地脉动测量点 15 个，集中在工作区北部新增区域，兼顾跑道；

④ 波速测井 25 孔，单孔孔深 20m，测量间距 1m，主要布置于工作区域。

5. 原位测试

(1) 标准贯入试验：主要布置在场地内分布的填土、粉质黏土、黏土及淤泥质黏土中，总数约 600 次。

(2) 静力触探：主要对场地冲沟部位可能存在软弱土分布的区域以及钻孔发现有软弱土的区域进行加密布置，同时对软弱土分布区钻孔进行全对比试验。共布置静力触探约 3877 个，约 20000m。

(3) 载荷试验：主要对道路黏土、粉质黏土进行载荷试验，并对上述土层进行承载力计算，共布置 27 点。

(4) 地基反应模量试验：为查明场地不同岩土类型地基反应模量，本次在工作区道路进行了地基反应模量试验，共布置 27 点。

6. 室内试验

(1) 土的物理性质试验

① 砂土：颗粒级配、比重、天然含水量、天然密度、最大和最小密度、渗透系数。

② 黏性土：液限、塑限、比重、天然含水量、天然密度、渗透系数、有机质含量（含有机质时）。

③ 对作为填料的地层，尚需进行重型击实试验、按不同压实度（90％、93％、95％、96％）进行，同时，对击实试验后的填料进行加州承载比试验的湿化试验，重型击实试、承载比试验的组数不低于 6 组，各种压实度的测试数量不少于 6 组。

④ 膨胀土的胀缩试验：自由膨胀率、膨胀力、不同压力下的膨胀率、膨胀系数、收缩系数，并测试各类填料在不同压实度、不同荷载（不同深度下的工作荷载）遇水条件下的变形特征。

(2) 土的压缩-固结试验（高压固结试验）：对场地黏性土不同含水率条件下的压缩试验（压缩系数、压缩模量）、回弹模量、固结系数、次固结系数（对软弱土）、先期固结压力、压缩指数、回弹指数、超固结比。

(3) 土的抗剪强度试验：三轴剪切试验（UU、CU）、直接剪切试验以及填料在不同压实度（90％、93％）、不同含水率条件下的抗剪强度试验。

(4) 土的腐蚀性试验。

(5) 水质简分析试验。

（6）岩石试验：密度、比重、含水率、吸水率、崩解、单轴抗压强度（天然、饱和）、抗剪断强度、节理面抗剪强度（视边坡区节理裂隙发育情况而定）、声波速度。

12.4　场地形成设计与监测方案

12.4.1　场地区划

1. 场地形成区划

根据使用功能不同，场地依据填挖方情况共分为 26 个施工区块。确定具体的地基处理方案前，确定一区、二区、三区等 3 个区域作为地基处理与土石方工程段，见图 12.1。

按照初步地势方案，一区为部分位于填方区、部分位于挖方区，主要进行地基处理试验和土石方压实工艺试验；二区为全部为挖方区，主要进行填挖比试验；3 区主要为填方区，少量位于挖方区，主要进行地基处理试验、土石方压实工艺试验。

2. 设计原则

场地形成的设计原则以道路路面影响区的标准进行地基处理设计，增加试验段应对场地总平面变化的灵活性，避免总平面调整带来的二次处理问题。按照"一区挖填平衡""二区作为三区料源""不超挖、不超填"的原则进行土石方工程设计。采用"放缓坡比"的形式进行临时边坡设计。

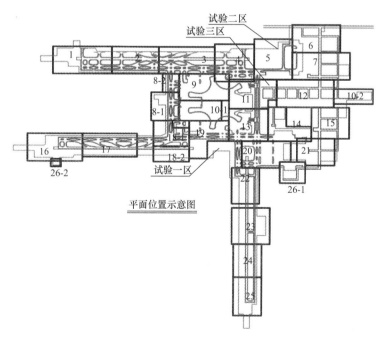

图 12.1　平面位置示意图

3. 设计要求

道路路面影响区工后沉降（按设计年限 30 年考虑）不大于 25cm，差异沉降不大于 1.5‰。

12.4.2 场地形成地基处理方案

1. 一区处理设计

一区软弱地基分布在东南部，可分为表层软弱土和深层软弱土。对于软土厚度（H'）不超过 6m 的软弱土区采用强夯置换进行处理；对 $H'>6$m 的软弱土区采用碎石桩、CFG 桩、水泥土搅拌桩进行处理，并在部分强夯置换、CFG 桩和水泥土搅拌桩处理区的地势设计面以上设置 8m 高的堆载体。

（1）强夯置换区

对 $H'\leqslant 3$m 的区域采用 2000kN·m 强夯置换处理，对 3m$<H'\leqslant 6$m 的区域采用 4000kN·m 强夯置换处理。根据置换料不同，每种夯能置换区又划分为场内中风化石料强夯置换区和外购石料强夯置换区。

置换料采用场内中风化石料时，最大粒径不超过 60cm、不均匀系数 $C_u\geqslant 5$，曲率系数 $C_c=1\sim 3$，粒径大于 30cm 的颗粒含量控制在 30% 以下；置换料采用外购石料时，块石的饱和单轴抗压强度 f_r 宜不低于 30MPa，软化系数 K_R 大于 0.75，其他要求与场内中风化置换料相同。强夯参数如表 12.2 所示，墩长穿透④$_3$ 层。

强夯置换处理设计参数 表 12.2

区域	夯型	单击夯能 （kN·m）	夯点间距 （m）	夯点 布置	夯击 遍数	单点 击数	夯坑补料量 （m³）	最后两击平均 夯沉量（cm）
2000kN·m 强夯置换区	点夯	2000	4.0	等边三角形	2	10~20	5~20	≤20
	满夯	800	$d/4$ 搭接	搭接型	1	3		≤5
4000kN·m 强夯置换区	点夯	4000	4.0	等边三角形	2	20~30	30~50	≤30
	满夯	800	$d/4$ 搭接	搭接型	1	3		≤5

注：d 为夯锤直径；点夯夯锤直径 1.2m，2000kN·m 强夯置换区锤底静压力 100kPa~200kPa，4000kN·m 强夯置换区锤底静压力 300kPa；满夯采用普通夯锤，锤底静压力 25kPa~40kPa。

置换料采用场内中风化石料时，点夯先成孔至不低于设计墩长深度、再成墩的工艺进行施工。置换料采用外购石料时，点夯采用补料续夯的工艺进行施工。

（2）碎石桩处理区

碎石桩处理设计参数：桩径 600mm，桩间距 1.8m，等边三角形布置，要求桩长穿透④$_3$ 层。桩体采用含泥量不超过 5% 的碎石、角砾、砂砾等硬质材料，最大粒径不超过 50mm，不均匀系数 $C_u\geqslant 5$，曲率系数 $C_c=1\sim 3$。桩顶设置 50cm 厚、含泥量不超过 3%、渗透系数不小于 0.01cm/s 的砂砾石垫层。

（3）CFG 桩处理区

CFG 桩设计参数：桩径 420mm，正方形布置，按桩间距不同分为 1.3m 区、1.7m 区和 2.1m 区，要求桩长穿透④$_3$ 层，并在部分区域的 CFG 桩顶设置现浇钢筋混凝土桩帽。

CFG 桩宜采用商品混凝土，桩身混凝土强度等级 C20，采用长螺旋钻机成孔和泵送混凝土成桩工艺，混凝土坍落度 160mm~200mm；桩帽混凝土强度等级 C25。成桩后，在 CFG 桩帽区外延 5m 的范围内的桩帽顶部铺设 TGSG4040 型聚丙烯土工格栅或类似性能的土工布；最后在桩顶（桩帽区为土工格栅或土工布顶）铺设 50cm 厚中风化石料垫层，最大粒径不宜大于 60mm。

（4）碎石桩＋塑料排水板

碎石桩桩间距、桩径、长度和检测要求与一区现有碎石桩方案相同，在碎石桩桩间形心处插设 B 型塑料排水板，塑料排水板间距与碎石桩间距相同，要求排水板应穿透可塑土。在碎石桩顶设置 50cm 厚砂砾石，砂砾石顶、底各铺设 1 层土工布。

2. 三区处理设计

三区谷底区软弱土厚度较大，根据软弱土厚度分布和试验需要分为碎石桩处理Ⅰ区、碎石桩处理Ⅱ区、塑料排水板预压处理区Ⅰ区、塑料排水板预压处理区Ⅱ区。

（1）碎石桩处理Ⅰ区

碎石桩处理设计参数：桩径、桩间距、布置型式、桩长、桩体材料、桩顶垫层与碎石桩处理设计参数：桩径 600mm，桩间距 1.8m，等边三角形布置，要求桩长穿透④$_3$ 层。桩体采用含泥量不超过 5％的碎石、角砾、砂砾等硬质材料，最大粒径不超过 50mm，不均匀系数 $C_u \geqslant 5$，曲率系数 $C_c = 1 \sim 3$。桩顶设置 50cm 厚、含泥量不超过 3％、渗透系数不小于 0.01cm/s 的砂砾石垫层。并在砂砾石垫层的顶、底部各设置一层滤水无纺土工布。

（2）碎石桩处理Ⅱ区

设计参数与碎石桩Ⅰ区相同，土石方填筑完成后进行超载，超载厚度 2.2m。

（3）塑料排水板预压处理Ⅰ区

塑料排水板预压设计参数：采用 B 型板，间距 1.2m，等边三角形布置，要求塑料排水板穿透④$_3$ 层。砂砾石垫层、滤水无纺土工布的设置与碎石桩处理Ⅰ区相同。

（4）塑料排水板预压处理Ⅱ区

该区塑料排水板设计参数与塑料排水板预压处理Ⅰ区相同，不同之处取消土工布；正常土石方填筑完成后进行超载，超载厚度 3.0m。

12.4.3　场地形成施工监测方案

根据场地形成地基处理的特点，开展的监测内容如下（布设情况见表 12.3）：

场地形成施工监测方案

表 12.3

监测项目		监测位置	元件及仪器	监测频率
原地面监测	原地面沉降	强夯置换、"碎石桩＋排水板"、排水板和 CFG 桩处理区及软弱土较厚区域。重点监测道面影响区、工作区道路，少量监测土面区，适当监测其他区域。监测点应重点布置在软弱土层较大的区域，适量布置软弱土层厚度一般的区域	元件：500mm×500mm×6mm 沉降监测板、φ48 测杆（热镀锌管）、φ89 保护管（热镀锌管）；仪器：Leica DNA03 电子水准仪、3m 钢钢条码水准尺	土石方填筑期间每填筑 4m 或每 5 天（取间隔较短者）监测 1 次，土石方填筑完成后三个月内每 7 天观测一次，半年内每 10 天观测一次，以后每 15 天观测一次，沉降速率较大（＞0.5mm/d）或降雨期间应加密观测，监测直至道面施工
	分层沉降	"碎石桩＋排水板"、排水板和 CFG 桩处理区及软弱土较厚区域。重点监测道面影响区、工作区道路，少量监测土面区，适当监测其他区域。分层沉降监测点竖向间宜为 3m	分层沉降仪	
	孔隙水压力	强夯置换、"碎石桩＋排水板"、排水板和 CFG 桩处理区及软弱土较厚区域，应监测超孔隙水压力。重点监测道面影响区、工作区道路和边坡区。监测点应重点布置在软弱土层较大的区域，适量布置软弱土层厚度一般的区域	孔隙水压力计	

监测项目		监测位置	元件及仪器	监测频率
原地面监测	地下水位	全场填方区，重点监测道面影响区（或邻近的土面区）和边坡区，适当监测土面区和工作区，监测地下水位的变化。主要布置在原始地形的沟谷、低洼地带，沿原地面水的汇流就排泄路径，沿盲沟布设区域	水位计	土石方填筑期间每填筑4m或每5天（取间隔较短者）监测1次，土石方填筑完成后三个月内每7天观测一次，半年内每10天观测一次，以后每15天观测一次，沉降速率较大（＞0.5mm/d）或降雨期间应加密观测，监测直至道面施工
	出水流量	在盲沟出口等地下水的排泄口	三角堰法监测	
土石方监测	分层沉降	填筑体不同深度的沉降量和沉降速率，重点监测道面影响区（或邻近的土面区），适当监测工作区，土面区可进行少量监测。主要布置在填筑体厚度较大的区域，填筑体厚度不大的区域进行适量布置。分层沉降监测点竖向间距宜为4m，填筑体分层沉降点宜与原地基分层沉降点相结合，分层沉降点宜与原地面沉降点相靠近	分层沉降仪	
	填筑体表面沉降	道面影响区，适当监测工作区，其他区域可进行少量监测。主要布置在挖填交界、软弱土厚度较大、填筑体厚度较大的区域，其他区域进行适量布置	地表型沉降计（沉降板）	
边坡稳定性监测	水平位移	边桩自坡趾向坡顶布置，最下一排边桩设在坡趾处，具体位置根据施工实际情况可适当调整，每级边坡坡顶外缘设置边桩。沿边坡走向设置若干断面。边坡内部位移宜适量布置测斜管	边桩、测斜管	土石方施工期间，每7天监测一次，边坡稳定影响区填筑期间每3天监测一次；土石方施工完工后，一个月内每周一次，一个月后每半月一次；运行期每三个月一次；有异常情况时进行加密监测

12.5 场地形成施工组织方案

12.5.1 地表土清理施工

测量定位区域→清理草皮土→运往指定地点→进入下一步施工。

1. 施工便道施工方法

施工中可利用现场已有的道路进入施工场区。挖方区距离填方区比较近，在施工过程中根据需要采用推土机和装载机随时修筑施工便道。便道宽度10m，尽量环形布置，坡度不大于8%，采用硬骨料回填碾压。

2. 地表土清理设计要求

（1）对工作段范围内要移栽的树木（连同树根），挖出并运至指定地点。

（2）对工作段范围内不需要移栽的杂树、灌木（连同树根），以及地表以上植物、杂草及其成团根系，挖出并运往指定地点单独堆放，不得与地表土混杂堆放。

（3）对工作段范围内的植物土、地表腐殖土、表层软弱土要清除干净，以上清除土按现状条件分区统计清理厚度，并运往指定地点。

（4）对工作段范围内的生活垃圾、工业垃圾等要进行单独清理，并运往指定地点，不得与植物土等混合。

（5）地表土清理完成后，要结合工程具体情况和施工季节气候条件，及时做好临时排水、施工排水等工作，进行场地保护。

（6）清除工作完成后，要通知监理单位、勘察等有关单位在现场进行验槽，必要时辅助试验检测手段。

12.5.2　沟塘处理施工

施工工序：施工准备→测量放线→疏干沟塘积水→挖运淤泥并沿沟塘外围开挖台阶→沟底回填中粗砂或砂砾石→分层回填素土碾压至周围清除植物土后的地面标高→进行下一步施工。

1. 沟塘处理设计要求

沟塘及表层软土要彻底清除全部淤泥及淤泥质黏土层，处理边线按接坡线外延 1m 确定，清除范围要根据现场实际情况可以适当调整。

2. 沟塘处理施工方法

（1）根据沟塘处理和表层软土清除范围平面图把施工区域内沟塘及表层软土区域测量放样。

（2）将工作段范围内的沟、塘内的积水采用抽水泵抽干。然后采用挖机（2 台）彻底清除底部淤泥，一台将沟底淤泥甩到沟塘边，另一台挖机装车，自卸汽车送往指定地点。并会同监理对沟底进行检验。

（3）沟塘底部铺设 50cm 砂砾石，砂砾石的最大粒径不超过 50mm，不均匀系数 $C_U \geqslant 5$，曲率系数 $C_C = 1 \sim 3$。底部铺设厚度要能稳压地基土、不形成"弹簧土"现象为原则，施工时要根据现场具体情况确定底部铺设厚度。

（4）台阶开挖时要沿沟、塘边线向外开挖成高 50cm、宽 100cm 的台阶式边坡，保证沟塘不发生不均匀沉降。

（5）采用素土分层回填分层碾压至周围清除植物土后的地面标高。

3. 沟、塘处理检测方法及标准

采用灌水法或灌砂法分层检测回填土压实度，每层每 500m² 检测 1 点，回填土压实度不小于 85% 地基处理外的谷底区域原地基碾压压实标准见表 12.4。

原地基碾压压实度标准表　　　　　　　　　　　　表 12.4

区域	碾压工作面以下标高（m）	压实度
道路路面影响区	0~0.3	0.93
地基土面区	0~0.15	0.90

12.5.3 地基处理施工

1. 施工工序

施工准备→试验区测量放线→清理植物土→地基处理（强夯、强夯置换、原地面碾压）→施工记录→进行下一步施工。

（1）强夯施工顺序：施工准备→结合地勘资料选定有代表性的区域进行试夯（最终需检测与地勘选定）→单点击数、垫层厚度、夯沉量、间隔时间等参数确定→定位放线并测量工作面高程→铺设中风化石料垫层→强夯机就位，第一遍点夯→推平，测量强夯后的地面高程→第二遍点夯→推平→测量强夯后的地面高程→满夯，推平并进行整平压实，测量地面高程并推算最终平均夯沉量→加固效果检测、验收。

（2）强夯置换施工顺序：施工准备→结合地勘资料选定有代表性的区域进行试夯（最终需检测与地勘选定）→单点击数、垫层厚度、夯墩直径、点间距、夯沉量、间隔时间等参数确定→定位放线并测量工作面高程→铺设中风化石料垫层→强夯机就位，第一遍点夯，填料继续夯击，满足置换墩深度→第二遍点夯，填料继续夯击，满足置换墩深度→满夯→推平并进行整平压实，测量地面高程并推算最终平均夯沉量→加固效果检测、验收。

（3）原地面碾压施工顺序：施工准备→机械准备→测量定位→清除表土→开挖台阶→碾压密实→整平→验收。

2. 地基处理分区（图12.2）

（1）3000kN·m强夯区施工

1）3000kN·m强夯区设计要求

采用强夯能级采用3000kN·m。采用场区挖出的中风化石料或建筑垃圾、工业废渣等坚硬颗粒材料作为垫层，垫层松铺厚度1.0m，最大粒径不超过60cm、不均匀系数 $C_u \geqslant 5$，曲率系数 $C_c = 1 \sim 3$。

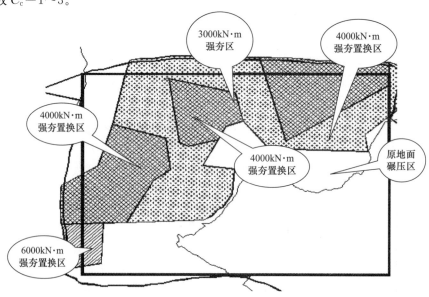

图 12.2 地基处理分区图

正式强夯前，先进行单点夯击，确定单点击数；再选定 25m×25m 范围的区域，按确定的单点击数和要求进行强夯试验，根据试验结果，确定垫层厚度、夯沉量、间隔时间等设计、工艺参数及检测标准；然后按确定的参数和工艺进行强夯试验。

2）3000kN·m 强夯区施工方案

① 原地面地基处理强夯区施工参数，见表 12.5。

原地面地基处理强夯区施工参数　　　　　表 12.5

区域	单击夯能 （kN·m）	夯击形式	夯点间距	单点击数	最后两击平均夯沉量 （cm）	夯点布置形式
3000kN·m 强夯区	3000	第一遍点夯	4m	10～12	≤5	正方形
	3000	第二遍点夯	4m	10～12	≤5	正方形
	1000	满夯	$d/4$ 搭接	3～5	≤5	搭接型

注：1. d 为夯锤直径，采用普通夯锤，锤底静压力 25kPa～40kPa。
　　2. 垫层采用场区挖出的中风化石料或建筑垃圾、工业废渣等坚硬颗粒材料作为垫层，垫层松铺厚度 1.0m，最大粒径不超过 60cm、不均匀系数 C_u≥5，曲率系数 C_c＝1～3。

② 强夯区施工工艺流程

施工准备→定位放线并测量工作面高程→铺设中风化石料垫层→强夯机就位，第一遍点夯→推平，测量强夯后的地面高程→第二遍点夯→推平，测量强夯后的地面高程→满夯，推平并进行整平压实，测量地面高程并推算最终平均夯沉量→加固效果检测、验收。

③ 3000kN·m 强夯区布点图（图 12.3）

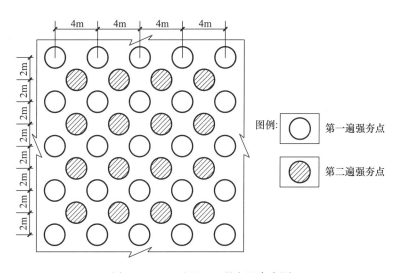

图 12.3　3000kN·m 强夯区布点图

（2）4000kN·m、6000kN·m 强夯置换施工

1）4000kN·m、6000kN·m 强夯置换区设计要求

对场区内黏土层厚度不超过 5m 区域采用 4000kN·m 强夯置换处理，对场区内黏土层厚度超过 5m 的区域采用 6000kN·m 强夯置换处理。强夯前，在处理区表层铺设 50cm 垫层，厚度以能满足施工机械行走。强夯过程中夯坑深度超过 1.5m 或起锤困难时，向夯坑内补料继续夯击，垫层和补料采用场区挖出的中风化石料或建筑垃圾、工业废渣等坚硬

颗粒材料，垫层和补料最大粒径不超过30cm的颗粒含量控制在30%以下，不均匀系数 C_u ≥5，曲率系数 C_c=1~3。

正式处理前，在4000kN·m强夯置换区和6000kN·m强夯置换区各选25m×25m范围进行强夯置换处理试验，在墩长穿透黏土层的条件下，通过试验确定单点击数、垫层厚度、夯墩直径、夯点间距、间隔时间等设计、工艺参数及检测标准。

2）4000kN·m、6000kN·m强夯置换区施工方法

① 强夯置换区施工参数，如表12.6所示。

强夯置换区施工参数 表12.6

区域	单击夯能（kN·m）	夯击形式	夯点间距	单点击数	最后两击平均夯沉量（cm）	夯点布置形式
4000kN·m 强夯置换区	4000	第一遍点夯	4m	16~24	≤10	等边三角形
	4000	第二遍点夯	4m	16~24	≤10	等边三角形
	1000	满夯	$d/4$搭接	3~5	≤5	搭接型
6000kN·m 强夯置换区	6000	第一遍点夯	4.5m	20~30	≤10	等边三角形
	6000	第一遍点夯	4.5m	20~30	≤10	等边三角形
	1000	满夯	$d/4$搭接	3~5	≤5	搭接型

注：1. d 为夯锤直径，点夯夯锤直径1.1m~1.2m，锤底静压力大于80kPa；满夯采用普通夯锤，锤底静压力25kPa~40kPa。

2. 垫层和补料采用场内破碎后的中风化石料，最大粒径不超过30cm的颗粒含量控制在30%以下的填料，不均匀系数 C_u≥5，曲率系数 C_c=1~3。

② 强夯置换区施工工艺流程

施工准备→定位放线并测量工作面高程→铺设中风化石料垫层→强夯机就位，第一遍点夯，填料续夯，到达设计墩长要求→第二遍点夯，填料续夯，到达设计墩长要求→满夯→推平并进行整平压实，测量地面高程并推算最终平均夯沉量→加固效果检测、验收。

③ 强夯置换布置点图

4000kN·m强夯置换区布置点图，见图12.4。

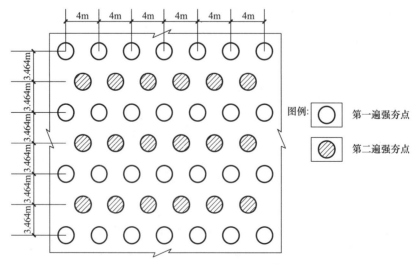

图12.4　4000kN·m强夯置换区布置点图

6000kN・m 强夯置换区布置点图，见图 12.5

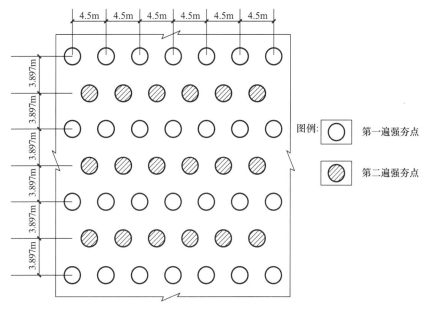

图 12.5　6000kN・m 强夯置换区布置点图

12.5.4　原地面碾压施工方法

施工工序：测量放样→植物土清理→挖掘机、装载机装车→自卸汽车运输→卸往指定地点。

（1）对地基处理强夯垫层和强夯置换范围外的谷底填方地基进行清理及整平。

（2）采用分条带进行碾压，振动碾压条带之间搭接宽度不小于 20cm，且不得漏碾。

（3）按正常施工速度分遍进行碾压，当达到碾压遍数，且碾压至无明显轮迹，无地面下沉量时结束碾压。

（4）测量地面高程，并测试地基土的干密度，若有不足，及时补压。道面影响区压实度不小于 93％，土面区压实度不小于 90％。

12.6　一区场地形成加固效果评价

12.6.1　孔隙水压力监测成果及分析

孔隙水压力监测时间为 2016 年 1 月～2017 年 10 月，其中 2016 年 9 月 6 日堆载完成，监测频率 1d～7d，部分监测点由于施工被破坏，但通过及时补加监测点，测量的连续性较好，不同地基处理方式的孔隙水压力变化曲线如图 12.6 所示。

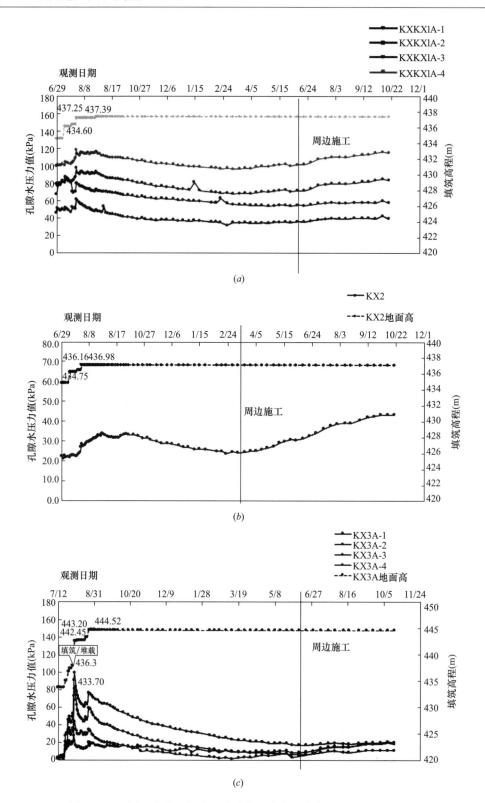

图 12.6　不同地基处理方式的孔隙水压力变化曲线（试验一区）（一）

（a）KXIA（碎石桩处理区）；（b）KX2（强夯处理区）；（c）KX3A（CFG 桩处理区）

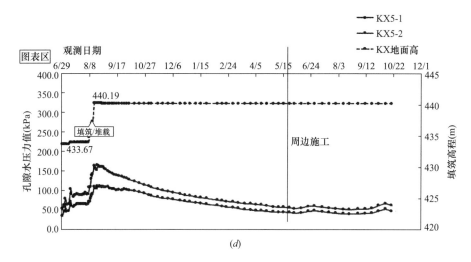

图 12.6　不同地基处理方式的孔隙水压力变化曲线（试验一区）（二）

(*d*) KX5（碎石桩加塑料排水板处理区）

从上图中可以看出：

（1）在基本相同荷载下，CFG 桩处理区的孔隙水压力消散速率较其他区域快，且最大消散率为 93%。

（2）碎石桩＋排水板处理区孔隙水压力消散持续时间较长且效果比较显著，消散率为 80% 左右。

（3）4000kN 强夯区（场内料）的最终消散效果较好。

（4）部分监测点的孔隙水消散率大于 100%，其中主要原因是由于原土层先期处于欠固结状态，经地基处理后原土层加速固结，孔隙水压力持续消散至低于地基处理前的初始值；另一方面可能是由于施工开始前测量的初始孔隙水压力值偏大，未能测到最小的初始值，以致施工完成后测量孔隙水消散后的最小值小于测量的初始值，造成计算值偏大。

12.6.2　原地面监测成果及分析

通过一年多的监测数据，得到原地面沉降变化曲线如图 12.7 所示。

从图 12.7 可知：

（1）原地面在填筑施工期间受填筑、堆载作用，沉降速率较快，堆载完成后沉降较快，随后沉降速率逐渐减小；

（2）在相同填筑及堆载高度的区域，碎石桩＋排水板处理区的沉降速率最大，最终沉降量及工后沉降量最大；

（3）从有效应力原理的角度来看，孔隙水压力的减小引起土体颗粒承受有效应力增加，有利于原地面的沉降固结。对 DM1 附近的 KX1A 孔隙水消散情况分析，可知其消散率在 80% 左右，且在 2017 年 3 月已基本不变；DM2 附近的 KX4 的孔隙水消散率为 77%，截至目前孔隙水压力还在缓慢变化；DM7 附近的 KX3 消散效果较好，最大达到 85%，至 2017 年 5 月孔隙水压力基本不变；DM10 附近的 KX12 的孔隙水消散率最大为 100%，且在 2017 年 3 月孔隙水压力基本不变。因此对于孔隙水压力不再变化的区域，原地面沉降速率逐渐减小至收敛。

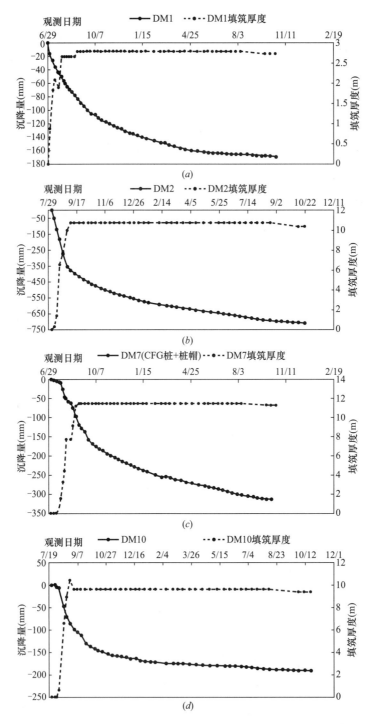

图 12.7　原地面沉降变化曲线

（a）碎石桩处理区；（b）碎石桩＋排水板处理区；（c）CFG 桩＋桩帽处理区；（d）强夯外购料处理区

12.6.3　分层沉降监测成果及分析

通过对监测数据的整理分析，绘制的不同处理方式的分层沉降变化曲线如图 12.8 所示。

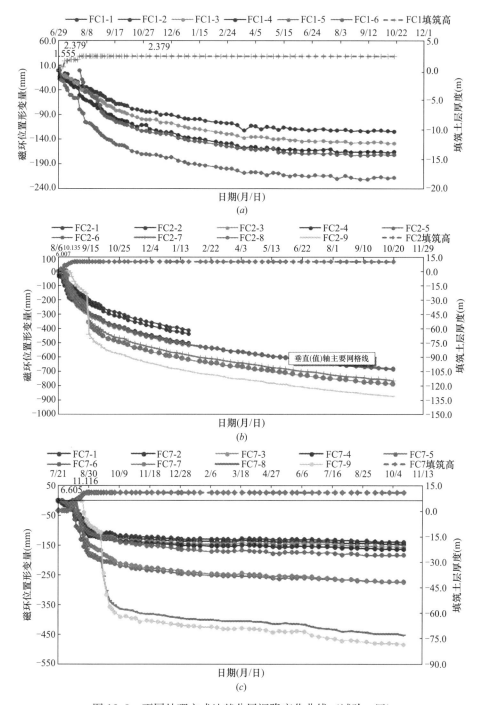

图 12.8　不同处理方式地基分层沉降变化曲线（试验一区）

(a) FC1（碎石桩处理区）；(b) FC2（碎石桩加塑料排水板处理区）；(c) FC7（强夯处理区）

从图 12.9 可知：

（1）根据各分层监测点的数据看出，碎石桩＋排水板区的 FC2 各环沉降量最大，强夯区的 FC7 次之，碎石桩的 FC1 沉降量最小。

（2）对各监测点沉降差异进行对比，在填筑及堆载方面 FC2 高度最大，FC7 次之，

FC1 最小，较大的堆载压力有利于其沉降固结；在孔隙水压力方面，FC1 周围孔隙水消散率为 80% 左右，而 FC7 周围消散率为 85%，持续减小的孔隙水压力也有利于沉降固结；在软土厚度方面，厚度越大可压缩量越大，FC1 软土厚度为 6.5m，FC2 厚度为 9.6m，FC7 厚度为 3.7m；综合以上影响因素判定 FC2 沉降量最大。

12.6.4 边坡水平位移监测成果及分析

一区边坡的水平位移监测点布设参见图 12.9。根据对边坡测量数据的整理与计算，主要对施工期间沉降较快、最终沉降量较大的点进行绘制与分析，监测结果见图 12.10。

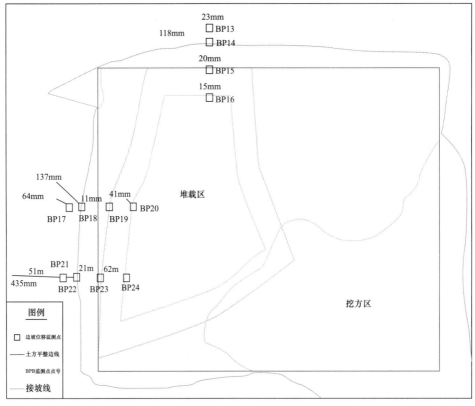

图 12.9 试验一区边坡的水平位移监测点布设图

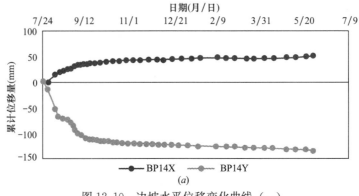

(a)

图 12.10 边坡水平位移变化曲线（一）

(a) BP14 累计位移量

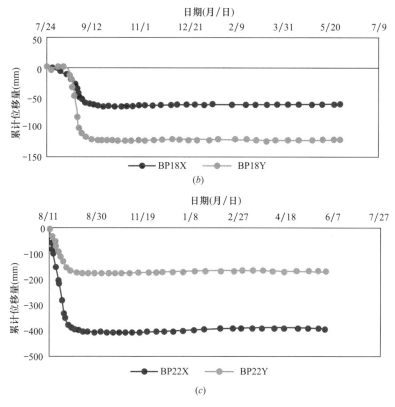

图 12.10　边坡水平位移变化曲线（二）
(*b*) BP18 累计位移量；(*c*) BP22 累计位移量

根据总的测量数据分析可知：在堆载施工监测期间东南侧边坡坡脚位移量大，西侧边坡坡脚位移量较小，主要情况如下：

（1）东南侧边坡坡脚监测点 BP22：施工期间沿坡脚方向位移达 373.0mm，平均每天位移 17.8mm，最大每天位移 32.5mm，严重超过设计单位提出的边坡坡面水平位移报警值后及时停工减缓变化速率，完工后至目前位移不再变化，基本稳定。

（2）南侧边坡坡脚监测点 BP18：施工期间沿坡脚方向位移 57mm，平均每天位移 1.5mm。其中 8 月 23 日～27 日位移量 24mm，超过报警值。BP18 垂直坡向位移较大，8 月 14 日～9 月 1 日位移 101.0mm，平均每天位移 5.61mm，超警戒值后及时停工减缓变化速率，完工后至目前位移不再变化，基本稳定。

（3）西侧边坡坡脚监测点 BP14：施工期间沿坡脚方向位移 96mm，平均每天位移 2.53mm。其中 7 月 30 日～8 月 6 日位移量 40mm，平均每天位移 6.67mm，及时停工，完工后至目前位移不再变化，基本稳定。

12.6.5　土压力监测成果及分析

根据对测量数据的整理，绘制了不同地基处理方式区的土压力大小、同一区域不同埋设位置土压力大小变化图，见图 12.11。

从图 12.11 可以看出：土压力大小受多种因素的影响，具体主要如下：

（1）CFG 桩区监测点土压力最大、2000kN 强夯区次之、碎石桩区土压力最小。

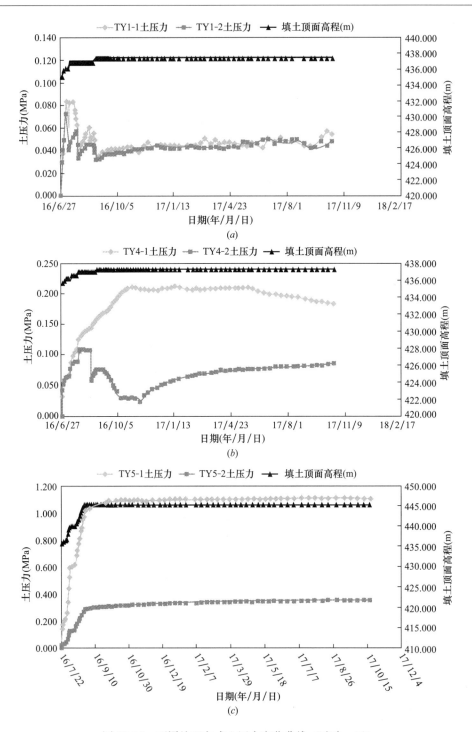

图 12.11　不同处理方式土压力变化曲线（试验一区）

（*a*）碎石桩处理（TY1-1，TY1-2）；（*b*）强夯处理（TY4-1，TY4-2）；（*c*）CFG 桩处理（TY5-1，TY5-2）

（2）从孔隙水压力消散分析，孔隙水消散越大，土体承受有效应力越大，相对监测值较大；CFG 桩区孔隙水消散达 90%，碎石桩＋排水板区达 77%；强夯区消散达 90%；碎石桩区消散率为 80% 左右。

（3）填筑及堆载高度越大，相对上部对下层压应力越大，CFG 桩区填筑及堆载为 13.8m，强夯区填筑及堆载高度为 13.2m，碎石桩区填筑及堆载高度为 4.7m；综上因素也可说明 CFG 桩区监测点土压力相对较大。

（4）桩（墩）土应力比大小不仅受地基处理方式的影响，还受所处位置（桩间、桩上、墩间等）的影响，由分析表中数据可知：位于 CFG 桩处理区的桩（墩）土应力比最大，且位于桩（墩）上土压力明显大于桩（墩）间的土压力。

12.7　三区场地形成加固效果评价

12.7.1　孔隙水压力监测成果及分析

不同处理方式孔隙水压力变化曲线见图 12.12。

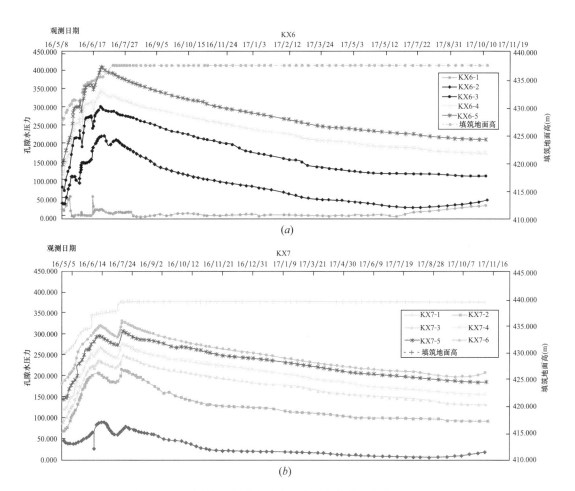

图 12.12　不同处理方式孔隙水压力变化曲线（实验三区）（一）

（a）碎石桩Ⅰ区；（b）碎石桩Ⅱ区

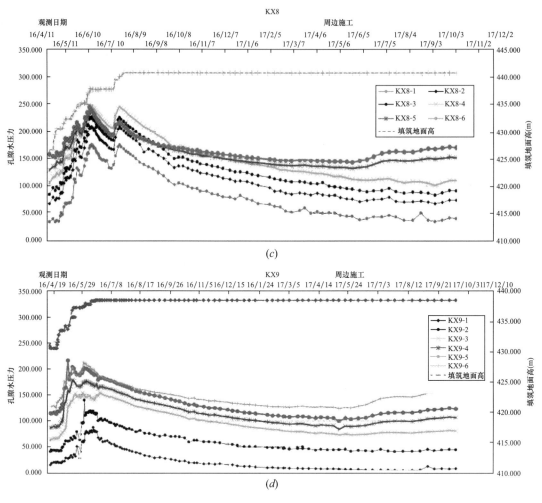

图 12.12　不同处理方式孔隙水压力变化曲线（实验三区）（二）

(c) 排水板Ⅱ区；(d) 排水板Ⅰ区

从图 12.12 可以看出：

（1）在施工间歇期土体中孔隙水逐渐排出，各监测点超孔隙水压力又逐渐消散，孔隙水压力数值减小，曲线下降。填土荷载是引起孔隙压力增长的较大因素，每当荷载增加孔隙水压力都有不同程度的增长。

（2）土石方填筑、堆载完成后，各监测点孔隙水压力呈平缓消散趋势，排水板预压处理区较碎石桩处理区，孔隙水压力消散快。

（3）从软土厚度上来看 KX6、KX7 所在位置软土厚度较 KX8、KX9 的大，KX6、KX7 的最大孔隙水压力也比 KX8、KX9 的大，孔隙水压力消散的也较慢。

（4）所有的监测点都是埋设位置最高的孔隙水压力计消散率最大，这是表层的孔隙水压力受施工填筑影响最大，同时也消散最快的原因。碎石桩处理Ⅰ区的 KX6-1、KX6-2 的最大孔隙水消散率分别为 159%、105%，从 KX6 的孔隙水压力变化曲线图可以看出所有的并没有稳定的初始孔隙水压力值，也就是初始孔隙水压力值是在施工期间测得，测量值比实测值要大，导致的消散率超过了 100%，KX6-3 、KX6-4、KX6-5 的消散率为 77%～

86%，消散效果较好，地基处理方式达到预期效果；碎石桩Ⅱ处理的 KX7-1 的孔隙水压力消散率超过了 100%原因同 KX6-1、KX6-2，KX7-2 到 KX7-6 的最大孔隙水压力消散率为 74%~88%，消散效果较好，地基处理方式达到预期效果；塑料排水板预压处理Ⅱ的 KX8-6 监测点孔隙水消散率最大达到 117%，从孔隙水压力变化曲线图可以看出刚开始监测的几期数据有整体平稳但存在小幅度波动的趋势说明测得的数据孔隙水压力数据只有小幅度偏大，消散率的值也只有小幅度偏大，KX8-1 到 KX8-5 的消散率为 97%~100%，说明此监测点的所有孔隙水压力消散率很很好，地基处理方式达到预期效果；KX9 的 6 个监测点的孔隙水压力消散率在 91%~107%之间，同时前几期的初始孔隙水压力值基本平稳，只有少许波动，说明初始孔隙水压力值基本符合要求，该监测点的孔隙水压力已基本消散完全，地基处理方式达到很好的效果。

12.7.2　原地面监测成果及分析

通过一年多的观测数据，得到的沉降量变化曲线见图 12.13。

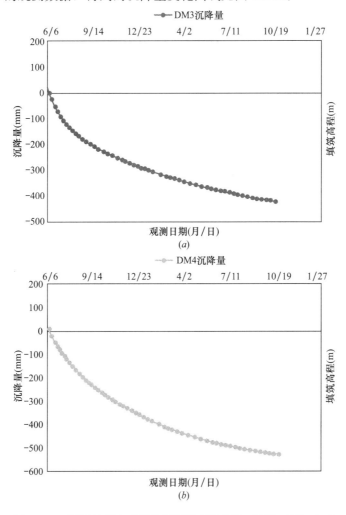

图 12.13　不同处理方式原地面沉降变形曲线（试验三区）（一）
(a) DM3；(b) DM4

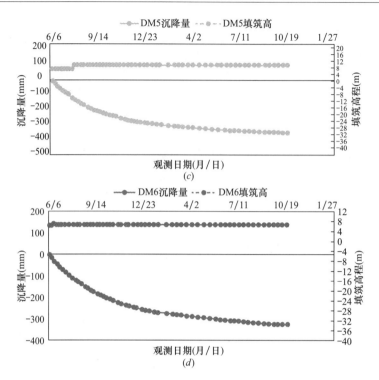

图 12.13　不同处理方式原地面沉降变形曲线（试验三区）（二）
(*c*) DM5；(*d*) DM6

由图 12.13 可以得出：

（1）填筑体顶部堆载，加速原地面沉降；由监测点工程地质剖面图可知三区监测点的软弱土层较厚，在同等荷载作用下的沉降变形值一般也会越大。

（2）三区的不同地基处理方式的处理深度均为 10m 左右，均穿透了软土层，碎石桩Ⅱ处理区沉降速率最大，最终沉降及工后沉降也最大。

（3）碎石桩置换、塑料排水板预压等地基处理有利于软弱地基超静孔隙水压的消散和地基土的排水固结，从而加速在相同填筑及堆载高度的区域地基沉降。

（4）各监测点表层的孔隙水压力消散率均较大，DM3、DM4、DM5、DM6 四个监测点附近的最小孔隙水压力消散率分别为 77%、74%、97%、91%，DM3、DM4 监测点明显小于其他监测点，DM3、DM4 监测点的软土层厚度分别为 7.1m、11.4m，也比其他监测点的软土厚度要厚。

12.7.3　分层沉降监测成果及分析

通过对监测数据的整理分析，绘制的分层沉降变化曲线见图 12.14。

由图 12.14 可知：

（1）沉降曲线总体趋势是施工期间变化速率较大，填筑完成后速率逐步减缓；填筑期间沉降量占总沉降量比重较大。

（2）填筑体压缩过程基本完成，排水板Ⅱ处理区的 FC5、排水板Ⅰ处理区的 FC6A 沉降基本稳定，碎石桩Ⅰ处理区的 FC3、碎石桩Ⅱ处理区的 FC4 趋于稳定，总体来看排水板预压处理区较碎石桩处理区收敛速度快。

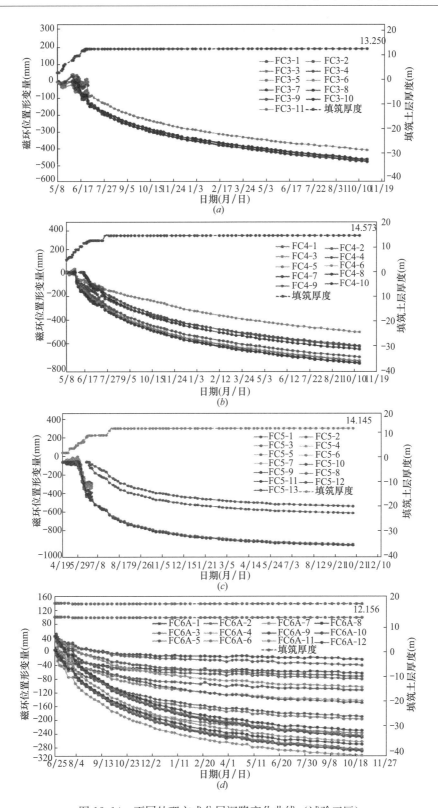

图 12.14　不同处理方式分层沉降变化曲线（试验三区）

(*a*) FC3 碎石桩处理Ⅰ区；(*b*) FC4 碎石桩处理Ⅱ区；(*c*) FC5 排水板处理Ⅰ区；(*d*) FC6A 排水板处理Ⅱ区

（3）土层的压缩固结主要是超孔隙水压力的消散，有效应力的增加，使的土层的孔隙被压缩，体积减小。从 FC3、FC4 钻孔柱状图上的填土层的压缩率分别在 0.10% ～ 1.83%、0.61% ～ 1.59% 之间，累计压缩比较小，说明填筑层的压实情况较好；将 FC4 和 FC6A 原地面的沉降磁环监测点之间的土层压缩率对比，FC4 和 FC6A 的原地面以下各土层的压缩率分别为 4.92% ～ 5.77%、2.15% ～ 3.11%，FC6A 的累计压缩率要小于 FC4 的压缩率，这与 FC6A 所在的软土层厚度小于 FC4 有关。FC3、FC4 和 FC6A 的填筑层磁环数据和 FC6A 的原地面下的磁环数据进行压缩率和固结率的分析，发现岩性为软土的原地面的累计压缩量和累计压缩率要比填土的大。

（4）从分层沉降监测钻孔柱状图内的不同土层的压缩率和不同土层压缩情况表及累计沉降量和沉降速率情况表可以看出，原地面的土层的沉降量、沉降速率、压缩率要明显大于填土层，且填土层的各项指标均很小，说明填土层的压实度好，沉降量小，可以得出填筑体的沉降压缩已经完成。

12.7.4 边坡水平位移监测成果及分析

三区边坡的水平位移监测点布设参见图 12.15 所示。根据对边坡测量数据的整理与计算，主要对施工期间沉降较快、最终沉降量较大的点进行绘制与分析，监测结果如图 12.16 所示。

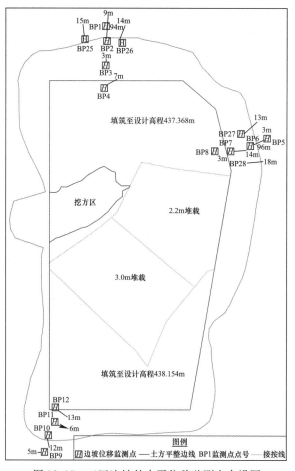

图 12.15　三区边坡的水平位移监测点布设图

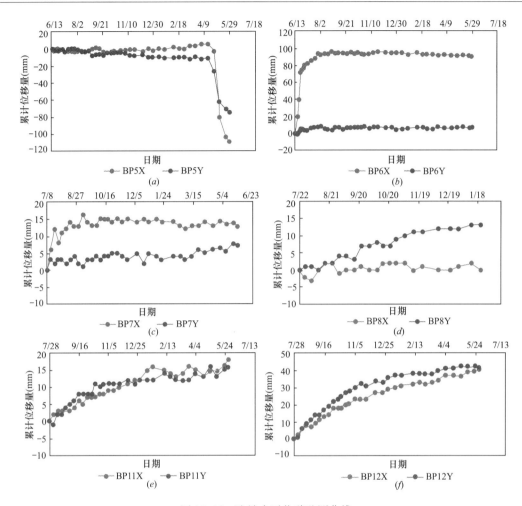

图 12.16　边坡水平位移监测曲线

(*a*) BP5 累计位移量；(*b*) BP6 累计位移量；(*c*) BP7 累计位移量；(*d*) BP8 累计位移量；

(*e*) BP11 累计位移量；(*f*) BP12 累计位移量

根据总的测量数据分析可知监测期间：西侧、北侧碎石桩处理Ⅰ区坡脚位移量大；东侧塑料排水预压区边坡变形量小，各边坡监测点均稳定。

12.7.5　土压力监测成果及分析

土压力监测主要针对碎石桩处理区域，根据对测量数据的整理，绘制了不同地基处理方式的土压力大小、同一区域不同埋设位置土压力大小的变化图，见图 12.17。

（1）土压力监测（TY1～TY8）自 2016 年 5 月 10 日开始第一次监测，至 10 月 19 日完成监测 89 次。其中 TY1、TY8 在 2016 年 6 月下旬，传感器电缆被损坏，不能进行数据采集。

（2）三区土压力计主要位于碎石桩处理区，监测区域至 6 月 23 日基本完成填筑，达到设计高程 437.69m；截止到 2017 年 7 月 29 为止，最大土压力（TY3）0.304MPa，最小土压力（TY2）0.184MPa，TY3、TY4 桩土应力比 1.29，TY6、TY5 桩土应力比 1.29。

（3）填筑体放置期间土压力上升、下降是由降水、填筑体内的水的消散引起随着填筑体内地下水位逐渐减小，土压力值也逐渐减小并达到一个较小的稳定值。

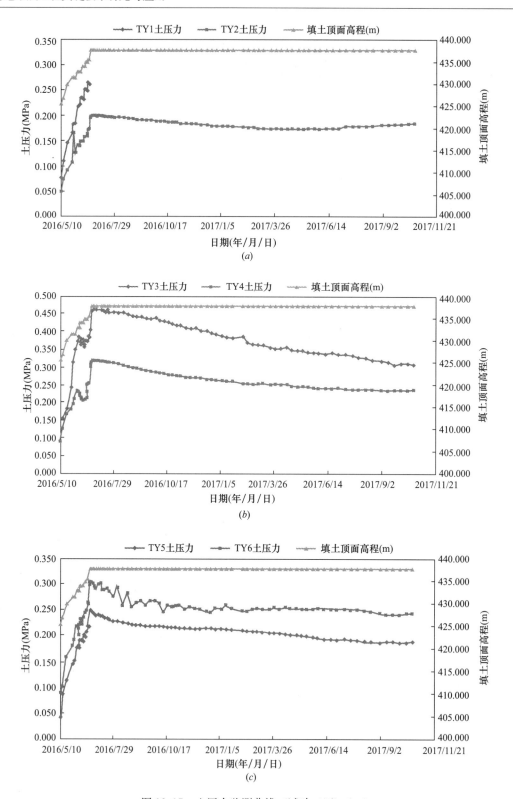

图 12.17 土压力监测曲线（试验三区）（一）

(*a*) TY1，TY2；(*b*) TY3，TY4；(*c*) TY5，TY6

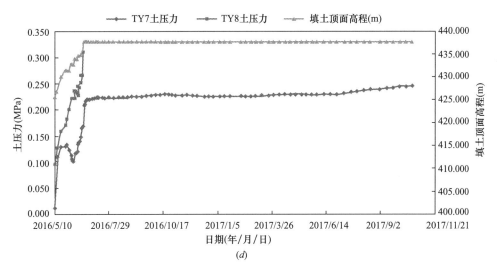

图 12.17　土压力监测曲线（试验三区）（二）

（d）TY7，TY8

12.8　本章小结

一区：碎石桩＋排水板处理区孔隙水消散速率最快，CFG 桩处理区次之，4000kN 强夯处理区消散速率最慢；碎石桩＋排水板处理区的原地面、表层沉降量及工后沉降量最大，CFG 桩＋桩帽次之，强夯（场内料）沉降及工后沉降量最小。

三区：碎石桩Ⅱ处理区的表层、原地面的沉降量和沉降速率最大，孔隙水消散速率最快，塑料排水板Ⅰ处理区的表层、原地面的沉降量和沉降速率最小，孔隙水消散速率最慢，总体来看塑料排水板预压处理区的地基处理效果要比碎石桩处理区的地基处理效果要好。

主要研究成果

论文 1：大面积软基强夯与强夯＋真空降水处理效果对比试验分析

出版源：建筑科学，2012（s1）：148-152
作者：孙铁，李晓茹，康景文等

1 前言

本文依据某大面积软基强夯与强夯＋真空降水处理对比试验，通过现场监测和测试，研究强夯与强夯＋真空降水处理软基的变形特性、承载力变化特征、施工控制等问题，为进一步对强夯、强夯＋真空降水处理机理研究以及在大面积场地处理的应用提供依据。

2 试验场地条件及测试

2.1 试验场地条件

为实现在同一场地条件下，采用不同处理方法进行加固效果的比较，把试验场地分为二个区（图 1），其中 T3-1 强夯试验区，T3-2 强夯＋降水试验区。场地地质典型地质剖面和地层特征见图 2。

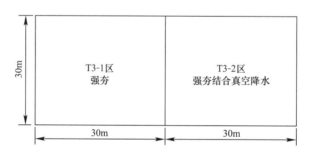

图 1　试验场地及分区图

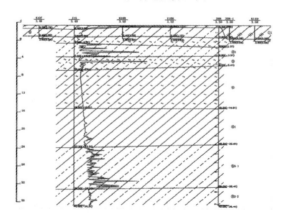

图 2　试验区典型地质剖面图

2.2 强夯与强夯＋真空降水试验设计及对比

根据场地条件和工程经验，确定了两种处理方法的设计方案及工艺。

2.3 对比试验和测试内容

根据处理方法的不同，在加固机理比较分析的基础上，分别进行孔隙水压力监测和分层沉降监测。并进行了处理前后的静力触探和十字板试验。

3 试验监测及分析

3.1 孔隙水压力监测

监测结果如图3～图6所示。

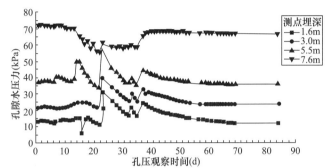

说明：第0～2天第一遍点夯，第3～5天孔隙水压力消散；第6～7天第二遍点夯，第8～13天孔隙水压力消散；第14～15天第三遍点夯，第16～22天孔隙水压力消散；第23～24天第四遍点夯，第25～31天孔隙水压力消散；第32～35天满夯。

图3 强夯法施工过程及施工后孔隙水压力变化曲线

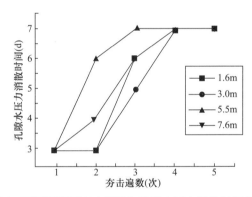

图4 不同深度下夯击遍数与孔隙水压力消散时间关系

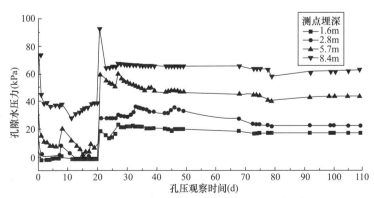

说明：第0～6天第一次降水；第7～8天第一遍点夯；第9～19天第二次降水；第20～21天第二遍点夯；第21～25天压消散；第26天满夯。

图5 强夯＋真空降水过程及施工后孔隙水压力变化曲线

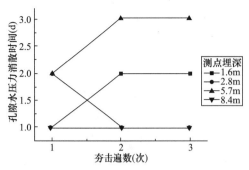

图 6　强夯＋真空降水中不同深度下夯击
遍数与孔隙水压力消散时间的关系

对比两种处理工艺实测的孔隙水压力变化曲线形状可知：

（1）饱和软黏土在强夯动力作用下，孔隙水压力瞬间升高，且不易迅速消散，而极易引发"橡皮土"现象。孔隙水压力消散，一般 4d～5d 左右消散 80％ 左右。

（2）强夯＋真空井点降水法区别于传统强夯法的显著特点是通过设置真空井点降水系统实现主动排水，加速强夯产生的孔隙水压力的消散和孔隙水的排出，一般 1d～2d 左右孔隙水压力可消散 90％ 左右，迅速提高了软黏土的固结速率，与单一的强夯法比较，施工周期可以缩短 25％。

3.2　分层沉降监测

监测结果如图 7～图 11 所示（以深 2m 处 T3-1 区和 T3-2 区沉降量曲线为例，其他深度沉降曲线略）。

强夯法的土体的分层沉降与总沉降量均小于强夯＋真空降水法。

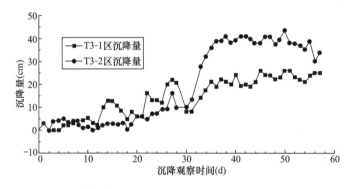

图 7　深 2m 处 T3-1 区和 T3-2 区沉降量

3.3　静力触探试验

T3-1 区和 T3-2 区静力触探测试结果见图 12、图 13。

T3-1 区采用强夯法处理，第 2 层淤泥质粉质黏土强夯前后比贯入阻力和土承载力提高 7％～25％，其他土层强夯前后比贯入阻力和土承载力提高不显著。T3-2 区采用强夯＋真空降水法处理，淤泥质粉质黏土层、黏质粉土层强夯前后比贯入阻力和土承载力提高 10％～43％，加固效果显著。采用两种方法，土层的有效加固深度均为 8m 左右，但采用强夯＋真空降水法对浅层土加固效果更为显著。

3.4　十字板剪切试验

T3-1 区和 T3-2 区处理前和处理后土体不排水抗剪强度十字板试验对比结果见图 14、图 15。

采用强夯法与强夯＋真空降水法处理地基土，对于浅层土，处理后较处理前土体不排水抗剪强度有较大幅度提高，加固效果明显；而对深层土，处理前后土体不排水抗剪强度基本没有改变，加固效果并不明显。

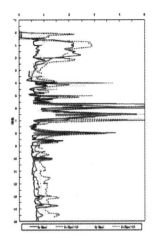
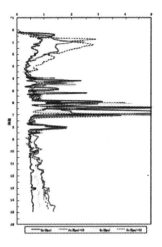

图 8　T3-1 区静力触探对比　　　　图 9　T3-2 区静力触探对比

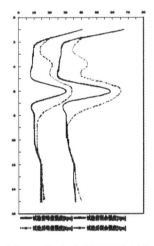
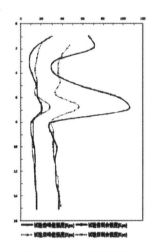

图 10　T3-1 十字板试验对比　　　　图 11　T3-2 十字板试验对比

4　结论

（1）在强夯冲击荷载作用下，随着深度的增加，孔隙水压力逐步增加。

（2）强夯法孔一般 4d～5d 左右孔隙水压力消散 80％左右。强夯＋空降水法一般1d～2d 左右孔隙水压力消散 90％左右。

（3）强夯法的分层沉降与总沉降量均小于强夯＋真空降水法。

（4）采用强夯法和强夯＋真空降水法加固地基土，对于浅层土加固效果。

（5）强夯＋真空降水法与单一的强夯法比较，施工周期可以缩短 25％。

参考文献

略。

论文 2：真空预压法真空度对预压处理效果影响研究

出版源：全国工程勘察学术大会，2014
作者：康景文，叶观宝，唐海峰等

0 引言

本文依托的实例为场地为面积约 $7km^2$ 的平原水网地区工程，地貌类型为长江三角洲滨海平原，其特点为高含水量、高压缩性、低强度、高灵敏度，属于典型的软土地基。经综合考虑，尤其为降低差异沉降及残余沉降，采用真空预压法进行地基处理，处理分 44 个地块进行施工，分别进行了现场的监测孔隙水压力和地表沉降及分层沉降。本文通过实测数据研究，分析在预压过程中真空度与孔隙水压力变化关系等问题，以期对该问题有进一步的认识。

1 负压、真空度、孔隙水压力的概念

目前在真空预压研究中对负压的定义主要有两个观点，一是指膜下真空度；二是指负的超静孔隙水压力。

在真空预压法中，通常用密封膜外大气压与膜内大气压的差值来表示。真空预压法通常采用真空度来衡量真空预压过程处理的有效性。

工程中为了方便应用，把超过静水压力的那部分孔隙水压力称为超静孔隙水压力。

2 真空度检验预压效果有效性

2.1 真空预压加固机理

在预压过程中，砂垫层中形成的真空度通过垂直排水通道逐渐向下延伸，同时真空度又由垂直排水通道向其四周的土体传递与扩展，形成一个负压渗流场，引起土中孔隙水压力降低，形成负的超静孔隙水压力，从而使土体孔隙中的气和水由土体向垂直排水通道渗流，最后由垂直排水通道汇至地表砂垫层中被泵抽出。当产生负的超静孔隙水压力达到膜下真空度值时渗流终止。而消散的超静孔隙水压力会相应引起有效应力的增长，因而达到加固地基的作用。

2.2 膜下真空度对检验处理效果的有效性

依托实例工程中 7 号地块的相关数据进行分析，得出，不同深度土层负孔隙水压力变化值最大仅为 60.8kPa，多数孔在不同深度均小于 50kPa，远未达到设计真空度，可见用真空度检验加固进程的真实有效性有待考虑，且大多数施工过程中真空表安装于真空泵的管道线路中，对土体中真空度代表性的可靠度较低。参考其他地块孔压数据后，发现其他地块与此地块相似。并且真空度沿深度的传递会直接影响相应土层的加固效果，而仅从膜下真空度难以很好的衡量。因而建议在施工监测中以孔隙水压力变化值即孔压差作为相应衡量标准，以土中最大孔压变化量达到设计真空度的时间作为达到设计真空度时限，以相应孔隙水压力，尤其是地块中压缩性较高、强度较低而需要主要处理的土层中的孔隙水压力作为施工过程中质量控制的主要标准之一。

3 真空度沿深度的传递

3.1 真空度沿深度传递特性

真空度维持较好的 22 号地块的相关数据进行分析，如图 1 和图 2 所示。

从图 1 和图 2 可以看出：

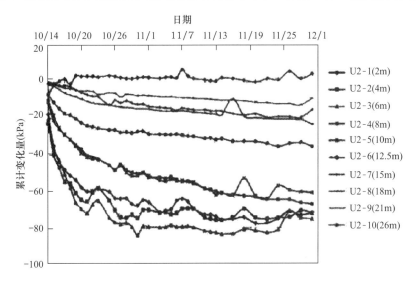

图 1　22 号地块孔压变化量历时曲线图

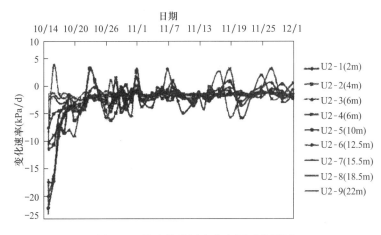

图 2　22 号地块孔压变化率历时曲线图

（1）负压渗流场在浅层较快形成，并逐渐向深层传递。

（2）负压渗流场在向深处传递时会发生连续的能量损耗，其中在 2m～8m 浅部地层真空度保持较好，8m 深度以下的土层范围中，土层中孔隙水压力变化量逐渐变大，预压初始阶段变化速度较快，后期变化速度较慢，又一次证明负压渗流场是有上层逐渐向深层土体传递。

（3）各个层次内真空度变化大致呈线性变化。

（4）综合实例场地中各地块峰值孔压变化量并不出现在最顶层土中，而是一般在 4m～6m 范围内。表明：第一，这一土层中的渗透系数较高的黏质粉土夹层 起到了较好的水平向排水体的作用；第二，孔压变化量并不完全由真空负压决定，与预压同时进行的抽水使地下水位降低造成了土层上覆压力的增大，即发生了"堆载效应"，土体加固是在"堆载"的正压和真空的负压的共同作用下完成的。

3.2 真空度沿深度传递分区

通过实例工程中的 6 号、7 号、10 号地块相关数据可知（4 号地块数据见图 4，其他地块略）：

从图 4 曲线可见，在 10m 内，真空度传递效果较好，在 8m 左右仍能维持 50kPa～60kPa。这主要是受 10m 深度的密封墙影响，使真空度损耗降低，而在 10m～14m 范围，真空度仍能维持在 30kPa～35kPa。但在 14m 以下深度，真空度快速衰减，到 16m 范围仅剩 10kPa～15kPa，20m 以上已经小于 10kPa。

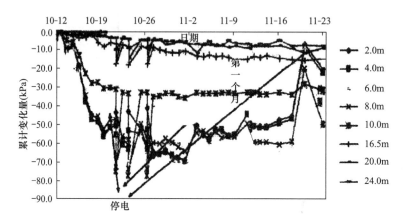

图 3　6 号地块孔隙水压力变化量历时曲线

从以上三个地块的孔压变化值分布可以看出，真空度沿深度的传递主要分 3 个区间：

（1）密封墙桩端深度（10m）以上地层，真空度几乎无衰减或衰减很小；

（2）密封墙桩端以下深度至排水板插打深度范围内，真空度沿深度衰减，但衰减相对慢；

（3）在排水板插打深度以下，真空度衰减较快，在塑料排水板长度 1.5 倍以上深度处真空压力的影响已经较为微弱了。但同时可以看出，在塑料排水板以下一定深度范围内仍有一定的真空度存在。

4　真空度的稳定性影响

4.1　真空度的稳定性对工期影响

三个地块的孔压变化量历时曲线（8 号、9 号、10 号地块，以 8 号地块为例，其他地块略）可见：

（1）三个区块真空度传递分布比较类似，峰值孔压变化量均为 −80kPa～−90kPa，出现在 8m 深度以上浅层部分，8m 以下部分发生相应折减。

（2）三个区块的真空度波动，8 号地块波动极大，主要缘由包括多次停电、供电不足以及不均匀沉降造成的真空膜破裂。10s 地块相对波动较小，尽管发生了停泵事件但是短时间内进行了修复，孔压变化量曲线较为平稳。

4.2　真空度的稳定性对沉降速率的影响

图 4 为 8 号地块的沉降量和沉降速率。图 5 为 8 号场地分层沉降曲。图 6 为典型孔压变化率历时曲线。

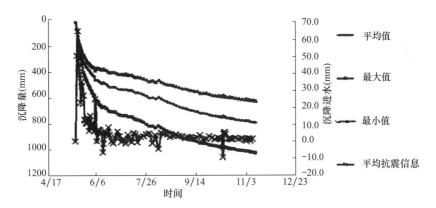

图 4　8 号地块的沉降量和沉降速率

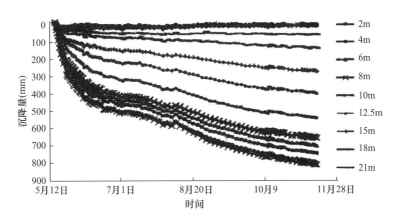

图 5　8 号场地分层沉降曲

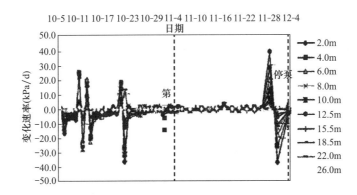

图 6　典型孔压变化率历时曲线

　　真空度的波动将极大程度的拖延真空预压沉降的速率。

5　结论

　　略。

参考文献

　　略。

论文 3：真空预压法处理上海软基若干问题研究

出版源：全国工程勘察学术大会，2014
作者：唐海峰，彭建华，王晓等

0 前言

本文结合近几年真空预压法在上海地区软土地基处理的实践经验，依托上海迪士尼度假区场地形成工程，对真空预压法应用中数值模拟可行性、最终沉降量预测方法、处理效果影响有关因素进行分析研究，为今后真空预压法应用在上海地区应用提供参考。

1 上海地区软土特征

1.1 上海地区软土分布特征

上海地区浅部软土主要为滨海沼泽相堆积类型，属于较为典型的天然软土地基区。

上海位于长江三角洲的边缘，软土层均有分布。软土层埋藏深度滨海相陆域地区变化不大，大部分地区埋深在 4m 左右。

1.2 上海地区软土特点

上海地区软土具有高含水量、大孔隙比、低强度、高压缩性等工程地质性质，且同时具有低渗透性、触变性和流变性等不良工程特点。因其承载力低，在荷载作用下，地基沉降变形大，容易产生较大的不均匀沉降，而且沉降稳定历时比较长。

2 上海软基真空预压法应用典型案例

2.1 中国科学院上海分院脑研所试验大楼

根据塑料排水板的不同布置间距，将真空预压施工试验分为 Z1 和 Z2 两个试验区。

Z1 区处理面积 $4500m^2$，塑料排水板深度 20m，间距 1.5m，正三角形布置，采用桩长 7m 的淤泥搅拌桩密封墙。加载期间的平均表面沉降量 20.3cm，卸载后的平均回弹量 1.5cm。

Z2 区处理面积 $5372m^2$，塑料排水板深度 20m，间距 1.2m，正三角形布置，采用桩长 7m 的水泥搅拌桩密封墙。加载期间的平均表面沉降量 18.8cm，卸载后的平均回弹量 1.2cm。

试验结果表明，经过真空预压，加快了沉降速率，很好地解决了工后沉降问题。

2.2 上海某度假区场地形成工程试验区

试验区平面尺寸为 90m×90m，塑料排水板深度 20m，间距 1.1m，采用 SPB-B 型板，梅花形布置。真空荷载 85kPa，覆水 1.0m。采用泥浆搅拌桩密封墙，桩长 10m，处理目标为使地面预沉降 90cm。通过对 140 万 m^2 的场地实测结果表明，处理效果达到了预期目的，并取得了良好的社会和经济效益。

3 上海软基真空预压法应用问题研究

3.1 弹性模型二维数值模拟的可行性

通过 Z-soil 软件对试验区进行的弹性模型的二维数值模拟。

（1）地面沉降对比分析

试验区中心数值计算表面沉降曲线与监测数据的对比如图 1 所示。

（2）各地层压缩量对比分析

各个地层的压缩量随时间变化的规律如图 2 所示。

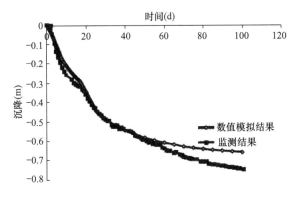

图 1 中心点 S3 表面沉降与实测对比曲线图

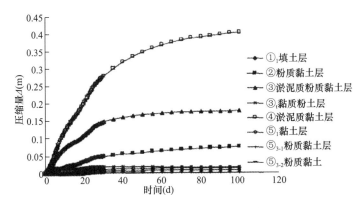

图 2 中心处分层压缩量数值模拟曲线图

（3）地基中的孔压分布对比分析

图 3 为抽真空 100 天时用水头表示的地基中的孔压分布情况。

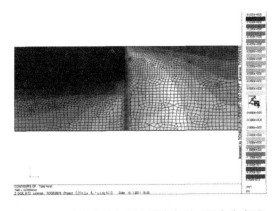

图 3 100 天时地基中的孔压分布图（用水头表示）

通过将试验区的数值模拟结果与监测结果在地表沉降、分层沉降、孔压几个方面进行对比，发现建立的数值模型较为合理，能够较准确地模拟出大面积真空预压的处理效果，从而为研究大面积真空预压处理深厚软基的压缩层厚度、最终沉降量、影响因素等各方面提供了有力的理论支持和依据。

3.2 最终沉降量预测及经验系数确定

本工程虽有 1.5m 的覆水堆载，但基本是以真空预压为主导的，故根据监测数据和数值模拟的结果，综合规范的有关规定，经验系数 $\varPsi_s$ 取 $1.0 \sim 1.1$。

3.3 真空预压法处理效果影响因素分析

（1）塑料排水板深度对沉降影响

图 4 为塑料排水板打设深度从 15m 变化到 25m 时试验区的土体沉降变化曲线。随着塑料排水板打设深度的增加，其处理效果并不是同比例增加。塑料排水板打设深度的增加对处理区的影响远大于对密封墙以外影响区的影响，可见密封墙起到了较好的密封作用，加深塑料排水板对周围环境的影响不大。

（2）塑料排水板间距对地面沉降影响

图 5 为塑料排水板间距分别为 0.55m、1.1m 以及 2.2m 时地表的沉降曲线图。

一般工程中规定塑料排水板的间距应不小于 0.7m。100 天时的地表曲线，0.55m 间距和 1.1m 间距沉降量差别很小，对密封墙以外的土体影响更小。

（3）处理面积对预压效果影响

不同处理面积的地表沉降曲线如图 6 所示。

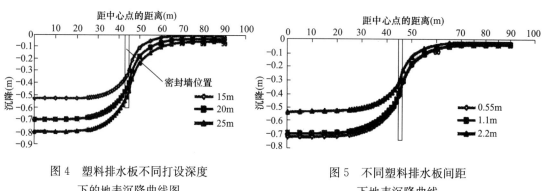

图 4　塑料排水板不同打设深度
下的地表沉降曲线图

图 5　不同塑料排水板间距
下地表沉降曲线

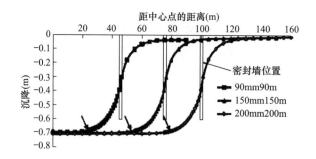

图 6　不同处理面积下地表沉降曲线图

不同的处理面积下，产生差异沉降的位置均在距离密封墙 20m 的地方，此距离不随处理面积的大小而改变。

此外，在距离密封墙 20m 范围内，90m×90m 情况下最大差异沉降约为 0.036m，150m×150m 情况下最大差异沉降约为 0.036m，200m×200m 情况下最大差异沉降约为 0.035m，沉降差亦不随处理面积的大小而改变。所以建议进行真空预压时，在保证处理效果的前提下，应尽可能地增大单块处理面积，从而降低不均匀沉降区域的出现，便于集中处理，以提高工作效率。为避免差异沉降，需对距离密封墙 20m 的范围内进行加强处理。

4 结论与建议

略。

参考文献

略。

论文 4：真空预压处理超大面积软土地基的沉降计算分析

出版源：全国地基处理学术讨论会，2012
作者：叶观宝，荆婷婷，高彦斌等

0 引言

本文结合现场试验的实测监测数据，对超大面积荷载下软土地基的沉降特征与附加应力分布进行了研究，提出了确定沉降计算深度和计算最终固结沉降量的方法。为类似工程的勘察设计提供了参考。

1 试验区的工程概况

1.1 工程地质及水文地质条件

试验区场场地土层自上而下简单描述为：①$_1$ 填土，①$_2$ 淤泥，②粉质黏土，③淤泥质粉质黏土，③$_1$ 黏质粉土，④淤泥质黏土，⑤$_1$ 黏土，⑤$_2$ 粉质黏土夹黏性土，⑤$_3$ 粉质黏土。勘察期间测得潜水静止水位埋深 0.50m～1.00m。

1.2 试验区施工概况

试验区真空预压处理范围为 90m×90m，塑料排水板的深度为 20m。保证膜下真空度在 80kPa 以上，真空预压抽出的水泵入防水膜上，作为超载之用，覆水深度 1.5m，真空预压 3 个月后排水固结基本完成，停止加压。在预压施工期间，对试验区的地表沉降、分层沉降随时间的变化情况都进行了观测。

2 试验区沉降监测结果

2.1 地表沉降

该试验区在真空预压 100d 沉降基本稳定后，整个试验区地表呈平底锅型，中间区域地表呈均匀下沉，差异沉降出现在距边缘大约 20m 的位置。中间点的沉降为 883mm。地表的沉降曲线如图 1 所示。

2.2 分层沉降监测结果

分层沉降量随时间变化关系如图 2 所示。

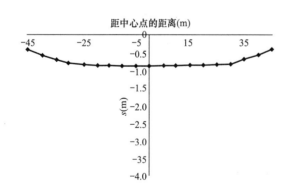

图 1 地表沉降曲线图

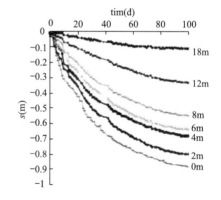

图 2 中心点各层沉降随时间的变化曲线图

3 超大面积荷载下软土地基中的附加应力分布及沉降计算分析

3.1 附加应力的分布分析

根据地表的沉降曲线形态，在超大面积预压荷载作用下，软土的沉降可分为边界影响区和中部均匀沉降区。笔者认为由于软土强度较低，其边界土体在竖直方向上对边界内受压土体所提供的侧摩阻力有限，对边界内土体的影响离边界越远则越小，当距离达到一定值，即超过边界影响区时，边界土体对受压土体在竖直方向所产生侧摩阻效应可以忽略，即中部均匀沉降区的土体在一般的设计要求的处理深度或沉降计算深度范围内，可近似认为在竖直方向上只有压应力没有剪应力，水平方向与竖直方向为最大和最小主应力方向，附加应力从上至下均匀分布，大小与预压荷载相等，侧压力系数为 k_0，即为一维固结状态。在一维固结状态下，各处的固结沉降相等，地表呈均匀下沉，这与实测地表沉降形态相符。

3.2 沉降计算深度分析

上海市工程建设规范《地基基础设计规范》DGJ 08—11—2010 采用应力控制法确定沉降计算深度，规定沉降计算到附加应力等于自重应力的 10％处；《建筑地基基础设计规范》GB 50007—2002 沉降计算深度由应变控制法确定。

3.3 沉降计算深度分析

（1）试验场地的沉降计算

由于受荷面积较大，附加应力随深度扩散较小，按应力控制的沉降计算深度为 63m。按应力控制的沉降计算深度为 26m。事实上，采用真空预压时，土层的压缩量主要集中在埋设排水板范围内的土层。本项目排水板深度为 20m，因此采用应力控制的沉降计算深度较为合理，实测的深层沉降资料也很好地说明了这点。

（2）根据实测结果确定试验区最终沉降量

由于依据的是实测资料，又是在积累了大量工程实例的基础上提出的，故通过实测沉降曲线推求最终沉降具有较高的可信度。大量运用实测资料推求最终沉降量的经验指出，由指数曲线法求出来的结果相对实际结果偏小，由双曲线计算出的最终沉降量相对实际结果偏大，故可认为实际最终沉降量在 940.5mm～1082.3mm。由于真空预压地基处理计算沉降不同于建筑物地基，故经验系数按照监测数据结果逆推，Ψ_s＝(940.5～1082.3)/941，故应取 1.0～1.15。

4 结论

（1）根据现场试验的监测数据，超大面积荷载下的软土地基其地表沉降形状呈平底锅型，沉降区域可分为边界影响区和中部均匀沉降区。

（2）中部均匀沉降区在一般的设计处理深度或沉降计算深度范围内，可视为一维压缩状态。沉降计算方法可采用一维压缩状态下的分层总和法进行计算，按应变控制法确定的沉降计算的深度与实际情况较为接近，而采用应力控制法则远远高估了压缩层厚度，导致计算结果偏大。

（3）根据监测数据，按指数曲线拟合法与双曲线法估算最终沉降在 940.5mm～1082.3mm 之间，与计算值比较反推经验系数，其值为 1.0～1.15。

参考文献

略。

编　后　语

目前，我国工程建设的通常做法是在场地平整后，只在场地强度满足正常施工要求后，再针对场地上不同建筑的荷载水平，对其基础范围内的地基进行局部处理。而大面积场地形成工程一般是对整个场地进行一次性处理施工，使处理后场地在地基沉降、地基强度、场地标高等方面都达到一定水平或地势，满足建造常规建筑浅基础或者道路路基等对地基的要求，同时需要提高拟建的重型建筑对深基础承载力或基坑开挖的稳定性。场地形成工程在国内尚属全新的概念，由于国内尚无先例可循，现有的技术标准与大面积地基处理在设计理念、设计计算和技术标准等方面存在明显的差异，需要进行系统的研究和总结。本书理论结合实际，全面介绍应工程建设需要形成的场地形成技术，结合大量具体的典型工程，详细阐述了场地形成工程的理论体系和技术方法加固效果，以及典型场地形成工程实践的实施控制技术。现对主要创新性内容总结如下：

第 2 章通过对软土地基的处理手段、地基承载力估算、沉降预测的方式、方法在国家标准、地方标准（如上海、天津、浙江、广东等地区）相关规定分析说明，目前大面积场地形成地基处理方法有真空预压、堆载预压、强夯和冲击碾压，不同处理方法的软土变形特性、承载力变化特征、固结、稳定、施工控制等稳定大不相同，然而，针对大面积场地形成地基处理方法的理论依据并不充足，需对每种方法进行全面的对比分析，为大面积场地形成地基处理方法提供必要的理论基础。

第 3 章通过对与场地形成相关的规范主要国家现行标准《岩土工程勘察规范》GB 50021、《地基基础设计规范》GB 50007 和《地基处理技术规范》JGJ 79 等适用的范围、施工技术、验收标准等与场地形成特点存在一定差异分析，提出了场地形成工程勘察方法，以使勘察工作的布置和岩土工程的评价具有明确的工程针对性。

第 4 章针对目前的工程与理论研究所选择的深厚软土地基的处理方法，均是根据场地的工程地质条件以及工程施工的实际情况结合相关国家标准及类似工程案例来确定，以及各种方法加固机理的理论研究还不成熟，同时缺乏系统的实验研究成果的现实状态，对真空预压、堆载预压、强夯和冲击碾压这四种软土地基处理技术的施工工艺综合分析和加固效果评述。

第 5 章和第 6 章通过排水固结法中的真空预压和堆载预压进行现场和室内试验，并对加固机理和技术经济性进行对比评价，得出：软基加固用真空预压结构，真空预压＋覆水试验的加固效果明显，其影响深度范围可达 24m，其中 16m 以上有较明显的变化，地表最终沉降量呈现中间略大、周围略小的特点，加固后土体的物理力学性质均有不同程度的提高，三个月的真空＋覆水预压后平均固结度达到 85%；堆载预压地基的沉降特征与堆载施工工况密切相关，在堆载开始后的一段时间内，地表沉降相对显著，至卸载时，场地地表最终沉降量平均为 745mm，呈现中间略大、周围略小的特点，影响深度可达 24m，其中 20m 以上有较明显的变化，四个月的堆载预压平均固结度达到了 82%；在强夯冲击荷载加固后土体的物理力学性质均有不同程度的提高，影响深度达到 15m，各点的地基极限承载力均不低于 330kPa，采用强夯法和强夯结合真空降水法加固地基土，对于浅层土，强夯后较强夯前土体不排水抗剪强度有较大幅度提高，加固效果明显；而对深层土，强夯前后土体不排水抗剪强度基本没有改变，加固效果并不明显；冲碾造成的瞬时孔隙水压力逐渐增大，但当冲碾到一定遍数之后瞬时孔隙水压力不再增大。加固前后的物理力学指标无明显变化，加固效果不明显，10m 以内强度均有所增长，其中 4m 以上效果较好，增长幅度在 20％以上。

第 7 章分析了不同地基处理方式的环境影响及技术经济指标，探讨了不同地基处理方式对地块施工的影响，得到：真空预压前期沉降速率快，堆载预压前期沉降速率慢，真空预压加固快速，堆载预压加固效果影响深度大于真空预压；真空预压水平位移向内，堆载预压水平位移向外挤出，堆载预压对周围建筑的影响更大一些；堆载预压在加固深度范围比真空预压加固效果要均匀，真空预压加固效果越接近地表，加固效果越好，相对地较深处加固效果较差；强夯加固地基可以解决好浅层地基土密实度和均匀性问题，并达到了提高土基强度的目的。单一强夯法没有采取排水措施时，孔隙水压力消散周期长，工期长；强夯＋真空降水法由于采取了排水措施，孔隙水压力消散快，从而施工周期短且有效加固深度大，冲击碾压法虽然施工周期短，但有效加固深度小；真空预压法的经济成本低，且对环境的粉尘等污染小，无弃土和地基稳定问题，较好得解决了一般堆载施工的缺陷，质量比较容易控制，造价低，耗能少，材料省，无噪音，无污染。对超大面积深厚软基处理而言，真空预压法是较为有效的处理方法之一，可以很好缩短工期，经济效益和社会效益都很明显。

第 8 章通过大面积堆载预压下地基沉降计算方法的研究，在考虑地基参数随深度变化的非均质性的情况下，求解出了大面积均布荷载作用下地基中心点的竖向位移解析解，并提出了实用的沉降计算方法；考虑大面积荷载作用下地基深部土体的应变特性，提出了实用的压缩层厚度改进计算方法；基于混合流体的非饱和土固结简化计算模型，推导了浅部非饱和情况下的真空预压固结解析解（考虑了井阻与涂抹作用），提出了大面积真空预压应用于场地形成地基处理的设计方法，包括固结度和沉降的计算方法，绘制了不同工况下的固结度进程图；在真空预压的影响下，加固区外土体的土压力系数在主动土压力系数与静止土压力系数之间，在堆载预压的影响下加固区外土体的土压力系数在被动土压力系数与静止土压力系数之间；真空预压与堆载预压的超静孔压传递均出现了一定的响应滞后现象，但其产生的机理并不一致。在真空预压过程中，超静孔压在塑料排水板插打深度范围内几乎保持稳定，而在塑料排水板以下的土体中迅速衰减；真空预压加载 10 年后整个土体中的超静孔压几乎与地表施加的真空度值相当，真空预压的影响深度与真空荷载施加时间密切相关，需要在设计时的沉降计算中予以考虑；密封墙对于减弱真空预压边界处的真空度损失有很重要的作用。在有密封墙的计算模型中，负的超静孔压在密封墙深度范围内几乎与地表施加的真空荷载相同，负的超静孔压在密封墙深度以下以球状向外传播；而在没有设置密封墙的模型计算中，预压结束时负的超静孔压在加固区边界处沿深度迅速衰减。

第 9 章基于前几章的研究成果，建立了场地形成地基处理基本理论体系，提出了场地形成地基处理的设计方法、场地形成地基处理的控制指标以及场地形成地基处理效果的评价方法；对常用地基处理方法在场地形成工程中的应用进行了总结分析，并提出了场地形成地基处理工法的比选原则；针对大面积堆载预压工程实例进行了沉降计算，并与现场实测数据推算的最终沉降进行了对比；计算结果表明，本书方法更适合作为大面积堆载预压下的地基沉降计算方法；提出了大面积真空预压应用于场地形成地基处理的设计方法，包括固结度和沉降的计算方法，绘制了不同工况下的固结度进程查阅图以便工程设计人员使用；相对于规范法，基于本书固结解提出的沉降计算方法更符合真空预压的加固机理，地基沉降计算值与监测结果更为吻合，能够更好地反映大面积真空预压下的地基固结和沉降规律，可以为今后大面积真空预压下的地基沉降计算提供理论基础。

第 10 章通过大面积软土场地形成工程实践，对大面积场地形成过程中的关键技术等问题进行了较为系统深入的研究。处理后效果较为明显，真空度基本维持在 85kPa 并满足设计要求；场区沉降量主要发生在真空预压第一个月，其沉降量基本占真空预压期总沉降量的 60% 以上。提出了由于处理面积较大，地质情况复杂多变，土体应力历史不同，场区划分不规则，插打排水板深度不同，真空预压处理开始时间以及处理时间不同等因素影响，各区块处理效果有所不同，因此在分析区块加固效果时，需要加强勘察方、设计方、施工方以及原位观测方等协作的建议。

第 11 章通过超大面积软土场地形成工程实践，说明大面积场地形成实施过程的主要技术特点和技术优势，主要阐述了场地形成工程的勘测方案、施工监测方案，对加固效果进行了评价，说明整个场地的固结沉降与真空加压关系密切，抽真空初期（约 10d 之内）地表沉降速率最大，沉降量在该阶段完成较快；随着真空度上升并趋于稳定后（10d～90d），地表沉降速率逐渐减小，向相对稳定的平均速率缓慢收敛，沉降量的发展趋于平缓。同时可以提出，抽真空期间、由于部分地块真空膜破损以及停电等因素影响，真空预压初期土体的固结过程相对较慢现象。

第 12 章通过大型挖填方场地形成工程实践，得到碎石桩＋排水板处理区孔隙水消散速率最快，CFG 桩处理区次之，4000kN 强夯处理区消散速率最慢；碎石桩＋排水板处理区的原地面、表层沉降量及工后沉降量最大，CFG 桩＋桩帽次之，强夯（场内料）沉降及工后沉降量最小；碎石桩Ⅱ处理区的表层、原地面的沉降量和沉降速率最大，孔隙水消散速率最快，塑料排水板处理区的表层、原地面的沉降量和沉降速率最小，孔隙水消散速率最慢，总体来看塑料排水板预压处理区的地基处理效果要比碎石桩处理区的地基处理效果要好。

由于场地形成工程技术是一个刚刚起步研究的新的技术领域，尚存在诸多问题值得研究和完善，如不同场地条件原始地基的处置方式选择原则问题、场地填筑后长期沉降预测及其准确度评价问题以及处理后场地勘察及利用问题等，都需要通过大量的工程实践进行深入探索。

正如沈小克勘察大师所言："天然形成的岩土材料，以及当今岩土工程师必须面对和处理、随机变异性更大和随机堆放的材料，一是材料成分和空间分布（边界）的控制难度更大，其尺度远远大于由钢筋混凝土或钢结构组成的工程结构体；二是这些非人为预设制作、组分复杂的材料存在更大的动态变异特性，会因气候条件、含水量、地下水等条件变化和场地的应力历史的不同而不同。从这个角度，岩土工程师通常需要面对和为客户承担更大的风险，需要综合运用地质学、工程地质学、水文学、水文地质学、材料力学、土力学、结构力学以及地球物理化学等多学科、跨专业的理论知识，借助岩土工程的分析方法和所积累的地域工程实践经验，为建设开发项目提供正确、恰当的解决方案，并选用适用的检测、监测方法加以验证，以规避在多种动态变化的不确定性因素下的工程风险损失。这是岩土工程师们为客户创造的最首要和最基本的价值，并且随着建成环境的日益复杂和社会对可持续发展要求的不断强化，岩土工程师还要特别注意规避对建成环境产生次生灾害和对自然环境质量造成破坏的风险。"

作为一名岩土工程专业的工作者，若想在该领域中达到信手拈来、随心所欲的境界，往往不需要太多按部就班的逻辑推理，不仅仅在实验室还要在现场仔细观察，可全方位地了解并熟悉其特性，即可获得令人满意的答案。岩土工程工作者应以岩土力学理论为导向，在充分了解岩土体物理力学特性的基础上，通过工程实践，积累过程经验，在经济与安全之间寻求解决工程问题的最佳平衡点，促进岩土工程技术的发展。

由于作者水平有限，本书编写过程中虽竭尽努力，未必能体现出研究成果的全部内容和创新点，且难免有错漏之处，恳请同行专家和广大读者批评指正。

参考文献

［1］ 中华人民共和国国家标准. 岩土工程勘察规范 GB 50021—2001（2009 年版）［S］. 北京：中国建筑工业出版社，2009.

［2］ 中华人民共和国国家标准. 建筑地基基础设计规范 GB 50007—2011［S］. 北京：中国建筑工业出版社，2010.

［3］ 中华人民共和国行业标准. 建筑地基处理技术规范 JGJ 79—2012［S］. 北京：中国建筑工业出版社，2013.

［4］ 中华人民共和国行业标准. 岩土工程勘察术语标准 JGJ/T 84—2015［S］. 北京：中国建筑工业出版社，2014.

［5］ 广东省地方标准. 广东省地基处理技术规范 DBJ 15—38—2005［S］.

［6］ 中华人民共和国行业标准. 真空预压加固软土地基技术规程 JTS 147—2—2009［S］. 北京：人民交通出版社，2009.

［7］ 上海市地方标准. 上海市工程建设规范地基基础设计规范 DGJ 08—11—2010［S］. 上海市工程建设标准化办公室，2010.

［8］ 上海国际旅游度假区管理委员会，中国建设西南勘察设计研究院有限公司. 迪士尼度假区场地形成工程技术规范［S］. 上海：同济大学出版社，2016.

［9］ Bishop A. W., Blight G. E. Some aspects of effective stress in saturated and unsaturated soils. Geotechnique, 1963, 13 (3): 177-196.

［10］ Cheng C. Y, Dasari G. R., Chow Y. K, et al. Finite element analysis of tunnel-soil-pile interaction using displacement controlled model. Tunnelling and Underground Space Technology, 2007, 22 (4): 450-466.

［11］ Childs E. C., Collis-George N. The Permeability of Porous Materials. Proceedings of the Royal Society A, 1950, 201 (1066): 392-405.

［12］ Clayton C. R., Heymann G. Stiffness of geomaterials at very small strains［J］. Geotechnique, 2001, 51 (3): 245-255.

［13］ Fredlund D. G., Rahardjo H. Soil mechanics for unsaturated soils. New York: John Wiley & Sons, 1993.

［14］ Gibson R. E. Some results concerning displacements in a non-homogeneous elastic layer［J］. Geotechnique, 1967, 17: 58-67.

［15］ Hart, E. G., Kondner, R. L., and Boyer, W. C. Analysis of partially penetrating sand drains. Joural of Soil Mechanics Foundation Division, ASCE, 1958, 84 (SM4): 1-15.

［16］ Indraratna, B., Rujikiatkamjorn, C., Sathananthan, L. Analytical and numerical solutions for a single vertical drain including the effects of vacuum preloading［J］. Canadian Geotechnical Journal, 2005, 42: 994-1014.

［17］ Xu Y., Ye GB., Zhang Z. Consolidation Analysis of Soft Soil by Vacuum Preloading Considering Groundwater Table Change［C］. Proceedings of GeoShanghai 2018 International Conference: Ground Improvement and Geosynthetics. GSIC 2018. Springer, Singapore.

［18］ Yakov M. Rezni. Influence of physical properties on deformation characteristics of collapsible soils ［J］. Engineering Geology, 2007, 92 (1-2): 27-37.

［19］ Ye, G. B., Zhang, Z., Xing, H. F., et al. Consolidation of a composite foundation with soil-cement columns and prefabricated vertical drains［J］. Bulletin of Engineering Geology and the Environment，2012，71（1）：87-98.

[20] Ye，G．B．，Zhang，Z．，Han，J．，et al．Performance evaluation of an embankment on soft soil improved by deep mixed columns and prefabricated vertical drains [J]．Journal of Performance of Constructed Facilities，2013，27：614-623.

[21] Ye，G．B．，Xu，Y．Model Test of soft soil improved by High Energy Dynamic Replacement Method [C]．Proceedings of the 2014 GeoShanghai International Congress，2014，GSP238：241-248.

[22] 中国建筑西南勘察设计研究院有限公司，同济大学，河海大学．大面积场地形成地基处理关键技术研究与示范 [R]．2015，12.

[23] 大面积场地形成地基处理关键技术研究与示范 [R]．中国建筑西南勘察设计研究院有限公司．2016.

[24] 雷鸣．真空预压加固高铁软基试验研究及机理探索 [D]．中南大学，2012.

[25] 杨培轩．强夯法处理风成砂地基的数值模拟研究 [D]．河北大学，2013.

[26] 赵婉．强夯法在处理山区回填土地基中的应用研究 [D]．郑州大学，2014.

[27] 王峰．强夯法在莱芜电厂碎石土地基加固中的应用 [D]．南京大学，2014.

[28] 许言．大面积深厚软基场地形成地基处理变形机理与设计方法研究 [D]．同济大学，2016.

[29] 陈仲颐，叶书麟．基础工程学 [M]．北京：中国建筑工业出版社，1995.

[30]《地理处理手册》编写委员会．地基处理手册 [M]．北京：中国建筑工业出版社，2000：4-10.

[31] 叶观宝，高彦斌．地基处理（第三版）[M]．北京：中国建筑工业出版社，2009.

[32] 陈一平等．地基处理新技术与工程实践 [M]．北京：科学出版社，2010.

[33] 李广信．高等土力学 [M]．北京：清华大学出版社，2012.

[34] 李广信，张丙印，于玉贞．土力学（第2版）[M]．北京：清华大学出版社，2013.

[35]《工程地质手册》编委会．工程地质手册（第五版）[M]．北京：中国建筑工业出版社，2018.

[36] 曹雪山，殷宗泽．非饱和土二维固结简化计算的研究 [J]．岩土力学，2009，30（9）：2575-2580.

[37] 陈环，鲍秀清．负压条件下土的固结有效应力 [J]．岩土工程学报，1984，6（5）：39-47.

[38] 陈平山，房营光等．真空预压法加固软基三维有限元计算 [J]．岩土工程学报，2009，04：564-570.

[39] 陈胜立，张建民．横观各向同性饱和地基轴对称Biot固结问题的解析解 [J]．岩土工程学报，2002，24（1）：26-30.

[40] 丁天锐，叶观宝，等．场地形成工程处理效果及真空度传递研究 [J]．公路交通科技（应用技术版），2016，05：156-158.

[41] 丁洲祥．Gibson地基模型参数的一种实用确定方法 [J]．岩土工程学报，2013，35（9）：1730-1736.

[42] 董志良．堆载及真空预压砂井地基固结解析理论 [J]．水运工程，1992，9（1）：7-12.

[43] 董志良．堆载及真空预压法加固地基地下水位及测管水位高度的分析与计算 [J]．水运工程，2001，331（8）：15-19.

[44] 董志良，陈平山，莫海鸿等．真空预压有限元计算比较 [J]．岩石力学与工程学报，2008，27（11）：2348-2353.

[45] 房营光．砂井地基固结的空间渗流和群井效应的解析分析 [J]．岩土工程学报，1996，18（2）：30-36.

[46] 高志义．真空预压法的机理分析 [J]．岩土工程学报，1989，11（04）：45-56.

[47] 龚晓南．地基处理技术及其发展 [J]．土木工程学报，1997，30（6）：3-11.

[48] 龚晓南，岑仰润．真空预压加固软土地基机理探讨 [J]．哈尔滨建筑大学学报，2002，35（2）：7-10.

[49] 贺杰，张润利．冲击压路机型号和基本参数探讨 [J]．建筑机械，2001，（11）：51-53.

[50] 焦五一．对"地基沉降计算的新方法"的讨论 [J]．岩石力学与工程学报，2009，28（10）：2154-

2156.

[51] 康景文，叶观宝，唐海峰，等. 真空预压法真空度对预压处理效果影响研究 [J]. 工程勘察，2014，增刊（1）：380-387.

[52] 李小勇，谢康和，王黎辉. 砂井地基固结概率特性的近似分析方法 [J]. 岩土工程学报，2001，23（6）：700-703.

[53] 李瑛，龚晓南等. 堆载-电渗联合作用下的耦合固结理论 [J]. 岩土工程学报，2010，32（1）：77-81.

[54] 林丰，陈环. 真空和堆载预压作用下砂井地基固结的边界元分析 [J]. 岩土工程学报，1987，9（4）：13-22.

[55] 刘汉龙，张永辉. 真空-堆载联合预压法软基加固对周围环境的影响 [J]. 岩土工程学报，2002，24（5）：656-659.

[56] 刘金龙，栾茂田等. 土工织物与塑料排水板联合处理软基的效果分析 [J]. 岩土力学，2009，30（6）：1726-1730.

[57] 娄炎. 真空排水预压法的加固机理及其特征的应力路径分析 [J]. 南京水利科学研究院水利水运科学研究，1990，3（1）：99-106.

[58] 明经平，赵维炳. 真空预压中地下水位变化的研究 [J]. 水运工程，2005，01：1-6.

[59] 潘千里. 国外一种经济而简便的地基加固方法—强夯法 [J]. 建筑结构，1978，8（6）：6-8.

[60] 邱青长，莫海鸿，董志良. 真空预压地基竖向排水体内流体的压降分析 [J]. 华南理工大学学报（自然科学版），2007，35（3）：132-136.

[61] 邱青长，莫海鸿，等. 水泥搅拌桩和砂桩在真空预压防护工程中应用与分析 [J]. 岩土工程学报，2007，29（1）：143-146.

[62] 沈珠江，陆舜英. 软土地基真空排水预压的固结变形分析 [J]. 岩土工程学报，1986，8（3）：7-15.

[63] 唐海峰，彭建华，康景文，等. 软土地区真空预压＋覆水与堆载预压地基处理方法综合比较的试验研究 [J]. 工程勘察，2010（S1）：316-325.

[64] 夏正中. 地基变形及有效压缩层深度的计算方法 [J]. 岩土工程学报，1984，6（1）：18-31.

[65] 谢康和. 等应变条件下的双层理想井地基固结理论 [J]. 浙江大学学报（自然科学版），1995，05：529-540.

[66] 谢康和，周开茂. 未打穿竖向排水井地基固结理论 [J]. 岩土工程学报，2006，28（6）：679-684.

[67] 杨光华. 地基非线性沉降计算的原状土切线模量法 [J]. 岩土工程学报，2006，28（11）：1927-1931.

[68] 杨建国，彭文轩，刘东燕. 强夯法加固的主要设计参数研究 [J]. 岩土力学，2004，25（8）：1335-339.

[69] 杨俊杰，张玥宸等. 场地形成的水泥土的劣化室内模拟试验 [J]. 土木工程与管理学报，2012，29（3）：1-5.

[70] 杨俊杰，孙涛等. 腐蚀性场地形成的水泥土的劣化研究 [J]. 岩土工程学报，2012，34（1）：130-138.

[71] 杨人凤，张永新，汤键. 冲击＋振动＋静碾复合压实滚轮与土壤系统的动力学模型 [J]. 长安大学学报（自然科学版），2003，23（5）：56-59.

[72] 阎澎旺，陈环. 真空预压法机理及有限元分析 [J]. 港口工程，1985，4：5-10.

[73] 叶柏荣，董志良. 真空预压加固地基的固结解析理论 [J]. 港工技术与管理，1991，（4）：4-7.

[74] 叶观宝，司明强，赵建忠等. 高速公路沉降预测的新方法 [J]. 同济大学学报，2003，31（5）：540-543.

[75] 张洪，孙斌煌，朱维高. 滚动冲击压实技术及其机械设计研究 [J]. 中国机械工程，1999，10（3）.

[76] 张功新，莫海鸿，等. 真空预压中真空度与孔隙水压力的关系分析 [J]. 岩土力学，2005，26 (12)：1949-1952.

[77] 周琦，刘汉龙，顾长存. 真空预压条件下地下水位下降的影响分析 [J]. 深圳大学学报（理工版），2012，29 (6)：553-558.

[78] 朱建才，温晓贵，等. 真空排水预压法中真空度分布的影响因素分析 [J]. 哈尔滨工业大学学报，2003，35 (11)：1400-1404.

[79] 朱向荣，方鹏飞，黄洪勉. 深厚软基超长桩工程性状试验研究 [J]. 岩土工程学报，2003，25 (1)：76-79.

[80] 于晓冬，张在明. 以等效变形模量为基础的地基沉降分析 [C]//中国土木工程学会第八届土力学及岩土工程学术会议，1999：263-266.

[81] 叶观宝，李沐，许言. 真空预压处理大面积软土地基现场试验研究 [C]//第十三届全国地基处理学术会议论文集，2014.